高等职业教育扩招系列教材

宠物传染病与公共卫生

刘 云 主编

中国农业大学出版社
·北京·

内 容 简 介

本教材以技术技能人才培养为目标,以宠物临床诊疗技术专业中宠物传染病防制方面的岗位能力需求为导向,针对高等职业院校学生,坚持以够用、实用及适用为原则,将当前宠物行业常见、多发及具有一定公共卫生危害的疾病进行归类,提炼主要特征,依据教学内容的同质性和知识技能的相似性,划分为八大项目,包括绪论、宠物传染病基础知识、宠物传染病的防制、犬猫共患传染病、犬的传染病、猫的传染病、其他宠物传染病和宠物传染病及公共卫生实训。每一项目又设"知识目标""能力目标"和"素质目标",并以任务的形式展开叙述,将宠物疾病涉及的相关知识融入学习任务中,使学生通过本课程的学习,能够达到宠物饲养场、动物医院、小动物诊所等企业相关工作岗位的基本要求,具备分析、解决实践中常见宠物传染病的能力,具有较高的职业综合素质和较强的动手能力。

图书在版编目(CIP)数据

宠物传染病与公共卫生/刘云主编. --北京:中国农业大学出版社,2022.9(2024.5 重印)
ISBN 978-7-5655-2518-6

Ⅰ.①宠… Ⅱ.①刘… Ⅲ.①宠物-动物疾病-传染病-防治-高等职业教育-教材②公共卫生-卫生管理-高等职业教育-教材 Ⅳ.①S855②R126.4

中国版本图书馆 CIP 数据核字(2021)第 021045 号

书　　名	宠物传染病与公共卫生		
作　　者	刘　云　主编		
策划编辑	康昊婷	**责任编辑**	刘耀华
封面设计	郑　川		
出版发行	中国农业大学出版社		
社　　址	北京市海淀区圆明园西路 2 号	**邮政编码**	100193
电　　话	发行部 010-62733489,1190	**读者服务部**	010-62732336
	编辑部 010-62732617,2618	**出　版　部**	010-62733440
网　　址	http://www.caupress.cn	**E-mail**	cbsszs@cau.edu.cn
经　　销	新华书店		
印　　刷	北京溢漾印刷有限公司		
版　　次	2022 年 9 月第 1 版　2024 年 5 月第 2 次印刷		
规　　格	185 mm×260 mm　16 开本　14.5 印张　360 千字		
定　　价	42.00 元		

总 序

黑龙江是农业大省。黑龙江农业职业技术学院是三江平原上唯一一所农业类高职院校，也是与区域社会经济发展联系非常紧密的农业类高职院校，具有服务国家"乡村振兴"战略的地缘优势。在过去 70 多年的办学历史中，涉农专业办学历史悠久，培养了大批工作在农业战线上的优秀人才。在长期培养实用人才、服务区域经济的实践中，学院形成了"大力发展农业职业教育不动摇、根植三江沃土不动摇和为'三农'服务不动摇"的办学理念。20 世纪 90 年代初，学院在农业职业教育领域率先实施模块式教学，在全国农业职业教育教学改革中走在前列。学院不断深化改革，努力服务经济社会发展；不断创新办学模式，努力提升人才培养质量。近年来学院先后晋升为省级骨干院校、省级现代学徒制试点院校，在服务区域经济社会方面成效显著。

学院涉农专业是省级重点专业，有国家财政重点支持的实训基地；有黑龙江三江农牧职教集团，校企合作办学成效显著；有实践经验丰富的"双师"队伍；有省级领军人才梯队，师资力量雄厚。

2019 年，学院深入贯彻落实《教育部等六部门关于印发〈高职扩招专项工作实施方案〉的通知》、教育部办公厅《关于做好扩招后高职教育教学管理工作的指导意见》和国务院关于印发《国家职业教育改革实施方案》等文件精神，创新性地完成高职扩招任务，招生人数位居全省首位。学院针对扩招学生的实际情况和特点，实施弹性学制，采用灵活多样的教学模式，积极推进"三教"改革。依靠农学分院和动物科技分院的专业优势，根据区域经济发展的特点，针对高职扩招生源的特点，出版了种植类和畜牧类高职扩招系列特色教材。

种植类专业核心课程系列教材包括《植物生长与环境》《配方施肥技术》《作物生产与管理》《经济作物生产与管理》《作物病虫草害防治》《作物病害防治》《农业害虫防治》《农田杂草及防除》共计 8 种。教材在内容方面，本着深浅适宜、实用、够用的原则，突出科学性、实践性和针对性；在内容组织形式方面，以图文并茂为基础，附加实物照片等相应的信息化教学资源，突出教材的直观性、真实性、多样性和时代性，以激发学生的学习兴趣。

畜牧类专业教材包括《动物病理》《动物药理》《动物微生物与免疫》《畜禽环境控制技术》《畜牧场经营与管理》《动物营养与饲料》《动物繁育技术》《动物临床诊疗技术》《畜禽疾病防治技术》《养禽与禽病防治》《养猪与猪病防治》《牛羊生产与疾病防治》《中兽医》《宠物内科》《宠物传染病与公共卫生》《宠物外科与产科》共计 16 种。教材注重还原畜禽生产实际，坚持以够用、实用及适用为原则，着力反映现代畜禽生产及疾病防控前沿的新技术和新技能，突出解决畜禽生产中的关键问题。

　　本系列教材内容紧贴企业生产实际,紧跟行业变化,理论联系实际,突出实用性、前沿性。教材语言阐述通俗易懂,理论适度,由浅入深,技能训练注重实用,教材均由具有丰富实践经验的教师和企业一线工作人员编写。

　　本系列教材将素质教育、技能培养和创新实践有机地融为一体。希望通过它的出版不仅能很好地满足我院及兄弟院校相关专业的高职扩招教学需要,而且能对北方种植业和畜牧业生产,以及专业建设、课程建设与改革,提高教学质量等起到积极推动作用。

院长:

前　言

党的二十大报告指出,实施科教兴国战略,强化现代化建设人才支撑。本教材是依据《国务院关于加快发展现代职业教育的决定》《教育部关于深化职业教育教学改革全面提高人才培养质量的若干意见》和《关于加强高职高专教育教材建设的若干意见》等文件精神,结合高等职业院校"培养适应生产、建设、管理、服务第一线,德、智、体、美、劳全面发展的高等技术应用性专门人才"的人才培养目标及相关要求编写的。为了使教材符合高等职业院校教育的教学规律,充分体现高等职业教育(尤其是高职扩招学生教育)的特点,突出能力和素质的培养,教材在编写过程中,注重实践技能的训练和提高,尤其注重教材内容的科学性、针对性、应用性和实践性。

宠物传染病与公共卫生是宠物临床诊疗技术专业的核心课程之一。它是以宠物解剖与组织胚胎、动物生理、动物病理、动物药理、动物微生物与免疫等课程为支撑,服务于宠物临床的一门专业课程,同时它还是一门综合性较强的课程。而且本课程还将宠物传染病与人类公共卫生紧密结合起来,基于宠物临床诊疗技术专业岗位的需求,培养学生对疾病的临床诊断、实验室检验、临床治疗及综合防制等全方位的综合职业能力,同时注重学生职业素质的培养。本课程主要服务于宠物饲养场、动物医院、小动物诊所等企业及相关行业的技术人员,要求从业人员掌握相应临床诊断、实验室检验、临床治疗及传染病的综合防制等技能,具备分析解决实践中常见疾病的能力,职业综合素质高,动手能力强。

本教材编写提纲由刘云确定,并负责全书统稿。全书共分为8个项目62个任务,编写分工如下:其中项目一、项目二、项目四由刘云编写;项目三由刘红编写;项目五由陆江宁编写;项目六由张佳韧编写;项目七任务一中的一至四由刘洪杰编写,五至十由王瑛琪编写,项目七任务二由张红军编写,项目七任务三中的一和二由孙凡花编写,三和四由岳增华编写,五和六由倪士明编写,七和八由杨名赫编写,九和十由陈腾山编写,十一和十二由王浩编写,十三和十四由葛婧昕编写,十五由李兰东编写;项目八任务一至任务三由李凤刚编写,任务四至任务六由解志峰编写,任务七至任务九由车有权编写,任务十至任务十二由鲁兆宁编写,任务十三由邬立刚编写。于波教授和高月林副教授对本书进行了审定。

本教材在编写过程中,参考了大量国内外专业文献和资料,在此谨对文献、资料的作者表示衷心的感谢!由于编者水平有限,教材中会有疏漏之处,敬请使用本教材的各位师生和读者提出宝贵意见,以便加以改进。

编　者

2023 年 12 月

|目 录|

绪　　论

随着宠物行业的飞速发展,越来越多宠物变成了人们重要的家庭成员,豢养宠物的数量不断增加,调运移动愈加频繁,加之宠物本身的品种、品质等问题,导致宠物疾病的发病率不断攀升,被犬猫抓伤咬伤致病甚至导致意外死亡的报道时有所闻,目前,宠物传染病已成为危害宠物最严重的一类疾病。为保障人民群众的健康,国家各级有关部门已出台一些相关法规,诸如"家庭养犬必须注册、防疫、挂牌……"等。在国外,一些国家对养犬的规定更为严格,以法令规定养犬人要在犬出生后 120 d 内到市政部门注册;外地来的犬 30 d 内也要注册,并严格进行卫生防疫措施;为宠物犬植入包含其主人名字等数据在内的微型芯片,让养犬人负起责任;同时也控制随意丢弃犬,让犬四处流浪的现象以减少疫病的传染。事实证明,与家中的宠物密切接触及过于亲昵的举动,都存在被传染疾病的风险。要预防人畜共患疾病的发生,就要和宠物保持适当的距离;避免抱着宠物玩,手和身体接触宠物后,要马上清洗干净;不要让宠物舔人,也不要让宠物舔人的食具,更不要亲吻宠物;要经常对宠物的窝进行清洁和消毒。目前已知有200 多种动物传染病和寄生虫病可以传染给人,而其中对于宠物最常见的有弓形虫病、猫抓病、狂犬病以及猫、狗身上的多种寄生虫病。因此宠物传染病与公共卫生课程的开设对于控制宠物传染病的发生和流行,促进宠物行业发展和保护人类健康具有重要意义。

一、宠物传染病与公共卫生的定义、内容和任务

宠物传染病学是让人们认识、了解及研究宠物传染性疾病发生、发展规律以及预防、控制和消灭这些传染性疾病的一门学科。宠物传染病是目前危害宠物行业发展最重要的一类疾病,它不仅可以引起大批宠物发病和死亡,而且也可能造成巨大的经济损失。而公共卫生学是一门近年来发展迅速的学科,主要涉及行政和卫生管理行为。如 2003 年非典、2020 年的新型冠状病毒肺炎肆虐的时候,疾病预防控制中心的工作人员所从事的工作就属于公共卫生的范畴,其包括调配医疗资源、控制疾病扩散、具体实施卫生管理部门的一些政策,这些都是公共卫生学的范畴。公共卫生学的研究内容主要包括劳动卫生与环境卫生的研究、流行病与卫生统计学、毒理学、营养与食品、社会医学、卫生法学等。而宠物传染病与公共卫生是将二者有机地结合起来,对控制传染病的发生和流行,提高人民生活质量,改善环境卫生,保障人们的健康具有十分重要的意义。

本课程主要包括宠物传染病基础知识、宠物传染病的防制、犬猫共患传染病、犬的传染病、猫的传染病、其宠物传染病以及宠物传染病及公共卫生实训,并根据每个项目的侧重点不同,分别阐述宠物传染病发生、发展的规律以及预防、控制和消灭宠物传染病的对策和措施,同时具体介绍每一种传染病的特点、诊断方法以及防制措施。通过对本课程的学习,学生可以了解

并掌握宠物传染病流行和防制的规律,从而在将来的实际工作中对一个国家或地区宠物传染病的宏观控制措施和防制方法进行分析和评价,进一步制定出更符合临床的疾病防制措施,以保证宠物和人类的健康。

二、课程性质

宠物传染病与公共卫生是宠物临床诊疗技术专业的核心课程之一。它是以宠物解剖与组织胚胎、动物生理、动物病理、动物药理、动物微生物与免疫等课程为支撑、服务于宠物临床的一门专业课程,是一门专业性和实践性都较强的课程。而且本课程还将宠物传染病与人类公共卫生紧密结合起来,是基于宠物临床诊疗技术专业岗位的需求,侧重培养学生对传染病的临床诊断、实验室检验、临床治疗及综合防制等全方位综合的职业能力和职业素质。

三、课程目标

通过对本课程的学习,学生要达到如下要求。

①爱护动物及其周围的环境卫生,珍爱生命。

②熟知传染病的基本知识及防制措施。针对不同宠物的常见传染病,要扎实掌握流行病学、临床症状和病理变化的特点,能及时准确地诊断、给出合理的处理方案。

③熟练掌握消毒、免疫接种和病料采集等常用技术;掌握细菌学试验、血清学试验等常用诊断技术。

④逐渐提升独立进行疫病调查、整理和分析的能力;同时注重培养吃苦耐劳的精神和团队合作的能力,全方位提升专业素养和综合素质。

宠物传染病基础知识

【知识目标】

掌握传染、传染病、水平传播、垂直传播和疫源地的概念；熟悉传染病的特征、经过及分类；熟悉传染病流行过程的 3 个基本环节；掌握流行过程的特征及流行病学调查的内容、方法和步骤。

【能力目标】

能够将传染病与普通病相区别，能够拟订疫情调查的计划书、分析调查数据、完成调查报告。

【素质目标】

遵守学习纪律，服从教师指导，严谨认真，操作规范。

任务一　宠物传染病的传染

一、传染和传染病的概念

病原微生物侵入动物机体，在一定部位定居、生长繁殖，并引起一系列病理反应的过程称为传染，也可称为感染。

凡是由特定病原微生物引起的，具有一定潜伏期和临床表现并具有传染性的疾病称为传染病。当机体抵抗力较强时，病原微生物侵入后一般不能生长繁殖，更不会出现传染病的临床表现，是因为动物能够迅速动员机体的非特异性免疫力和特异性免疫力将该侵入者消灭或清除。当动物体对某种病原微生物缺乏抵抗力或免疫力时，则称为动物对该病原体具有易感性，而具有易感性的动物常被称为易感动物。传染和传染病都是由病原微生物引起的，但传染不一定具有传染性，而传染病都具有传染性，因此传染病属于传染。

二、传染病的特征

在临床上不同动物传染病的表现多种多样，千差万别，同一种传染病在不同种类动物上的表现也多种多样，甚至对同种动物不同个体的致病作用和临床表现也有所差异，但与非传染性疾病相比，传染性疾病具有一些区别于非传染性疾病的共同特征。

（1）由特异的病原微生物引起　每种传染病都是由特定的病原体引起的,如犬瘟热病毒感染犬引起犬的犬瘟热,新城疫病毒感染鸡引起鸡的新城疫等。

（2）具有传染性和流行性　病原微生物能在患病动物体内增殖并不断排出体外,通过一定的途径再感染其他的易感动物而引起具有相同症状的疾病,这种疾病不断向周围散播传染的现象即传染性,是区别传染病与非传染病的一个重要特征。在一定地区和一定时间内,传染病在易感动物群中从个体发病扩展到整个群体感染发病的过程,便构成了传染病的流行。

（3）感染动物机体发生特异性免疫反应　感染动物在病原体或其代谢产物的刺激下,能够出现特异性的免疫生物学变化,并产生特异性的抗体或变态反应等。这些微细的变化或反应可通过血清学试验等方法检测,因而有利于病原体感染状态的确定。

（4）耐过动物可获得特异性免疫力　多数传染病发生后,没有死亡的患病动物能产生特异性免疫力,并在一定时期内或终生不再感染该种病原体。

（5）具有一定的临床表现和病理变化　大多数传染病都具有其明显的或特征性的临床表现和病理变化以及一定的潜伏期和病程经过。而且在一定时期或地区范围内呈现群发性疾病的表现。

（6）传染病的发生具有明显的阶段性和流行规律　个体发病动物通常具有潜伏期、前驱期、临床明显期和恢复期4个阶段,而且各种传染病在群体中流行时通常具有相对稳定的病程和特定的流行规律。

三、传染病的病程经过

虽然不同传染病在临床上的表现千差万别,但个体动物发病时的病程经过具有明显的规律性,一般为潜伏期、前驱期、临床明显期和恢复期4个阶段。

（一）潜伏期

潜伏期是指从病原体侵入机体开始,直到该病临床症状开始出现时的一段时间。不同的传染病潜伏期差异很大,由于不同的种属、品种或个体动物对病原体易感性不同,以及病原体的种类、数量、毒力、侵入途径或部位等方面的差异,同种疾病的潜伏期长短也有很大差别。但传染病的潜伏期还是具有相对的规律性的,如口蹄疫的潜伏期为1～14 d、猪瘟的潜伏期为2～20 d。通常急性传染病的潜伏期较短且变动范围较小,亚急性或慢性传染病的潜伏期较长且变动范围也较大。了解传染病潜伏期的主要意义是:潜伏期与传染病的传播特性有关,如潜伏期短的疾病通常来势凶猛、传播迅速;帮助判断感染时间并找出感染的来源和传播方式;确定传染病封锁和解除封锁的时间以及在某些情况下对动物的隔离观察时间;确定免疫接种的类型,如处于传染病潜伏期内动物需要被动免疫接种,周围动物则需要紧急疫苗接种等;有助于评价防制措施的临床效果,如实施某措施后需要经过该病潜伏期的观察,比较前后病例数变化便可评价该措施是否有效;预测疾病的严重程度,如在潜伏期短时,病情常较为严重。

（二）前驱期

前驱期指疾病的临床症状开始出现后,直到该病典型症状显露的一段时间。不同传染病的前驱期长短有一定的差异,同种传染病不同病例的前驱期也时有不同,但该期通常只有数小时至一两天。临床上患病动物主要表现是体温升高、食欲减退、精神异常等。

(三)临床明显期

临床明显期是指疾病典型症状充分表现出来的一段时间。该阶段是传染病发展和病原体增殖的高峰期,典型临床症状和病理变化也相继出现,易于识别,在临床诊断上具有重要意义。

(四)恢复期

恢复期指疾病发展的最后阶段。此时如果病原体的致病能力增强,或动物体的抵抗力减弱,则疾病以动物的死亡而告终;如果动物体获得了免疫力,抵抗力逐渐增强,机体则逐步恢复健康,表现为临床症状逐渐消退,体内的病理变化逐渐消失,正常的生理机能逐步恢复。

四、传染病的分类

根据不同的分类方法可以将动物传染病分为不同的种类,下面介绍几种分类方法。

(一)按病原体的种类分类

按此种分类方法,传染病可以分为病毒病、细菌病、支原体病、衣原体病、螺旋体病、放线菌病、立克次体病和霉菌病等。其中除病毒病外,其他病原体引起的动物传染病通常称为细菌性传染病。

(二)按动物的种类分类

按此种分类方法,传染病可以分为猪传染病、鸡传染病、鸭传染病、鹅传染病、牛传染病、羊传染病、犬传染病、猫传染病、兔传染病以及人畜共患传染病等。

(三)按病原体侵害的主要器官或系统分类

按此种分类方法,传染病可以分为全身性败血性传染病和以侵害消化系统、呼吸系统、神经系统、生殖系统、免疫系统、皮肤或运动系统等为主的传染病等。

(四)按动物传染病的危害程度分类

国内和国际依此种分类方法的分类略有不同。

(1)国内分类 根据动物疫病对养殖业生产和人体健康的危害程度,《中华人民共和国动物防疫法》规定的动物疫病分为下列 3 类。

一类疫病:是指口蹄疫、非洲猪瘟、高致病性禽流感等对人、动物构成特别严重危害,可能造成重大经济损失和社会影响,需要采取紧急、严厉的强制预防、控制等措施的。

二类疫病:是指狂犬病、布鲁氏菌病、草鱼出血病等对人、动物构成严重危害,可能造成较大经济损失和社会影响,需要采取严格预防、控制等措施的。

三类疫病:是指大肠杆菌病、禽结核病、鳖腮腺炎病等常见多发,对人、动物构成危害,可能造成一定程度的经济损失和社会影响,需要及时预防、控制的。

前款一、二、三类动物疫病具体病种名录由农业农村部制定并公布。农业农村部应当根据动物疫病发生、流行的情况和危害程度,及时增加、减少或者调整一、二、三类动物疫病具体病种并予以公布。

人畜共患传染病名录由农业农村部会同国务院卫生健康、野生动物保护等主管部门制定并公布。

（2）国际分类　世界动物卫生组织根据疾病对动物健康及人类公共卫生的危害程度，对动物疫病划分为 A 类和 B 类 2 种疾病。

A 类病：是指口蹄疫、猪瘟、高致病性禽流感和新城疫等烈性传染病，能超越国界，具有快速的传播能力，能引起严重的社会经济或公共卫生后果，并对动物和动物产品的国际贸易具有重大影响的传染病。按照《国际动物卫生法典》的规定，应将这类动物传染病的流行状况经常或及时地向 OIE 报告。

B 类病：是指炭疽、布鲁氏菌病、牛结核病、狂犬病等人畜共患病及非烈性动物疾病，在国内对社会经济或公共卫生具有明显的影响，并对动物和动物产品国际贸易具有很大影响的传染病。按规定应每年向 OIE 呈报一次疫情，但必要时也需要多次报告多。

任务二　宠物传染病的流行过程

一、宠物传染病流行过程概述

传染病在宠物群体中发生、蔓延和终止的过程，称为宠物传染病的流行过程。简而言之，流行过程就是从宠物个体感染发病到群体感染发病的发展过程。传染病能够通过直接接触或媒介物在易感动物群体中互相传染的特性，称为流行性。传染病的流行必须具备 3 个最基本的条件，即传染源、传播途径和易感动物。这 3 个条件通常称为构成传染病流行过程的基本环节，只有当这 3 个条件同时存在并相互联系时，传染病才能在动物群中发生、传播和流行。

二、流行过程的基本环节

（一）传染源

传染源是指体内有某种病原体寄居、生长、繁殖，并能排出体外的动物机体。也就是受感染的动物，包括患病宠物和病原携带者。

1.患病宠物

一般来说，患病宠物是最重要的传染源，但不同发病阶段患病宠物为传染源的意义亦不相同，需要根据病原体的排出状况、排出数量和频度来确定。处于前驱期和临床明显期动物排出病原体的数量多，尤其是急性感染病例排出的病原体数量更大、毒力更强，因此作为传染源的作用也最大。潜伏期和恢复期的动物是否可作为传染源，则随病种不同而异。处于潜伏期的动物机体通常病原体数量少，并且不具备排出的条件；但少数传染病如狂犬病、口蹄疫和猪瘟等在潜伏期的后期就能够排出病原体。在恢复期，大多数患病宠物已经停止病原体的排出，即失去传染源作用，但也有部分传染病如布鲁氏菌病在恢复期也能排出病原体。

在实际生产中，将患病宠物能排出病原体的整个时期称为传染期，不同传染病的传染期长短有明显差异。为了控制传染病，对患病宠物进行隔离和检疫时应到传染期终了为止。

2.病原携带者

病原携带者是指外表无症状但能携带并排出病原体的宠物，是更具危险性的传染源。不同传染病的病原携带状态是病原体和动物机体相互作用的结果,病原携带者排出病原体的数量虽然远不如患病宠物多,但由于缺乏临床症状并在群体中自由活动而不易被发现,因而是非常危险的传染源。病原携带者可随宠物的转运将病原体散播到其他地区而造成新的暴发或流行。在临床上,病原携带者又分为潜伏期病原携带者、恢复期病原携带者和健康病原携带者3种情况。

(1)潜伏期病原携带者 这一时期大多数传染病不具备排出病原体的条件,因而不能作为传染源。但少数传染病如狂犬病、口蹄疫和猪瘟等,在潜伏期的后期能够排出病原体。

(2)恢复期病原携带者 是指某些传染病的病程结束后仍能排出病原体的动物,如猪痢疾、萎缩性鼻炎、巴氏杆菌病、沙门氏菌病等。这种携带状态持续的时间有时较短暂,但有时则成为慢性病原携带者。因此,对这类传染病的控制应延长隔离时间,才能收到预期的效果。

(3)健康病原携带者 是指过去没有患某种传染病但却能排出该病病原体的动物。一般认为是隐性感染或条件性病原体感染的结果。这种携带状态通常只能靠实验室方法检出,而且持续时间短暂、病原排出的数量少。然而,由于巴氏杆菌病、沙门氏菌病、猪气喘病、猪丹毒和猪痢疾等健康病原携带者在某些地区或养殖场内数量较多,常常构成重要的传染源。

病原携带者常常具有间歇排出病原体的现象,因此仅凭一次病原学检查的阴性结果不能反映动物群的状态,只有经过反复多次的检查才能排除病原携带状态。

对预防兽医学工作者来说,防止健康动物群中引入病原携带者,或在动物群中清除病原携带状态是传染病防制工作中艰巨和主要的任务之一。

(二)传播途径

病原体由传染源排出后,通过一定的方式再侵入其他易感宠物所经历的途径称为传播途径。明确传染病传播途径的目的主要是能够针对不同的传播途径采取相应的措施,防止病原体从传染源向易感宠物群中不断扩散和传播,保护易感宠物不受感染,这是防制传染病的重要环节之一。

传播途径可以分为水平传播和垂直传播两大类,前者是病原体在宠物群体之间或个体之间横向平行的传播方式,后者则是病原体从亲代到其子代的传播方式。

1. 水平传播

水平传播方式又分为直接接触传播和间接接触传播2种。

(1)直接接触传播 是指在没有外界因素参与的前提下,通过传染源与易感宠物直接接触如交配、舔咬等所引起的病原体传播。在宠物传染病中,仅通过直接接触传播的病种较少,狂犬病最具代表性。但在发生传染病或处于病原体携带状态时,种用宠物之间则常因配种而传播病原体。通过直接接触方式传播的传染病在流行病学上通常具有明显的流行线索。

(2)间接接触传播 是指病原体必须在外界因素的参与下,通过传播媒介侵入易感宠物的传播。大多数传染病如犬瘟热、猫泛白细胞减少症、鸽瘟等以间接接触传播为主,同时也可以通过直接接触传播,这类传染病被称为接触性传染病。传播媒介是指将病原体从传染源传播给易感宠物的各种外界因素。传播媒介可以是生物(媒介者),也可以是物体(媒介物或污染物)。间接接触传播一般有以下几种途径。

①经空气传播。空气作为传染病传播因素主要有2种情况。

一种是由于患病宠物呼吸道内渗出液的不断刺激,宠物在咳嗽或喷嚏时通过强气流将病原体和渗出液从狭窄的呼吸道喷射出来,并形成飞沫飘浮于空气中。经飞散于空气中的、带有病原体的微细泡沫的传染称为飞沫传染。所有呼吸道病均可通过飞沫传播,如犬瘟热、结核病、鸽马立克病、流感、猫传染性鼻气管炎等。当飞沫蒸发干燥后,则可变成主要由蛋白质、细菌或病毒组成的飞沫核。当宠物呼吸时,直径为 5 μm 以上的飞沫核多在上呼吸道被排出而不易进入肺内,但直径 1~2 μm 的飞沫核被吸入后有 1/2 左右沉积在肺泡内。飞沫或飞沫核传染容易受时间和空间的限制,一次喷出的飞沫,传播空间不过几米,维持时间也只有几小时,但由于传染源和易感宠物不断转移和集散,加上飞沫中病原体的抵抗力相对较强,所以宠物群中一旦出现呼吸道传染病则很容易广泛流行。

另一种是随患病宠物分泌物、排泄物和处理不当的尸体以及较大的飞沫而散播的病原体,在外界环境中可形成尘埃,随着流动空气的冲击,附着有病原体的尘埃也可悬浮在空中而被易感宠物吸入造成感染。从理论上讲,尘埃传播疾病比飞沫传播的时间长,范围也大,但由于外界环境中的干燥、日光曝晒等因素存在,病原体很少能够长期存活,只有少数抵抗力较强的病原体如结核菌、炭疽杆菌、丹毒杆菌和痘病毒等才能通过尘埃传播。

经空气传播的传染病一般具有以下流行特征:由于传播途径易于实现,病例常连续发生,且新出现的病例多是传染源周围的易感宠物;在易感宠物集中时则可形成暴发性流行;在缺乏有效预防措施时,通过空气传播的传染具有周期性流行和季节性升高现象,如冬春季节发病率升高;流行强度常常与宠物的饲养密度、易感宠物的比例、畜舍的通风条件以及卫生消毒状况有密切的关系。

②经污染的饲料和饮水以及物体传播。多种传染病如鸽瘟、犬细小病毒感染、沙门氏菌病、结核病、炭疽等都可经消化道感染,其传播媒介主要是被污染的饲料和饮水。通过饲料和饮水的传播过程容易建立,因为患病宠物的分泌物、排出物或尸体等很容易污染饲料、牧草、饲槽、水桶,或以污染的管理用具、车船、动物圈舍等污染饲料和饮水,一旦易感宠物饮食这种被病原体污染的饲料和饮水便可感染发病。

通过这种传播方式流行的疾病,其强度取决于饲料或饮水的污染程度、使用范围和管理制度、病原体在饲料或饮水中的存活能力以及卫生消毒措施的执行状况等因素。在流行的初期阶段,经这种途径传播的传染病,其流行病学特征是:病例分布与饲料或饮水的应用范围一致,生长发育良好的动物发病数量较多,严重污染的饲料或饮水可能造成暴发流行。

③经污染的土壤传播。随患病宠物排泄物、分泌物或其尸体一起落入土壤而能在其中长时间存活的病原微生物,称为土源性病原微生物,如炭疽杆菌、气肿疽梭菌、破伤风梭菌等。能够经土壤传播的传染病,其流行病学特征是:由于该类病原体在外界环境中抵抗力很强,一旦它们进入土壤便可形成难以清除的持久污染区,因此应特别注意患病宠物的排泄物、污染的环境和物体以及尸体的处理,防止病原体污染土壤。

④经活的媒介者传播。主要是指节肢动物、野生动物和人类。

节肢动物:能传播疾病的节肢动物有昆虫纲的蚊、蝇、虱、蚤等和蜘蛛纲的蜱、螨等,这些节肢动物有的吸血,有的不吸血,但都能传播疾病。节肢动物传播疾病的方式主要有机械性传播和生物性传播 2 种。机械性传播是指病原体被节肢动物,如家蝇、虻类、蚊和蚤类等接触或吞食后,在其体表、口腔或肠内能够存活而不能繁殖,但可通过接触、吸血或其粪便污染饲料等途径散播病原体。生物性传播是指某些病原体(如立克次体)在感染动物前,能在一定种类的节肢动物(如某种蜱)体内进行发育、繁殖,然后通过节肢动物的唾液、呕吐物或粪便进入新易感动物体内的传播过程。经节肢动物传播的疾病很多,如蚊传播日本乙型脑炎,虻类和螫蝇等可传播炭疽、气肿疽等。

通过节肢动物传播的传染病,其流行特征一般是:传染病流行的地区范围与传播该传染病的节肢动物分布和活动范围一致;发病率升高的季节与某种节肢动物的数量、活动性,以及病原体在该节肢动物体内发育繁殖的季节相一致;新生的和新引进的动物发病率高,老龄动物则多因免疫力高而发病率低。

野生动物:某些野生动物本身对特定的病原体易感,受感染后可将病原体传播给人工饲养的易感动物,如鼠类可传播沙门氏菌、钩端螺旋体、布鲁氏菌、伪狂犬病毒等,狐、狼、吸血蝙蝠等传播狂犬病毒,候鸟传播禽流感等。另一些野生动物虽然本身对某些病原体不易感,但可进行该类病原体的机械性传播。

人类:由于人类活动范围广,与宠物的关系密切,因此在许多情况下都可成为宠物病原体的机械携带者。如人类虽然不感染犬瘟病毒,但却能机械性传播这些病原体。

除此之外,医源性传播、管理源性传播等人为性传播因素对宠物传染病的发生和流行也具有实际意义。医源性传播是指兽医人员使用被病原体污染的体温计、注射针头等器械以及被外源性病原体污染的生物制品等,或没有严格按照防疫卫生要求操作,将病原体带入宠物群而造成的传染病传播。管理源性传播是指由于管理不善,饲养管理人员缺乏防病意识,防疫卫生制度不健全,不注意日常卫生消毒等造成疾病的暴发或蔓延。例如,平时来回进出不同的宠物圈舍,车辆、人员进出宠物场所不消毒;粪便、污物和病死动物尸体不能及时清除或处理不当等;在进行人工授精或胚胎移植时,因操作不当,造成病原体可通过精液或胚胎带入宠物体内而引发传染病。

2.垂直传播

垂直传播一般可归纳为下列3种途径。

(1)经胎盘传播 是指产前被感染的怀孕宠物能通过胎盘将其体内病原体传给胎儿的现象。可经胎盘传播的疾病有伪狂犬病、衣原体病、日本乙型脑炎、布鲁氏菌病、弯曲菌性流产、钩端螺旋体病等。

(2)经卵传播 是指携带病原体的鸽和鸟类的卵子在发育过程中能将其中的病原体传给下一代的现象。可经种蛋传播的病原体主要见霉形体和沙门氏菌等。

(3)分娩过程传播 是指存在于怀孕宠物阴道和子宫颈口的病原体在分娩过程中造成新生胎儿感染的现象。可经产道传播的病原体主要有大肠杆菌、葡萄球菌、链球菌、沙门氏菌和疱疹病毒等。

宠物传染病的传播途径比较复杂,每种传染病都有自己特定的传播途径,如皮肤霉菌病只能经破损的皮肤伤口传播;炭疽可经接触、饲料、饮水、空气或媒介动物等传播。研究和分析传染病的传播方式和传播途径的目的,就是为了采取针对性的措施切断传染源和易感宠物间的联系,使传染病的流行能够迅速平息或终止。

(三)宠物易感性

宠物易感性是指宠物个体对某种病原体缺乏抵抗力、容易被感染的特性。宠物群体易感性是指一个宠物群体作为整体对某种病原体感受性的大小和程度。易感性的高低取决于群体中易感个体所占的比例和机体的免疫强度,决定传染病能否在动物群体中流行以及流行的严重程度。群体易感性高低主要是由宠物的遗传特性和特异性免疫状态等内在因素决定的。因此判断群体对某一种传染病易感性高低，可以通过该地区宠物种类或品种调查、历年来该病的流行情况、预防接种情况以及针对该病的抗体滴度测定结果而得知。值得注意的是其他外界因素如气候、饲料、饲养管理、卫生条件、健康状态和应激等因素也可影响群体易感性。

1.导致宠物群体易感性升高的主要因素

①一定地区饲养宠物的种类或品种。目前许多地区的都形成了以某些种类或品种的宠物为主的格局，不同种类或品种的宠物对不同病原体甚至对同一种病原体的易感性有差异，因此造成某些传染病在某一地区发病率上升或流行。

②群体免疫力降低。某种传染病流行结束后，宠物群的自然免疫力逐渐消退。

③新生动物或新引进动物的比例增加。

④免疫接种程序的紊乱或接种的宠物数量不足。

⑤免疫接种所使用的生物制品质量不合格。

⑥饲养管理因素也可以造成动物群的免疫力下降、易感性升高。如饲料质量差、营养成分不全、饥饿、寒冷、暑热、运输和疾病状态等因素均可导致机体的抵抗力降低。

⑦年龄及性别因素等。

2.导致宠物群体易感性降低的主要因素

①有计划的预防接种。

②传染病流行引起动物的群体免疫力增强。

③病原体的隐性感染导致宠物群体的免疫力增强。

④抗病育种可选育抵抗力强的宠物品系。

⑤随着宠物日龄的增长，宠物群的年龄抵抗力明显增强，如幼龄犬对犬瘟热的易感性较高，而成年犬的易感性逐渐降低。

三、宠物传染病的流行特征

（一）流行过程的强度

在宠物传染病流行的过程中，传染病的流行范围、发病率的高低、传播速度以及病例间的联系程度等称为流行强度。通常具有以下几种表现形式。

1.散发性

散发性是指宠物发病数量不多，在一定时间内呈散在性发生或零星出现，而且各个病例在时间和空间上没有明显联系的现象。这种形式的原因主要有：①宠物群对某种传染病的免疫水平相对较高。②某种传染病通常主要以隐性感染形式出现。③某种传染病的传播需要特定的条件，如破伤风等。

2.地方流行性

地方流行性是指宠物的发病数较多，在一定地区或宠物群中，传染病流行范围较小并具有局限性传播的特性，如炭疽和气肿疽等通常就是采取这种流行形式。地方流行性的含义包括：①一定地区内的宠物群中某病的发病率较散发性略高，且总是以相对稳定的频率发生。②某些特定传染病的发生和流行具有明显的地区局限性。

3.流行性

流行性是指在某一时间内,在一定宠物群中,某种传染病的发病率超过预期水平的现象,而且在较短的时间内传播范围比较广。流行性是一个相对的概念,仅说明传染病的发病率比平时高,当不同地区存在不同传染病流行时,其发病率的高低并不一致。一般来说,流行性疾病具有传播能力强、传播范围广、发病率高等特性,在时间、空间和动物群间的分布也不断变化。

4.暴发

暴发是指在局部范围的一定动物群中,短期内突然出现较多病例的现象。实际上,暴发是流行的一种特殊形式。

5.大流行性

大流行性是指某些传染病具有来势猛、传播快、受害动物比例大、波及面广的流行现象。此类传染病的流行范围可达几个省份、几个国家甚至几个大洲,如禽流感、鸽瘟等病在一定的条件下均可采取这种方式流行。

以上几种流行形式之间,在发病数量和流行范围上没有量的绝对界限,只是一个相对量的概念。而且某些传染病在特殊的条件下可能会表现出不同的流行形式,有时会以地方流行性的形式出现,有时则以流行性或暴发的形式出现。

(二)流行过程的地区性

1.外来性

外来性是指本国没有流行而从其他国家输入疾病的现象。

2.地方性

地方性又称为地方流行性,但这里强调的是由于自然条件的限制,某病仅在一些地区中长期存在或流行,而在其他地区基本不发生或很少发生的现象,如钩端螺旋体病。

3.疫源地

(1)概念　传染源及传染源排出的病原体所在的地区称为疫源地。疫源地的含义要比传染病原的含义广泛得多,除了传染病原外,它还包括所有可能已接触患病宠物的可疑宠物群、被污染的环境、饲料、用具以及这个范围内的所有其他动物和隐藏宿主等。因此在防疫时,不但要对传染病原进行处理,还要注意对环境和传播媒介以及易感宠物的处理等一系列综合措施。

(2)疫源地的范围　疫源地的范围大小要根据传染源的分布和污染范围的具体情况确定。它可能只限于个别宠物笼(箱)、房舍,也可能包括某养殖场、住宅小区或更大的地区。通常将范围小的疫源地或单个传染源所构成的疫源地称为疫点。若干个疫源地连接成片并范围较大的称为疫区。疫区不但指某种传染病正在流行的地区,还应包括患病宠物于发病前(该病的最长潜伏期)后活动过的地区。从防疫工作的实际出发,有时也将某个比较孤立的房舍、场或住宅小区称为疫点,所以疫点与疫区的划分不是绝对的。

(3)疫源地的消灭　疫源地的存在具有一定的时间性,时间的长短由多方面的复杂因素决定。至少需要具备3个条件:即最后一个传染源死亡或痊愈后不再携带病原体,或已经离开该疫源地;对所污染的环境进行彻底消毒,并且达到该病最长潜伏期,不再有新病例出现;还要通过血清学检查动物群均为阴性反应,才能认为该疫源地被消灭。如果没有外来的传染源和传播媒介的侵入,这个地区就不再有这种传染病存在了。

4.自然疫源地

(1)概念　有些传染病的病原体在自然条件下,即使没有人类或宠物的参与,也可以通过传播媒介感染宠物造成流行,并且长期在自然界循环延续后代,这些传染病称为自然疫源性疾病。存在自然疫源性疾病的地区,称为自然疫源地。自然疫源性疾病具有明显的地区性和季节性等特点,并受人类从事一些活动时使生态系统产生变化的影响。

(2)自然疫源性疾病　具有自然疫源性的疾病称为自然疫源性疾病。如流行性出血热、森林脑炎、狂犬病、伪狂犬病、犬瘟热、鹦鹉热、Q热、鼠型斑疹伤寒、蜱住斑疹伤寒、鼠疫、土拉杆菌病、布鲁氏菌病、李氏杆菌病、蜱传回归热、钩端螺旋体病、弓形体病等。

四、流行过程的季节性和周期性

(一)季节性

季节性指某些宠物传染病经常发生于一定的季节,或在一定季节内出现发病率明显升高的现象。传染病流行的季节性分为3种情况。

1.严格季节性

严格季节性是指病例只集中出现在一年内的少数几个月份,其他月份几乎没有病例出现的现象。传染病流行的严格季节性与这类疾病的传播媒介活动频繁有关,如日本乙型脑炎只流行于每年的6—10月份等。

2.季节性升高

季节性升高是指一些疾病,如钩端螺旋体病、流感等在一年四季均可发生,但在一定季节内发病率明显升高的现象。传染病流行的季节性升高主要是季节变化能够直接影响病原体在外界环境中的存活时间、宠物机体的抗病能力以及传播媒介的活动性。

3.无季节性

无季节性是指一年四季都有病例出现,并且无显著性差异的传染病流行现象。一些慢性或潜伏期长的传染病,如结核病发病时通常无季节性差异。

传染病流行的季节性变化受动物群的密度、饲养管理、病原体的特性、传播媒介以及其他生态因素变化的影响。了解疾病季节性升高的原因及影响,可以更有效地采取防制措施。

(二)周期性

周期性是指在经过一个相对恒定的时间间隔后,某些传染病可以再次发生较大规模流行的现象。传染病周期性流行出现的原因主要如下。

①某些传染病的传播机制容易实现,宠物群受到感染的机会多。

②某些传染病在一次流行后,宠物获得的免疫力会随着时间的推移而逐渐消失;当新生宠物和新引入宠物数量足够多时,一旦病原体再次传入便可在易感宠物群中传播而引起再度流行。

五、影响流行过程的因素

宠物传染病的流行过程必须具备传染源、传播途径和易感宠物群3个基本环节。阻断这

3个环节的相互连接,才能够控制传染病的发生和流行。影响传染病流行过程的因素主要是自然因素和社会因素,而2种因素都存在着有利和不利2个方面。

(一)自然因素

对传染病流行过程有影响的自然因素主要包括气候、气温、湿度、阳光、雨量、地形、地理环境等,它们对传染病的3个环节的作用错综复杂。对于传染源而言,江、海、河、高山等地理条件,对传染源的转移产生一定限制,成为天然的隔离条件。当季节变换使宠物机体抵抗力降低而发生传染病或者病情加重时,散播传染的机会也随之增加,反之则减少。对于传播媒介而言,自然因素对其影响更为明显,具有适宜温度和湿度的季节,都有利于传播媒介的活动,因此就增加了疾病的传播机会。对于易感宠物而言,自然因素的影响主要是提高或降低机体的抵抗力,从而减少或增加传染病的发生和流行。

(二)社会因素

影响宠物传染病流行过程的社会因素主要包括社会制度、生产力和经济、文化、科学技术水平以及法律法规的执行情况等。这些既是促使宠物传染病流行的原因,也是有效消灭和控制宠物传染病流行的关键所在。需要特别强调的是,严格执行法规和防制措施是控制和消灭动物传染病的重要保证。要尽最大努力将由于人为因素而使宠物传染病发生和流行的可能性降至最低。

任务三　宠物流行病学调查分析

一、流行病学及调查分析的概念

具有流行性的疾病称为流行病。流行病学是研究宠物流行病的科学,即研究流行病的发生、发展和分布规律以及制订并评价防制对策和措施的科学。

调查分析是研究和诊断流行病的主要方法,有时也称流行病学调查分析。调查是查明宠物传染病在宠物群体中最早发生的时间、地点、分布和流行和条件等,是认识宠物传染病的感性阶段;分析是对调查所得的资料,运用数理统计和逻辑推理的方法综合分析,找出发病的原因、规律,并提出防制措施。因传染病属于流行病,可以运用流行病学调查分析的方法诊断传染病,以便及时采取合理的防制措施,达到迅速控制和消灭传染病流行的目的。

二、流行病学调查的内容

1.本次流行情况调查

①发病和流行时间的调查。此项包括最初发病的时间,患病宠物最早死亡的时间,死亡高峰和高峰持续的时间等。

②发病地点及蔓延情况的调查。此项包括最初发病的地点,随后蔓延的情况,目前疫情的分布及蔓延趋向等。

③传播方式和速度的调查。

④宠物群体的现状调查。此项包括疫区内各种宠物的数量、分布以及发病宠物的种类、品

种、数量、年龄和性别等。

⑤各种频率指标。此项包括感染率、发病率、死亡率和病死率等。

⑥发病宠物的临诊表现和病理变化。

⑦采取的措施及效果。

2.疫情来源调查

①既往病史。本地区是否曾经发生过类似的疾病以及防制情况。

②是否有引进宠物及其产品的情况。

③饲养管理,包括饲养方式、饲料来源、饲料品质、卫生条件和饮水情况等。

④免疫情况。是否接种过疫苗(包括免疫程序,疫苗的种类、类型、剂量,接种途径),具体的操作方法等。

⑤尸体及粪便处理情况。

3.自然环境

①地理环境。疫区的地理、地形、河流、交通、气候和植被等。

②生物媒介。野生动物、节肢动物和鼠类等传播媒介的分布、活动情况以及它们与疫病的发生、蔓延、传播等的相互关系。

4.社会环境

社会环境是指该地区的政治、经济、文化情况;人类生产和生活活动的基本情况。如乱抛宠物尸体、剥食宠物尸体、急宰患病宠物等;兽医法规、政策的执行情况;当地人对疫情的认识和态度等。

调查者也可根据上述调查内容设计出简明、直观、便于统计分析的表格及提纲,以便在调查中做好调查记录。

三、流行病学调查的具体方法

1.询问调查

询问对象包括动物饲养员、养殖场管理人员、畜牧兽医工作人员和当地居民等。询问过程中要注意工作方法,通过询问、座谈等方式,力求查明传染源、传播媒介、自然情况、宠物群体资料、发病和死亡情况等,并将调查收集到的资料记入流行病学调查表格中。

2.现场观察

为了保证资料的真实性,根据不同种类的疾病可进行有针对性的现场调查。例如,在发生肠道传染病时应特别注意饲料的来源和质量、水源的卫生条件、粪便和尸体的处理等相关情况。在发生由节肢动物传播的传染病时,应注意调查当地节肢动物的种类、分布情况,生态习性和感染情况等。另外,对疫区的一般兽医卫生情况、地理分布、地形特点和气候条件等也要调查。

现场观察要与询问相结合,并注意当地的民俗民风、生活习惯和方言等。

3.查阅资料

查阅资料即在文献室、图书馆和网络上查阅既往病史和自然资料等。

4.实验室检查

为了确诊,往往还需要对患病宠物或可疑宠物、生物媒介及相关物品应用病原学、血清学、变态反应、尸体剖检和病理组织学等各种诊断方法进行检查。通过检查可以发现隐性传染源,证实传播途径,掌握宠物群体免疫水平,发现相关病因等。

5. 统计和分析

运用生物统计学的方法统计疫情,计算发病率、死亡率和病死率等频率指标,最后将调查的材料加以统计、分析,去粗取精,去伪存真,加工整理,最后得出流行过程的客观规律,并对采取的措施做出正确的评价。

四、流行病学调查分析的步骤

流行病学调查分析的步骤是:制订调查计划→实施调查→整理分析→得出结果→采取措施→结论报告。

五、调查分析中常用的频率指标

描述疾病在宠物群中的分布,常用疾病在不同时间、不同地区和不同宠物群中的分布频率来表示,如发病率、死亡率、患病率、感染率、携带率等。

1. 发病率

发病率表示在一定时期内某动物群体中某病新病例的出现频率。

$$发病率 = \frac{在一定时期内某动物群体中该病的新病例数}{同期该动物群体平均数} \times 100\%$$

发病率可用来描述疾病的分布,探讨疾病病因或评价疾病防治措施的效果,同时也反映疫病对动物群体的危害程度。

2. 死亡率

死亡率是指在一定时期内某动物群体中死亡动物数与同期该动物群体平均数的比率。

$$死亡率 = \frac{在一定时期内某动物群体中死亡动物总数}{同期该动物群体平均数} \times 100\%$$

当死亡率按疾病种类计算时,则称某病死亡率。

$$某病死亡率 = \frac{在一定时期内某动物群体死于该病的动物总数}{同期该动物群体平均数} \times 100\%$$

某病死亡率是疾病分布的一项重要指标,能反映疾病的危险程度和严重程度,不但对病死率高的疾病,如猪瘟、鸡新城疫等疫病诊断很有价值,而且对于症状轻微、致死率较低的疾病在诊断上也有一定的参考价值。

3. 病死率

病死率是指一定时期内某种疫病的患病动物发生死亡的概率。

$$病死率 = \frac{在一定时期内该病死亡动物数}{同期患该病的动物总数} \times 100\%$$

病死率也可以用死亡专率和发病专率推算出来。

死亡专率是按病的种类、年龄、性别、品种等分类计算的死亡率。用标化死亡率进行比较,以排除因年龄、性别构成不同所致的假象。死亡专率提出的原因在于总死亡率提供的信息较粗糙,不能说明动物群中各个亚群的死亡情况,不能与其他地区的资料进行比较。死亡专率是从动物群间可比性的目的出发,一定程度上弥补了总死亡率的缺陷。

同理,发病专率是将发病率按不同特征,如年龄、性别、品种、病因等分别计算的发病率。在计算死亡专率和发病专率时,注意二者计算的分类依据及动物群数量应一致。

$$病死率 = \frac{该病死亡专率}{该病发病专率} \times 100\%$$

病死率比死亡率能更精确地反映疫病的严重程度,如狂犬病和破伤风的死亡率较低,但病死率较高。

4. 患病率

患病率是指某个时间内某病的新老病例数与同期动物群体平均数之间的比率。

$$某病患病率 = \frac{在一定时期内某动物群体患该病的病例数}{同期该动物群体暴露动物数} \times 100\%$$

患病率是疾病普查或现况调查常用的数据。患病率按一定时刻计算称为点时患病率;按一段时间计算则称为期间患病率。患病率统计对病程短的传染病意义不大,但对于病程较长的传染病则有较大价值。

5. 感染率

某些传染病感染后不一定发病,但可以通过微生物学、血清学及其他免疫学方法测定是否感染。

$$感染率 = \frac{检出阳性动物数}{受检动物数} \times 100\%$$

感染动物包括具有临床症状和无临床症状的动物,也包括病原携带者和血清学反应阳性的动物。由于感染的诊断方法和判断标准对感染率影响很大,因此应使用同一标准进行检测、判断和分析。感染率的用途很广,如推论该病的流行态势或作为制订防制对策的依据等,常用于结核病、布鲁氏菌病、鼻疽、牛副结核病等慢性细菌病、病毒病以及寄生虫病的分析和研究。

6. 携带率

携带率是与感染率相似的概念,为动物群体中携带某病原体的动物数和被检动物群体总数的比值。根据病原体的不同又可分为带菌率、带毒率等。

$$携带率 = \frac{动物群体中携带某病原体的动物数}{被检动物群体总数} \times 100\%$$

 复习题

1. 名词解释:传染、传染病、流行过程、传染源、病原携带者、水平传播、垂直传播、传播媒介、疫源地、疫点、疫区、自然疫源地。

2. 宠物传染病有哪些特征?

3. 传染病的发展阶段有哪些?潜伏期在传染病防制中的实践意义是什么?

4. 宠物传染病的流行过程必须具备哪 3 个基本环节?这 3 个环节在防制宠物传染病的过程中有什么意义?

5. 传染病的传播途径主要包括哪些内容?了解传播途径有何意义?

6. 宠物传染病流行病学的研究方法有哪些?

宠物传染病的防制

任务一 防制工作的基本原则和内容

一、防制工作的基本原则

1. 坚决贯彻"预防为主、防重于治、养防结合"的原则

由于宠物饲养的数量逐渐增多,某种传染病一旦发生或流行,特别是那些传播能力较强的传染病,发生后可在宠物群中迅速蔓延,有时甚至来不及采取相应的措施就已经大面积扩散了。因此,必须坚持"预防为主、防重于治、养防结合"的原则。实践证明,只要做好平时的预防工作,严格遵循宠物的饲养管理制度,很多传染病可以避免发生。同时还应加强兽医工作人员的业务素质和职业道德教育,使其具有良好的职业道德。

2. 逐渐加强和完善兽医防疫法律法规建设

控制和消灭宠物传染病的工作关系到人民健康,兽医行政部门要以动物流行病学和动物传染病学的基本理论为指导,以《中华人民共和国动物防疫法》等法律法规为依据,根据宠物生产的规律,制订和完善宠物保健和疫病防制相关的法规条例以规范宠物传染病的防制。

3. 严格加强宠物传染病的流行病学调查和监测

由于不同传染病在时间、地区及在宠物群中的分布特征、危害程度和影响流行的因素有一定的差异,因此,要制订适合本地区的疫病防制计划或措施,必须在对该地区展开流行病学调查和研究的基础上进行。

4.建立和健全各级防疫机构

宠物传染病的防疫工作是一项社会性的工作,是政府行为,必在各级政府的领导下,由农业、商业、外贸、卫生、工商、司法、交通等部门密切配合,从全局出发,大力合作,统一部署,全面安排,才能将防制工作做好。同时还要加大力度进行科普宣传,提高群众的防疫意识和防疫水平,从根本上减少宠物疫病的发生。

二、防制工作的基本内容

由病原微生物引起的各种传染病对宠物的健康有极大的危害,有些传染病还会传染给人,所以要想预防、控制并最终消灭传染病,就必须从消灭传染源、切断传播途径、保护易感宠物 3 个环节着手,采取综合性防制措施,它主要包括 2 方面:一是在平时未发生传染病时,为防止传染病侵入宠物群体而采取的各种措施,称为预防措施;二是在发生传染病时,为迅速扑灭传染病而采取的各种措施,称为扑灭措施。

(一)预防措施

平时的预防措施主要是采取以"养、防、检、治"为基础环节的综合性措施。

"养":加强饲养管理,执行"全进全出"的饲养模式;坚持"自繁自养"原则,尽量减少宠物的引进,如必须引进,需隔离观察,确认无病者方可混群饲养。

"防":严格执行卫生防疫制度;搞好环境卫生,定期进行消毒和粪便的无害化处理;做好预防性的免疫接种及药物预防;做好杀虫、灭鼠工作。

"检":定期检疫,以便及时发现并消除传染病。

"治":发现发病动物,及时隔离,查明原因,及早治疗或进行相应的无害化处理。

(二)扑灭措施

在发生宠物传染病时,为了迅速扑灭疫情,减少经济损失和防止人的感染,应采取"早、快、严、小"的措施。

"早":疫情要早发现、早隔离、早封锁。

"快":行动果断迅速。快速做出诊断、尽快上报疫情,并通知邻近单位做好预防工作。

"严":对发病宠物隔离、封锁要严密。

"小":使疫情控制在最小的范围内。对未发病的易感宠物进行疫苗的紧急接种或相应的药物预防,并对污染的环境采取随机消毒,必要时对于危害较大的传染病应采取封锁措施。

由此可见,预防措施和扑灭措施不是截然分开的,二者是相辅相成、紧密配合的。

任务二　宠物传染病的预防措施

一、加强饲养管理

要根据宠物的生活习性,采取科学的饲养管理,搞好环境卫生。要根据宠物生长发育特点,提供合理的营养,饲料配比中要有较高的动物性蛋白质和脂肪,可适当加入调味剂以增加食欲。但要注意食盐用量不宜过多,否则会降低食欲、引起食盐中毒。喂养要定时、定量、定点,并注意观察进食的情况,发现异常,要及时查明原因,采取有效措施进行相应处理。对宠物的调教及训练要适度,使其养成良好的生活习惯。同时也要对宠物栖息的舍、笼及经常出入的场所进行经常性洗刷及定期消毒。为了保证宠物体表清洁卫生,还要经常用梳、刷梳理、刷洗被毛,定期用温水进行体表洗涤,这不仅可以使体表美观、清洁,还有预防皮肤疾病、促进皮肤毛细血管循环和新陈代谢等健身防病作用。但要注意洗澡不要太勤,以防皮脂大量丧失,使皮肤弹性降低,发生皮肤炎症或者引起感冒。

对于不作为种用的犬、猫,可适时进行去势手术,使其性情变得更加温顺,易于管理。

二、消毒

消毒是杀灭或清除病原微生物的重要措施。其目的是消灭患病宠物的分泌物(眼屎、唾液、痰等)和排泄物(粪、尿等)中的病原微生物,切断传播途径,阻止传染病继续蔓延。因此,为了预防宠物传染病的发生,对可能被污染的物品都要进行经常性的消毒。

(一)消毒种类

根据目的不同,消毒可分为如下 3 种。

1.预防消毒

预防消毒是指在未发生传染病时,以预防感染为主进行的定期消毒。主要是针对宠物圈舍、饮水、饲养用具、运输工具、交易所、仓库、工作服、鞋帽、器械等进行的消毒。

2.随机消毒

随机消毒是指在发生传染病时,为了及时扑灭刚从宠物体内排出的病原微生物而进行的不定期消毒,也称为紧急消毒。此法主要是针对在隔离或封锁期间的患病宠物的圈舍以及与患病宠物接触过的或能使传染病蔓延的器具和排泄物,如栏舍、墙壁、饲养工具、垫草、粪便、污水、器械和工作人员的衣物等的消毒。且消毒药的浓度也要比预防消毒时适当提高。同时要重复多次消毒。

3.终末消毒

终末消毒是指传染病消灭后,全部患病宠物痊愈或死亡后,经过该病的最长潜伏期后再没有新的病例发生;或在疫区解除封锁之前,为了消灭疫区内可能残留的病原所进行的全面彻底的大消毒。所以终末消毒又称善后消毒或巩固消毒。

(二)消毒方法

消毒方法是指杀灭或清除微生物的方法。一般可分为物理消毒法、化学消毒法与生物热消毒法 3 种。物理消毒法多利用清洗、加热、过滤或各种辐射等处理。一般来讲,其作用速度较快,不会留下残余的有害物质。其中的热处理与电离辐射往往是灭菌的首选方法。化学消毒法是指用化学消毒剂杀灭病原微生物的方法,也是临床常用的方法之一。但因常涉及药物的毒性与腐蚀性,而且易受环境因素影响,因此在使用时应根据消毒方式、时机以及不同的消毒对象选择适宜的消毒剂。生物热消毒法是利用某种生物来杀灭或清除病原微生物的方法。如粪便和垃圾的发酵,即是利用嗜热细菌繁殖产生的热量杀灭病原微生物。此法作用缓慢,效果有限,但费用较低,常用于废物或排泄物等的消毒。由于生物热消毒法还具有减少公害的优点,所以国内外现在都很重视这种方法的研究。

由于消毒工作往往会受到各种因素和条件的影响与限制,所以在消毒之前,要根据消毒的目的、条件和环境情况等因素综合考虑,选择一种或几种切实可行的消毒方法。而在实践工作中,我们也确实经常综合应用,以确保消毒效果。但在综合应用时,一定要注意化学消毒剂的拮抗物质对消毒效果的影响与干扰。

三、免疫接种

免疫接种是给宠物接种疫苗或注射免疫血清,使机体产生特异性免疫力,是预防和控制宠物传染病的重要措施之一。根据免疫接种的时机不同,分为预防免疫接种和紧急免疫接种。

(一)预防免疫接种

为控制宠物传染病的发生和流行,减少传染病造成的损失,根据每个国家、地区传染病流行的具体情况,有组织、有计划地对易感宠物群进行的免疫接种,称为预防免疫接种。预防免疫接种通常以疫苗、菌苗、类毒素等生物制剂作为抗原激发免疫。但在生产实践中,在进行预防免疫接种时,应按照免疫程序和免疫计划执行。

1.制订合理的免疫程序

免疫程序是指根据一定地区或养殖场内不同传染病的流行状况及疫苗特性,为特定宠物群制订的疫苗接种类型、次序、次数、途径及间隔时间。制订免疫程序通常应遵循的原则如下。

①免疫程序是由宠物传染病在该地区、一定时间和宠物群中的分布特点和流行规律决定的。

②免疫程序是由疫苗的免疫学特性决定的。疫苗的种类、接种途径、产生免疫力需要的时间以及免疫力的持续期等差异是影响免疫效果的重要因素。

③免疫程序应具有相对的稳定性。若某一免疫程序的应用效果良好,则应尽量避免改变这一免疫程序。如果发现该免疫程序在执行过程中仍有某些传染病流行,则应及时查明原因(疫苗、接种方法、时机或病原体变异等),并进行适当的调整。

因此,在制订免疫程序时,要根据这些特性进行充分的调查、分析和研究。

2.免疫程序制订的方法和程序

目前仍没有一个能够适合所有地区或宠物养殖场的标准免疫程序,不同地区或部门应根据传染病流行特点和生产实际情况,制订科学合理的免疫接种程序。对于某些地区或宠物养殖场正在使用的程序,也可能存在某些防疫上的问题,需要进行不断的调整和改进。因此,了解和掌握免疫程序制订的步骤和方法具有非常重要的意义。

(1)掌握威胁本地区传染病的种类及其分布特点　根据疫病监测和调查结果,分析该地区常见多发传染病的危害程度以及周围地区威胁性较大的传染病流行和分布特征,并根据宠物的类别确定哪些传染病需要终生免疫,哪些传染病需要根据季节或宠物年龄进行免疫。

(2)了解疫苗的免疫学特性　由于疫苗的种类、适用对象、保存、接种方法、使用剂量、接种后产生免疫力的时间以及免疫保护效力的长短等特性决定着免疫程序的好坏,因此在制订免疫程序前,应对这些特性进行充分的研究和分析。一般来说,弱毒疫苗接种后5~7 d、灭活疫苗接种后2~3 周可产生免疫力。

(3)充分利用免疫监测结果　应根据定期测定的抗体消长规律确定首免日龄和加强免疫的时间。初次使用的免疫程序应定期测定免疫宠物群的免疫水平,发现问题要及时调整并采取补救措施。新生宠物的免疫接种应先测定其母源抗体的消长规律,并根据其半衰期确定首次免疫接种的日龄,以防止高滴度的母源抗体对免疫力产生干扰。

(4)掌握传染病发病及流行特点 传染病发病及流行特点决定是否进行疫苗接种、接种次数及时机。如发生在某季节或某年龄段的传染病,可在发病阶段到来前2～4周进行免疫接种,接种的次数则由疫苗的特性和该病的危害程度决定。

总之,在制订宠物免疫程序时,应充分考虑本地区常见多发或威胁大的传染病分布特点、疫苗类型及其免疫效果和母源抗体水平等因素,这样才能使免疫程序具有科学性和合理性。

3.影响疫苗免疫效果的因素

影响疫苗免疫效果的因素较多,主要包括以下几种。

宠物品种、年龄、体质、营养状况、饲养管理条件、应激因素等对免疫效果和机体抗病能力的影响很大。幼龄、体弱、生长发育较差以及患慢性病的宠物,可能会出现明显的注射反应;抗体上升缓慢、环境条件恶劣、卫生消毒制度不健全、饲料营养不全面、宠物圈舍通风保温不够、应激状态等也可降低机体的免疫应答反应。

病原体的血清型和变异性。某些病原体的血清型多、容易发生抗原变异或出现超强毒力变异株,常常造成免疫接种失败,如大肠杆菌病、传染性支气管炎、鸽流感、鸽马立克病等。

4.免疫程序不合理

免疫程序不合理包括疫苗的种类、接种时机、接种途径和剂量、接种次数及间隔时间等不适宜。由于不同疫苗具有不同的免疫学特性,如果不了解它们的差异而改变某一免疫程序,就容易出现免疫效果差或免疫失败的现象。此外,当传染病的流行发生变化时,免疫程序也应随之调整,如继续使用原有程序,则可导致免疫失败。

5.接种途径不合理

对疫苗的接种途径应高度重视,特别是以呼吸道和消化道为入侵门户的传染病,应密切协调其黏膜免疫和全身免疫的关系。

6.免疫抑制性因素的存在

当机体内存在某些免疫抑制性疾病(如猫泛白细胞减少症等病原体)或药物时,可不同程度地抑制或破坏机体的免疫系统,导致机体免疫应答能力下降。

7.疫苗的运输、贮藏和质量不合格

疫苗的内在质量是由生产厂家控制的,在使用前若发现冻干苗失真空,油佐剂苗破乳、变质或生长霉菌、存在异物、过期或未按规定运输保存时,应予废弃。使用时应严格按照要求进行稀释,在规定时间内将稀释后的疫苗接种完毕,以保证疫苗的注射剂量和注射密度,而且接种活菌苗后应在规定的时间内禁止投服抗菌药物。

8.母源抗体的干扰和超前免疫

母源抗体的持续时间及其对宠物的免疫保护力,受宠物种类、疫病类别以及母体免疫状况的影响很大。一般来说,未吃初乳的新生宠物,血清中免疫球蛋白的含量极低,吮吸初乳后血清免疫球蛋白的水平能够迅速上升并接近母体的水平,生后24～35 h即可达到高峰;随后开始降解而滴度逐渐下降,降解速度随宠物种类、免疫球蛋白的类别、原始浓度等不同有明显差异。由于体内缺乏主动免疫细胞,此时接种弱毒疫苗时很容易被母源抗体中和而出现免疫干扰现象。

(二)紧急免疫接种

紧急免疫接种是指在发生传染病时,为了迅速控制和扑灭疫病的流行,而对疫区和受威胁

区尚未发病的易感宠物进行的应急性免疫接种。对患病宠物及可能已受感染的潜伏期、患病宠物,必须在严格消毒的情况下立即隔离,不能再接种疫苗。但在实践中,处于潜伏期、外表正常的宠物常常会被动地进行疫苗的接种,这部分宠物在接种疫苗后是不能获得保护的,反而会促使它们更快发病。但由于这些急性传染病的潜伏期较短,而疫苗接种后又很快就能产生抵抗力,因此发病不久由于抗体的产生,症状即可逐渐消失,恢复正常。由此可见,当使用的疫苗产生免疫力的时间比潜伏期短时,才能使紧急接种产生良好的效果。

四、药物预防

药物预防主要是针对那些还没有疫(菌)苗或有疫苗但免疫性能差的传染病,在其发病季节前或发病年龄前选用合适的药物,均匀拌于饲料或直接投服,以增加宠物对病原体的抵抗力,不失为一种行之有效的方法。目前市场上有不少种类的抗生素添加剂,加入食物中饲喂,也可起到防病作用。但应注意药物的适用范围、用量及连续使用的时间,及时停用或更换药物,以防产生耐药性。

五、杀虫和灭鼠

(一)杀虫

杀虫主要是指消灭虻、蝇、蚊、蜱等节肢动物。常用的杀虫方法分为物理杀虫、化学杀虫和生物杀虫3种方法。

1. 物理杀虫法

此法主要是利用喷灯火焰烧杀,机械拍打捕捉,沸水、蒸汽或干热空气杀灭。

2. 生物杀虫法

此法主要是通过改善饲养环境,阻止有害昆虫的滋生,达到减少害虫的目的。通过加强环境卫生管理及时清除圈舍地面中的饲料残屑、垃圾以及粪便,强化粪便污染的管理和无害化处理等措施,以减少和消除昆虫的滋生地和生存条件。当条件许可时,可通过雄虫绝育技术和昆虫病害微生物的感染来控制昆虫的泛滥。生物学方法由于具有无公害、不产生抗药性等优点,日益受到人们的重视。

3. 化学杀虫法

此法主要是应用化学杀虫剂来杀虫。根据杀虫剂对节肢动物的毒杀作用可分为胃毒药剂、接触毒药剂、熏蒸毒药剂、内吸毒药剂等。常用的杀虫剂有:有机磷杀虫剂如敌敌畏、倍硫磷、马拉硫磷等;除虫菊酯类杀虫剂如胺菊酯等;硫酸烟碱类以及多种驱避剂等。

(二)灭鼠

鼠类是许多人宠共患传染病的传播媒介和传染源,它们可以传播的宠物传染病有炭疽、鼠疫、布鲁氏菌病、结核病、李氏杆菌病、钩端螺旋体病、伪狂犬病、巴氏杆菌病、衣原体病和立克次体病等。因此,灭鼠具有保护人宠健康和促进国民经济建设的重大意义。

灭鼠的工作应从两方面进行:一方面,根据鼠类的生态学特点防鼠、灭鼠,从宠物舍建筑和卫生措施方面着手,预防鼠类的滋生和活动,使鼠类在各种场所生存的可能性达到最低限度,使它们难以得到食物和藏身之处。另一方面,则需要采取各种方法直接杀灭鼠类。灭鼠的方法大体上可分为两类。

1. 器械灭鼠

即利用各种工具以不同方式扑杀鼠类,如关、夹、压、扣、套、翻、堵、挖、灌等。此类方法可就地取材,简便易行。

2. 药物灭鼠

根据药物进入鼠体途径可分为消化道药物和熏蒸药物两类。消化道药物主要有磷化锌、杀鼠灵、安妥、敌鼠钠盐和氟乙酸钠。熏蒸药物包括氯化苦(三氯硝基甲烷)和灭鼠烟剂。

六、检疫

1. 检疫的概念和意义

检疫是运用兽医科学的各种诊断方法,对动物、动物产品进行某些规定疫病的检查,并采取相应措施防止疫病发生和传播的一项重要的防疫措施。

检疫是由法定的检疫(验)机构和人员,采用法定的检验方法,依照法定的检疫项目、检疫对象、检验标准以及管理形式和程序进行的常规性检查。其目的是加强兽医监督工作,防止动物疫病传入或传出,保护畜牧业、宠物行业生产的发展,保障人民身体健康,维护对外贸易的信誉。

2. 检疫的范围

检疫的范围包括动物、动物产品或其他检疫物如动物疫苗、血清、动植物废弃物以及装载容器、包装物和可能污染的运输工具等检疫对象中的动物传染病、寄生虫病和其他有害生物。在检疫过程中,通常根据检疫类型和检出疫病的种类采取不同的处理措施。

3. 检疫的对象

检疫的对象主要是我国尚未发生而国外常发生的宠物疫病、烈性传染病、危害较大或目前防制有困难的疫病、人畜共患的宠物疫病、国家规定及公布的检疫对象。

任务三　宠物传染病的扑灭措施

一、疫情报告

当宠物养殖或经销单位以及个人突然发现宠物死亡或怀疑发生传染病时,应马上报告当地兽医站或动物防疫机构,兽医防疫人员则应及时赶到现场。若所患疾病疑为犬瘟热、狂犬病、钩端螺旋体病等重要传染病时,应立即向上级有关部门报告。上级部门接到疫情报告后,除及时派人到现场协助诊断和紧急处理外,还要视具体情况通知附近有关单位、部门做好预防工作,并逐级上报。若为紧急疫情,则应以最迅速的方式上报有关部门。

疫情报告的内容应包括:发病时间、地点,发病宠物种类,发病数量和死亡数量,有代表性的主要症状及病变特征,初步诊断结果或疑似传染病,目前已采取的措施及取得的效果等。

二、宠物传染病的诊断

及时正确的诊断是控制和消灭宠物传染病的重要环节,它关系到能否有效地组织防制措施,以减少损失。传染病的诊断方法很多,但并不是每一种传染病和每一次诊断时都需要全面应用。由于病的特点各有不同,应根据具体情况而定,有时仅需要采取其中的一两种方法就可以做出诊断。如不能立即确诊时,应采取病料尽快送有关单位检验。在未得出诊断结果前,应根据初步诊断,及时采取相应紧急措施,防止疫病蔓延。

现将主要诊断方法介绍如下。

1.临诊诊断

临诊诊断是最基本的诊断方法。它利用人的感官或借助一些最简单的器械如体温计、听诊器等直接对患病宠物进行检查。有时也包括对血、粪、尿的常规检验。对于某些具有特征临诊症状的典型病例如狂犬病、破伤风、犬细小病毒、犬瘟热等,经过仔细的临诊检查,一般不难做出诊断。

但是临诊诊断有一定的局限性,特别是对发病初期尚未出现有诊断意义的特征症状的病例和非典型病例,依靠临诊检查往往难以做出诊断。在很多情况下,临诊诊断只能提出可疑疫病的大致范围,必须结合其他诊断方法才能做出确诊。在进行临诊诊断时,应注意对发病宠物所表现的综合症状加以分析判断,不能单凭个别或少数症状轻易下结论,以免误诊。

2.流行病学诊断

流行病学诊断是在流行病学调查的基础上进行的,根据患病宠物的疫病流行规律和分布特征,综合分析疫病发生和流行的影响因素进行诊断,常常与临诊诊断联系在一起的一种诊断方法。它可在临诊诊断过程中进行,诊断的内容或提纲按各种不同的疫病和要求而制订。对于某些宠物疫病,临诊症状虽然基本上是一致的,但其流行的特点和规律不一致。例如,犬的冠状病毒感染与犬细小病毒感染,在临诊症状上几乎是完全一样的,无法区别,但从流行病学方面却可以进行区分。

3.病理学诊断

病理学诊断是应用病理解剖学的方法,对死于传染病的宠物尸体进行剖检,观察其病理变化,可作为诊断的重要依据之一。通过鉴别患病宠物的病理变化,一方面可以证实临床观察和检查的结果,另一方面根据某些病例具有特征性的病理变化可以直接得出快速、确定的诊断,如犬瘟热、鸽瘟、鸽霉形体病、鱼传染性胰腺坏死病等。与临诊诊断方法相似,有时同样的病理变化可见于不同的疾病,因此,在多数情况下病理学诊断只能作为缩小可疑疾病范围的手段,难以得出确切的诊断。特别是最急性死亡的病例和早期屠宰的病例,有时特征性的病变尚未出现,这就需要在进行病理解剖学检查时应尽量增加剖检宠物的数量,并应选择处于不同发病阶段的患病或死亡宠物进行剖检,并结合流行病学和临床症状进行综合分析,才能得到准确性较高的诊断结果。

此外,有些传染病除肉眼检查外,还需做病理组织学检查,如疑为狂犬病时,应取脑海马角组织进行包涵体检查,此为狂犬病的特征性检查。

4.微生物学诊断

运用动物微生物学的方法进行病原学检查是诊断动物传染病的重要方法之一。一般常依下列方法和步骤进行。

(1)病料的采集　正确采集病料是微生物学诊断的重要环节,可以直接影响到检验结果的准确性。病料力求新鲜,最好能在濒死时或死后数小时内采取,尽量减少杂菌污染,用具器皿应尽可能严格消毒。通常可根据所怀疑病的类型和特性来决定采取哪些器官或组织的病料。原则上要求采取病原微生物含量多、病变明显的部位,同时易于采集、保存和运送。当难以分析诊断可能为何种病时,应比较全面地采取,如血液、肝、脾、肺、肾、脑和淋巴结等,要注意带有病变的部分。如怀疑为炭疽,不准做尸体剖检,只采取一块耳朵就可以了。

(2)病料涂片镜检　通常用有显著病变的不同组织器官和不同部位涂抹数片,进行染色镜检。此法对于一些具有特征性形态的病原微生物如炭疽杆菌、巴氏杆菌等可以迅速做出诊断,但对大多数传染病来说,只能提供进一步检查的依据或参考。

(3)分离培养和鉴定　用人工培养方法将病原微生物从病料中分离出来。细菌、真菌、螺旋体等可选择适当的人工培养基,病毒等可选用禽胚,各种宠物或组织培养等方法分离培养,分离病原微生物后,根据其形态、培养特性、宠物接种及免疫学试验等方法做出鉴定。

(4)动物接种试验　通常选择对该种传染病病原最敏感的动物进行人工感染试验。将采取的病料用适当的方法进行人工接种,然后根据对不同动物的致病力、症状和病理变化特点来帮助诊断。当实验动物死亡或经一定时间杀死后,剖检观察体内变化,并采取病料进行涂片检查和分离鉴定。

一般应用的实验小动物有家兔、小鼠、豚鼠、仓鼠、家禽、鸽子等,如实验小动物对该病原微生物无感受性,可以采用有易感性的大动物进行试验,但费用高,而且需要严格的隔离条件和严格的消毒措施,因此只有在非常必要和条件许可时才能进行。

从病料中分离出微生物,虽是确诊的重要依据,但也应注意动物的"健康带菌"现象,其结果还需与临诊及流行病学、病理变化结合起来进行分析判断。有时即使没有发现病原微生物,也不能完全否定该种传染病的诊断。

5.免疫学诊断

免疫学诊断是传染病诊断和检疫中常用的重要方法,包括血清学试验和变态反应两类。

(1)血清学试验　利用抗原和抗体特异性结合的免疫学反应进行诊断。可以用已知抗原来测定被检宠物血清中的特异性抗体,也可以用已知的抗体(免疫血清)来测定被检材料中的抗原。血清学试验有中和试验、凝集试验、沉淀试验、溶细胞试验、补体结合试验以及免疫荧光试验、免疫酶技术、放射免疫测定、单克隆抗体和核酸探针等。近年来由于与现代科学技术相结合,血清学试验在方法上日新月异,发展很快,其应用也越来越广,已成为传染病快速诊断的重要工具。

(2)变态反应　宠物患某些传染病(主要是慢性传染病)时,可对该病病原体或其产物(某种抗原物质)的再次进入产生强烈反应。能引起变态反应的物质(病原体、病原体产物或抽提物)称为变态原,如结核菌素,将其注入患病宠物时,可引起局部或全身反应。

6.分子生物学诊断

分子生物学诊断又称基因诊断。主要是针对不同病原微生物所具有的特异性核酸序列和结构进行测定。在传染病诊断方面,具有代表性的技术主要有三大类:PCR 技术、核酸探针技术和 DNA 芯片技术。

(1)PCR 技术　又称为体外基因扩增技术。是目前使用最广泛的基因诊断技术。主要用于检测病原,进行传染病的早期诊断和传染源的鉴定。传染病的病原体主要有真核生物,原核生物和非细胞型生物(病毒、朊病毒等)三大类。每类病原体都有其特异性的核酸。检测出特异性核酸就能确定致病的微生物,就能确诊是哪种传染病。PCR 是在 DNA 聚合酶催化下,以母链 DNA 为模板,以特定引物为延伸起点,通过变性、退火、延伸等步骤,体外复制出与母链 DNA 模板互补的子链 DNA 的过程,是一项 DNA 体外合成放大技术,能快速特异地在体外扩增任何 DNA 目的片段,从而可检测出许多动物传染病病原。

（2）核酸探针技术　核酸探针又称为基因探针、核酸分子杂交技术。该方法有三大组成部分：①待检核酸（模板）。②固相载体（NC 硝酸纤维膜或尼龙膜）。③用同位素、酶、荧光标记的核酸探针。

（3）DNA 芯片技术　该项技术在兽医传染病的诊断上还未见报道。但在人医的传染病诊断上已有研究报道。

三、隔离、封锁与扑杀

（一）隔离

隔离是指将患病宠物和疑似感染宠物控制在一个有利于防疫和生产管理的环境中进行单独饲养和防疫处理的方法。由于传染源具有持续或间歇性排出病原微生物的特性，为了防止病原体的传播，将疫情控制在最小的范围内就地扑灭，必须对传染源进行严格的隔离、单独饲养和管理。因此在发生传染病后，兽医人员应深入现场查明疫病在群体中的分布状态，立即隔离发病宠物群，并对其污染的圈舍进行严格消毒处理。同时应尽快确诊并按照诊断的结果和传染病的性质，确定将要进一步采取的措施。在一般情况下，需要将全部宠物分为患病宠物、可疑感染宠物和假定健康宠物等，并分别进行隔离处理。

1. 患病宠物

患病宠物是指由具有典型临床症状或类似症状，或其他诊断方法检查为阳性反应的宠物。它们是最主要的传染源，因此在挑选发病宠物时应尽量将患病宠物全部选出，并在一定时间内反复挑选，尽量避免患病宠物及其分泌物和排泄物对周围宠物群的污染。凡是挑选出来的患病宠物应隔离在远离健康宠物、消毒处理方便、不易散播病原体并处于下风向的密闭房舍内饲养。患病宠物的隔离舍应由专人负责看管，禁止其他人员接近，内部及周围环境应经常性地进行消毒。隔离舍内的患病宠物应用特异性抗血清或抗生素及时治疗，同时隔离区内的饲料、物品、粪便等，未经彻底消毒处理，不得运出，还要加强饲养管理和护理工作。

2. 可疑感染宠物

可疑感染宠物是指外表无任何发病表现，但与发病宠物处于同一圈舍，或与发病宠物及其污染的环境有过接触的宠物群。这类宠物可能处于疫病的潜伏期，有排毒散毒的危险性，对可疑感染宠物，应将其隔离饲养，限制其活动，经常消毒，仔细观察，对出现症状者按患病宠物处理。对该类宠物应进行紧急免疫接种或用适当药物进行预防性治疗。隔离时间视传染病潜伏期的长短等具体情况而定，经过一定时间无病例出现时，可取消对其限制。

3. 假定健康宠物

疫区内除上述两类宠物之外的易感宠物均属此类。对这类宠物应采取保护措施，严格与患病宠物和可疑感染宠物分开饲养管理，加强防疫消毒，及时进行紧急预防接种和药物预防。必要时可根据实际情况分散喂养或转移至偏僻牧地。

（二）封锁

封锁是指当某地暴发法定一类传染病和外来疫病时，为了防止疫病扩散以及安全区健康宠物的误入而对疫区或其宠物群采取划区隔离、扑杀、销毁、消毒和紧急免疫接种等的强制性措施。封锁的主要目的是防止疫病向周围地区散播，将疫病控制在封锁区内就地扑灭，由于封锁时需要动用大量的人力、财力和物力,所以只有在发生世界动物卫生组织(OIE)规定的 A 类疾病或我国法定的一类疫病以及在一定地区内流行的某些外来疫病时,才由兽医人员根据有关法律的规定,报请上级政府部门批准,划定疫区范围进行强制性的封锁。封锁行动应通报邻近地区政府采取有效的措施,同时逐级上报至国家畜牧兽医行政机关或 OIE,并由其统一管理和发布动物疫情信息。

1. 执行封锁的原则和封锁区的划分

执行封锁时应依据"早、快、严、小"的原则进行。"早"是早封锁,"快"是行动果断迅速,"严"是严密封锁,"小"是将疫区尽量控制在最小范围内。封锁区的划分,必须根据该病的流行规律特点、疫病流行的具体情况和当地的具体条件进行充分研究,确定疫区、疫点和受威胁区。

2. 封锁的具体措施

根据我国动物防疫法的规定原则,封锁的具体措施如下。

(1)封锁的疫点应采取的措施

①严禁人、宠物、车辆出入和宠物产品及可能污染的物品运出。在特殊情况下人员必须出入时,需经有关兽医人员许可,经严格消毒后方可出入。

②对病死宠物及其同群宠物,采取扑灭、销毁或无害化处理等措施,畜主不得拒绝。

③疫点出入口必须有消毒设施,疫点内用具、圈舍、场地必须进行严格消毒,疫点内的动物粪便、垫草、受污染的草料必须在兽医人员监督指导下进行无害化处理。

(2)封锁的疫区应采取的措施

①在封锁区的边缘设立明显标志,指明绕道线路,设置监督岗哨,禁止易感宠物通过封锁线。在交通要道设立检验消毒站,对必须通过的车辆、人员和非易感宠物进行消毒。

②停止集市贸易和疫区内宠物及其产品的采购。

③未污染的宠物产品必须运出疫区的,需经县级以上相关部门批准,并在兽医防疫人员监督指导下,经外包装消毒后运出。

④对易感宠物进行检疫或紧急预防注射,将饲养的宠物进行圈养或在指定地点放养。

(3)受威胁区应采取的措施 疫区周围地区为受威胁区,其范围应根据传染病的性质、疫区周围的具体情况而定。受威胁区应采取如下主要措施。

①对受威胁区内的易感宠物应及时进行预防接种,以建立免疫带。

②管好本区易感宠物,禁止出入疫区,并避免饮用疫区流过来的水。

③禁止从疫区购买宠物,如从解除封锁后不久的地区买进宠物,应注意隔离观察。

④对受威胁区内的屠宰场、加工厂、宠物产品仓库进行兽医卫生监督,拒绝接受来自疫区的宠物及其产品。

(4)解除封锁 疫区内(包括疫点)最后一头患病宠物扑杀或痊愈后,经过该病一个潜伏期以上的检测、观察、未再出现患病宠物时,经彻底消毒清扫,兽医行政部门验收合格后,原发布封锁令的政府部门便可宣布解除封锁,并通知毗邻地区和有关部门。疫区解除封锁后,病愈动物需根据其带菌(毒)时间,控制在原疫区范围内活动,不能将它们调到安全区去。

(三)扑杀

扑杀是指在兽医行政部门授权下,宰杀感染特定疫病的宠物及同群感染宠物,并在必要时宰杀直接接触宠物或可能传播病原体的间接接触宠物的一种强制性措施。当某地暴发法定 A

类或一类疫病、外来疫病以及人畜共患病时,其疫点内的所有宠物,无论其是否实施过免疫接种,按照防疫要求应一律宰杀,宠物的尸体通过焚烧或深埋销毁。扑杀通常与封锁和消毒等措施结合使用。

四、治疗

宠物传染病的治疗,一方面是为了挽救患病宠物,减少损失,另一方面在某种情况下也是为了消除传染源,是综合性防制措施中的一个组成部分。患病宠物的治疗必须及早进行,不能拖延时间,还应尽量减少诊疗工作的次数和时间,以免经常惊扰而使患病宠物得不到安静的休养。从流行病学观点来看,传染病的治疗还应考虑经济问题。在患病动物无治疗价值的情况下,应及时将其做淘汰处理。常用的治疗方法如下。

(一)针对病原体的疗法

在宠物传染病的治疗方面,帮助宠物机体杀灭或抑制病原体,或消除其致病作用的疗法是很重要的,一般可分为特异性疗法、抗生素疗法和化学疗法等。

1. 特异性疗法

此法主要采用针对某种宠物传染病的高度免疫血清、痊愈血清(或全血)、卵黄抗体等特异性生物制品进行治疗,因为这些制品只对某种特定的传染病有疗效,而对其他传染病无效,故称为特异性疗法。如破伤风抗毒素血清只能治破伤风,对其他传染病无效。而且在使用血清时如为异种宠物血清,应特别注意防止过敏反应。

2. 抗生素疗法

抗生素为细菌性急性传染病的主要治疗药物,在兽医实践中的应用日益广泛,并已取得显著成效。合理地应用抗生素,是发挥抗生素疗效的重要前提。不合理地应用或滥用抗生素,往往引起种种不良后果。一方面可能使敏感病原微生物对药物产生耐药性,另一方面可能对机体引起不良反应,甚至引起中毒。使用时一般要注意如下几个问题。

①掌握抗生素的适应证。抗生素各有其主要适应证,可根据临诊诊断,估计致病菌种,选用适当药物。最好以分离的病原菌进行药物敏感性试验,选择对此菌敏感的药物用于治疗。

②要考虑到用量、疗程、给药途径、不良反应、经济价值等问题。开始剂量宜大,以便集中优势药力给病原微生物以决定性打击,以后再根据病情酌减用量;疗程应根据疾病的类型、病畜的具体情况决定,一般急性感染的疗程不必过长,可于感染控制后 3 d 左右停药。

③不要滥用抗生素。滥用抗生素不仅对病畜无益,反而会产生各种危害。如常用的抗生素对大多数病毒性传染病无效,一般不宜应用,若在病毒性感染继续加剧的情况下,对病畜也是无益而有害的。此外,还应注意,食用宠物在屠宰前一定时间不准使用抗生素等药物治疗,因为这些药物在畜产品中的残留对人类是有危害性的。

④抗生素的联合应用应结合临诊经验控制使用。联合应用时有可能通过协同作用增进疗效,如青霉素与链霉素的合用,土霉素与氯霉素合用等可表现协同作用。但是,不适当的联合使用,不仅不能提高疗效,反而可能影响疗效(如青霉素与氯霉素合用,土霉素与链霉素合用常产生拮抗作用),而且增加了病菌对多种抗生素的接触机会,易产生耐药性。

3. 化学疗法

使用有效的化学药物帮助动物机体消灭或抑制病原体的治疗方法,称为化学疗法。治疗动物传染病最常用的化学药物有：磺胺类药物、甲氧苄啶、硝基呋喃类药、喹诺酮类药等。抗病毒感染的药物近年来有所发展，但在兽医临诊上应用的还很少。

(二)针对动物机体的疗法

在宠物传染病的治疗工作中，既要考虑帮助机体消灭或抑制病原体，消除其致病作用，又要帮助机体增强一般的抵抗力和调整、恢复生理机能，促使机体战胜疫病，恢复健康。

1.加强护理

对病宠护理工作的好坏，直接关系到医疗效果的好坏，因此要加强病宠护理，防寒防暑，隔离舍要光线充足，通风良好，保持安静，干爽清洁，随时消毒。给予可口、新鲜、柔软、优质、易消化的饲料，饮水要充足。

2.对症疗法

在传染病治疗中，为了减缓或消除某些严重的症状、调节和恢复动物机体的生理机能而进行的内外科疗法，均称为对症疗法。如使用退热、止痛、止血、镇静、兴奋、强心、利尿、轻泻、止泻、防止酸中毒和碱中毒、调节电解质平衡等药物以及某些急救手术和局部治疗等。

3.针对群体的治疗

在宠物饲养场，传染病的危害较为严重。在治疗方面，除对病宠进行护理(改善饮水、饲料、通风等)和对症疗法之外，主要是针对整个群体的治疗。除药物治疗外，还需紧急注射疫(菌)苗、血清等。

(三)微生态制剂调整治疗

微生态制剂是利用正常微生物群成员制成的活的微生物制剂，它具有补充或调整充实微生物群落的内涵，维持或调整微生态平衡，达到治疗传染病、增进健康的目的。如益生菌主要用于各种条件性致病菌引起的宠物消化道疾病。

(四)中药制剂治疗

中药制剂的治疗作用主要是通过调整宠物机体的整体功能，直接或间接起治疗作用。中药制剂的一些有效成分对宠物机体直接起缓解症状的作用，即对症治疗作用。如柴胡的有效成分柴胡苷，有显著的镇静作用和较强的镇咳作用。有些中草药被宠物机体吸收后，通过不同方面对宠物机体的功能进行综合调整，可增强机体的免疫功能和抗病力。如党参、黄芪、白术、何首乌、熟地等具有增加营养、增强体质、提高机体免疫机能和抗病力的作用。还有些中草药的有效成分具有抗菌和抗病毒的作用。如金银花含氯原酸类等具有抑制金黄色葡萄球菌、痢疾杆菌、伤寒杆菌、肺炎球菌等的作用。中药的治疗作用，往往是以上几种兼而有之，这就是中药治疗疾病的独到之处。

五、处理

根据我国的有关法律规定，当某地发生传染病时，对疫点和疫区除要进行随时消毒外，还要对病死宠物尸体进行合理而及时的处理。因为病死宠物尸体内含有大量的病原微生物，是一种特别危险的"传染源"，如不及时做无害化处理，会污染外界环境，引起人和其他易感宠物发病。因此，合理而及时地处理尸体，在预防动物传染病的发生和对传染病的扑灭与净化，以及维护公共卫生上都有重大意义。合理处理尸体的方法有以下几种。

1. 销毁

销毁是指用焚烧、深埋和湿化机等方法直接处理有害的宠物及其产品。掩埋尸体时应选择干燥、平坦、距离住宅、道路、水井、牧场及河流较远的偏僻地点，深度在 2 m 以上。

2. 化制

化制是指将携带某些传染病的宠物尸体放在特设的加工厂中加工处理，既进行了消毒，而且又保留了许多有利用价值的东西。如工业油脂、骨粉、肉粉等。

3. 高温

高温是指通过高压蒸煮法和一般煮沸法对肉尸的处理。

 复习题

1. 名词解释：消毒、检疫、免疫接种、预防接种、紧急接种、免疫程序、免疫带、隔离、封锁。

2. 宠物传染病综合性防制措施的基本内容有哪些？

3. 诊断宠物传染病的主要方法有哪些？

4. 隔离和封锁在实际扑灭传染病措施中有何作用？

5. 宠物传染病治疗的方法有哪些？

犬猫共患传染病

【知识目标】

通过本项目的学习,学生应掌握犬猫各种共患传染病的病原、流行病学、临床症状、病理变化、诊断及防制措施,以便在宠物饲养过程中能够有效地预防和控制这些传染病的发生及流行。

【能力目标】

能够针对某一特定传染病制订出合理的防制措施。

【素质目标】

遵守学习纪律,服从教师指导,严谨认真,操作规范。

任务一 狂 犬 病

狂犬病俗称疯狗病,又名恐水病,是由狂犬病毒引起的犬、猫等多种动物及人共患的一种急性接触性传染病。临床表现为极度兴奋、狂躁、流涎和意识丧失,最终因局部或全身麻痹死亡。典型的病理变化为非化脓性脑炎,在神经细胞胞浆内可见内氏小体。

世界大多数国家仍有本病不同程度地发生,目前,世界重点流行地区仍在亚洲,以东南亚国家为主,近年世界流行趋势还有上升,我国狂犬病的发病率逐年增高,严重威胁人民健康和生命安全。

一、病原

本病的病原为狂犬病毒,属弹状病毒科、狂犬病毒属,核酸类型为单股 RNA。病毒表面的糖蛋白不仅能诱生中和抗体,还能凝集 1 日龄雏鸡和鹅的红细胞,凝集鹅红细胞的能力可被特异性抗体所抑制,故可进行血凝抑制试验。

该病毒群有 4 个血清型:Ⅰ型为最典型的狂犬病毒,Ⅱ型是从尼日利亚以果实为生的蝙蝠的混合血中分离到的,Ⅲ型是从人体内分离到的,Ⅳ型是从南非人体内分离到的。自然界中分离的狂犬病毒的流行毒株称"街毒",将其直接接种到兔和其他动物脑中,进行长时间的连续继代,结果潜伏期缩短,但对原宿主(犬)的毒力下降,这种具有固定特性的狂犬病毒则称为"固定毒"。固定毒的弱毒特性和免疫原性已被充分肯定,通过动物试验,进而证明由街毒变异为固定毒的过程是不可逆的。

狂犬病毒主要存在于动物的中枢神经组织、唾液腺和唾液内,在唾液腺和中枢神经细胞(尤其在海马角、大脑皮层、小脑)的胞浆内形成圆形或卵圆形的嗜酸性包涵体——内氏小体。

狂犬病毒能抵抗自溶和腐烂,在自溶的脑组织中可保持活力达 7～10 d。对酸、碱、石炭酸、新洁尔灭、甲醛、升汞等消毒药敏感。可被日光、紫外线、超声波、1%～2%肥皂水、70%酒精、0.01%碘液、丙酮、乙醚等灭活。狂犬病毒不耐湿热,56 ℃经 15～30 min 或 100 ℃经 2 min 即可灭活,但在冷冻或冻干状态下可长期保存。在 50%甘油缓冲溶液中的脑组织病料,其病毒可存活 1 个月以上。

二、流行病学

1.传染源

野生啮齿动物如野鼠、松鼠、鼬鼠等对本病易感(带毒者),在一定条件下可成为本病的危险传染源而长期存在,当其被肉食动物吞食后则可能传播本病。蝙蝠是本病病毒的重要储存宿主之一,除了拉丁美洲的吸血蝙蝠外,欧美一些国家还发现多种食虫蝙蝠、食果蝙蝠和杂食蝙蝠等体内带有狂犬病毒。我国的蝙蝠是否带毒尚无人进行调查研究。

2.传播途径

狂犬病病毒主要通过被患病宠物咬伤而感染,也可通过气溶胶经呼吸道感染,人误食患病宠物的肉或动物间相互蚕食可经消化道感染,在人、犬、牛及实验动物中也有经胎盘垂直传播的报道。

3.易感动物

几乎所有温血动物都可感染本病。不同种间敏感性有所差异,犬、猫等宠物对狂犬病毒高度易感,年龄与性别之间无差异。野生动物如狼、狐、貉、鼬鼠和蝙蝠等,是狂犬病毒主要的自然储存宿主。

4.流行特点

本病无明显的季节性,一年四季均可发生,春、夏季发病率稍高,可能与犬的性活动以及温暖季节人畜移动频率有关。本病流行的连锁性特别明显,以一个接一个的顺序呈散发形式出现。

三、临床症状

本病的潜伏期长短差别很大,一般为 14～56 d,最短 1 周,最长 1 年以上。犬、猫、人的潜伏期平均 20～60 d,潜伏期的长短与咬伤部位及深度、病毒的数量及毒力等均有关系,咬伤头面部及伤口严重者潜伏期较短,咬伤下肢及伤口较轻者潜伏期较长。

1.犬

一般可分为狂暴型和麻痹型。

(1)狂暴型 狂暴型分 3 期,即前驱期、兴奋期和麻痹期。

前驱期为 1～2 d。病犬精神沉郁,喜藏暗处,不愿和人接近,不听呼唤,强迫牵引则咬畜主。举动反常,瞳孔散大,反射机能亢进,轻度刺激即兴奋,有时望空扑咬。性情、食欲反常,喜吃异物,吞咽障碍。性欲亢进,唾液分泌增多,后躯软弱。

兴奋期为 2～4 d。病犬狂暴不安,攻击人畜,疲惫时卧地不起,兴奋与沉郁交替出现。病犬在野外游荡,多半不归,到处咬伤人畜。有时还自咬四肢、尾及阴部,咬伤处发痒,常以舌舐之。随着病程发展,出现意识障碍,反射紊乱,狂吠,吠声嘶哑,夹尾,唾液增多,斜视。眼球凹陷,散瞳或缩瞳。

麻痹期为1～2 d。病犬消瘦,张口垂舌,流涎显著,不久后躯及四肢麻痹,行走摇晃,卧地不起。最终因呼吸中枢麻痹或全身衰竭而死亡。

(2)麻痹型　麻痹型病犬以麻痹症状为主,兴奋期很短或无。麻痹开始见于咬肌、咽肌,病犬表现吞咽困难,使主人疑为正在吞咽骨头,当试图加以帮助时常招致咬伤。随后发生四肢麻痹,行走困难,进而全身麻痹而死亡,病程一般为5～6 d。

2.猫

一般表现为狂暴型,其症状与犬相似,前驱期通常不到1 d,其特点是低度发热和明显的行为改变。兴奋期通常持续1～4 d。在发作时攻击其他动物和人。病猫常躲在暗处,当人接近时突然攻击,因其行动迅速,不易被人注意,又喜欢攻击头部,因此比犬的危险性更大。此时病猫表现肌颤,瞳孔散大,流涎,背弓起,爪伸出,呈攻击状。麻痹期通常持续1～4 d,表现运动失调,后肢明显软弱,头、颈部肌肉麻痹,叫声嘶哑,随后惊厥、昏迷而死。约25%的病猫表现为麻痹型,在发病后数小时或1～2 d内死亡。

四、病理变化

患病宠物尸体消瘦,皮肤有咬伤或裂伤。患狂犬病的犬,胃空虚,存有毛发、石块等异物。胃黏膜肿胀、充血、出血、糜烂。肠道和呼吸道呈现急性卡他性炎症变化。脑软膜血管扩张充血,轻度水肿,脑灰质和白质小血管充血,并伴有点状出血。病理组织学检查可见非化脓性脑炎病变,在神经细胞的胞浆内可见内氏小体。

五、诊断

根据典型的临床症状,结合咬伤病史,可做出初步诊断,确诊还需结合实验室检查。

1.病原学检查

对怀疑为狂犬病的宠物,取其脑组织、唾液腺或皮肤等标本,直接检测其中的狂犬病毒或进行病毒分离,是确诊狂犬病的重要手段。

2.内氏小体检查

采取病死宠物大脑海马角或小脑做触片,在室温条件下自然干燥后,用塞莱氏染色液染色1～5 min,流水冲洗,待干后镜检有无内氏小体。内氏小体呈椭圆形,直径不等,位于神经细胞胞浆内,呈嗜酸性,着染成鲜红色,但在其中常可见有嗜碱性(蓝色)小颗粒。神经细胞核呈深蓝色,细胞质呈蓝紫色,间质呈粉红色,红细胞呈古铜色,杂菌呈深蓝色。也可用脑组织做病理切片,将脑组织冷冻或石蜡包埋,用苏木精-伊红染色(HE染色),镜检,内氏小体呈红褐色。检出内氏小体,即可确诊。发病宠物脑神经细胞包涵体的阳性检出率为70%～90%,所以并非所有发病宠物都可检出包涵体。在检查犬包涵体时还应注意与犬瘟热病毒引起的包涵体相区别。

3.血清学检验

荧光抗体法是狂犬病特异而快速的诊断方法。将本病高免血清用荧光色素标记,制成荧光抗体,取可疑宠物的脑组织或唾液腺制成冰冻切片,用荧光抗体染色,在荧光显微镜下观察,在细胞质内出现蓝绿色的荧光颗粒即为阳性。此方法阳性检出率很高,可达95%,但一定要有准确的阳性标本和阴性标本对照组。此外,常用的方法还有琼脂扩散试验、中和试验、补体结合试验、间接荧光抗体试验、交叉保护试验、血凝抑制试验以及间接免疫酶试验等。近年来采用反转录聚合酶链反应(RT-PCR)技术检测组织中的病毒RNA。

在狂犬病的预防工作中,检测血清中的狂犬病毒抗体是评价疫苗效果的一个重要指标。检测和观察感染者血清中抗体消长情况对狂犬病的诊断和预后也有重要价值。

4.鉴别诊断

狂犬病与破伤风都有创伤史,神经兴奋性增高,应注意区别。狂犬病多为狂暴型,攻击人畜,有明显的咬伤发病连锁反应,异食,最后呼吸麻痹死亡,脑病理切片可见神经细胞胞浆内有包涵体。破伤风是由破伤风梭菌引起的,呈强直症状,青霉素和抗血清治疗有效,病死率低。

有些伪狂犬病病犬易与本病混淆,应注意鉴别。从临床上看,伪狂犬病的后期麻痹症状不如狂犬病典型,一般无咬肌麻痹。伪狂犬病脑神经细胞质内无内氏小体。

六、防制措施

控制和消灭传染源是预防狂犬病的一种有效的措施。平时加强对犬和猫的管理,在流行区给家犬和家猫进行强制性疫苗接种并登记挂牌。同时捕捉并妥善处理流浪犬猫。

狂犬病的免疫接种分为两类,对犬等宠物,主要进行预防接种;对人则是在被病犬或其他动物咬伤后做紧急接种(暴露后接种),争取在街毒进入中枢神经系统以前,就使机体产生较强的主动免疫力,从而防止临床发病。对于经常接触犬、猫和野兽,具有较大感染危险的兽医或其他人员,也应考虑进行预防性接种。

发现狂犬病病犬应立即扑杀,尸体焚烧或深埋,严禁剥皮吃肉,避免经病毒损伤的皮肤或黏膜引起人的感染。进行尸体剖检时要做好必要的防护工作。

七、公共卫生

狂犬病是一种人畜共患的烈性传染病,患狂犬病的犬是使人感染的主要传染源,其次是猫,也有外貌健康而携带病毒的动物起传染源的作用。人患狂犬病大多是被狂犬病病犬或病猫咬伤所致,病人在个别情况下可以从唾液中分离到病毒,虽然由人传播到人的例子极其罕见,但护理病人的人员必须注意个人防护。

人开始发病时有焦躁不安的感觉,出现头痛、乏力、食欲不振,恶心呕吐。被咬伤部位发热、发痒,如蚁走感觉。随后出现兴奋症状,对声音、光线敏感,瞳孔散大,流涎,脉搏增数。以后发生咽肌痉挛,呼吸和吞咽困难。见水表现异常恐惧,俗称"恐水症",多在3~4 d后发生麻痹死亡。由于本病是中枢神经系统的感染,脑、脊髓受到严重损害,一旦发病,即使有最好的医护,最后还是难免死亡。

预防本病的发生,主要是消灭病犬。被咬伤时先用力挤压伤口直到有血液流出为止,然后用大量肥皂水或0.1%新洁尔灭或清水充分冲洗,再用75%酒精或2%~3%碘酊消毒,并及早接种狂犬病疫苗,最好同时结合注射狂犬病免疫血清。

任务二　伪狂犬病

伪狂犬病又称阿氏病,是由伪狂犬病毒(PRV)引起的犬、猫和其他家畜及野生动物共患的一种急性传染病。以发热、奇痒、脑脊髓炎和神经炎为主要特征。人也可感染,但一般不发生死亡。

一、病原

本病的病原为伪狂犬病病毒,属于疱疹病毒科、甲型疱疹病毒亚科,核酸为双股 DNA。病毒粒子呈圆形或椭圆形,直径为 100～150 nm,有囊膜和纤突。能在鸡胚、鸡胚细胞及多种动物组织细胞内增殖,并产生包涵体。病毒主要存在于脑、脊髓中,在血液和内脏器官中也有该病毒存在。

伪狂犬病毒仅有 1 个血清型,但从世界各地分离的不同毒株的毒力有所差异,同一毒株病毒对不同动物的致病性也有所不同。

伪狂犬病毒对外界环境具有较强的抵抗力,病毒在污染的舍内可存活 1 个多月,在肉中可存活 35 d 以上。8 ℃存活 46 d,24 ℃时存活 30 d,55～60 ℃经 30～50 min 灭活,80 ℃经 3 min 灭活,在－7 ℃可保存多年。伪狂犬病毒对乙醚、氯仿等脂溶剂以及甲醛、紫外线、1％氢氧化钠等敏感,5％石炭酸 2 min 将其灭活,胰蛋白酶、胃蛋白酶等也能灭活该病毒,但不损坏衣壳。病毒粒子表面没有能凝集禽类和哺乳类动物红细胞的血凝素。

二、流行病学

1. 传染源及传播途径

猪和鼠类是该病毒的主要宿主。犬、猫主要是由于误食了死于本病的鼠、猪的尸体,由消化道感染,也可经皮肤伤口感染。患病宠物可通过尿液以及擦破或咬破的皮肤渗出的血液污染饲料和饮水,造成间接传播。

2. 易感动物

伪狂犬病毒具有广泛的宿主范围。自然发生于猪、牛、羊、犬、猫及野生动物。人偶尔可以感染。实验动物中家兔最为易感。

3. 流行特点

本病多发于冬、春季节,一般为散发,有时呈地方性流行。

三、临床症状

本病的潜伏期随宠物种类和感染途径而异,一般为 3～6 d,最短 36 h,最长 10 d。本病的临床表现和病程随宠物种类和年龄而异。

1. 犬

初期病犬精神抑郁,对周围事物表现淡漠,凝视和舔舐皮肤某一受伤处,随后局部瘙痒,主要见于面部、耳部和肩部,病犬用爪搔或用嘴咬,产生大块烂斑,周围组织肿胀,甚至形成很深的破损。中期病犬烦躁不安,拒食,蜷缩,呕吐,对外界刺激反应强烈,有攻击性,狂叫不安,吞咽困难。后期大部分病犬头颈部肌肉和口唇部肌肉痉挛,呼吸困难,常于 24～36 h 死亡,病死率 100％。

2. 猫

病猫症状与犬相似,发出痛苦的叫声,神经过敏,呈犬坐姿势。猫的瘙痒程度较犬严重,病猫烦躁不安,乱搔乱咬,甚至咬伤舌头。搔抓头部,致使皮肤破损、发炎。偶尔病猫表现明显的神经症状,运动失调,昏迷,病程很短,一般在症状出现后 18 h 内死亡。

四、病理变化

本病无特征病变,仅见局部损伤和因宠物搔抓造成的皮肤破溃,以面部、头部、肩部较为常见,皮下呈弥漫性出血。局部淋巴结肿胀、充血。肺水肿。有的病例脑膜充血,脑脊液增加。

组织学变化主要为中枢神经系统弥漫性非化脓性脑膜炎及神经节炎,有明显的血管套及弥散性局部胶质细胞反应,同时有广泛的神经节细胞和胶质细胞坏死。在神经细胞和胶质细胞及毛细血管内皮细胞内,可见核内包涵体。

五、诊断

根据奇痒和流行病学特征可做出初步诊断。确诊需送有条件的实验室进行病理检查。

1. 病毒分离

取病死宠物的中脑、脑桥、延脑和扁桃体等组织,研磨,无菌处理后接种猪肾细胞或兔肾细胞,多在接种病毒后 48 h 出现细胞病变。

病毒鉴定可用已知标准毒株的免疫血清进行中和试验,将病毒和血清混合液置 37 ℃ 1 h 后,接种猪肾、兔肾细胞培养物。也可用荧光抗体染色法检查细胞培养物中的病毒抗原。

2. 病理组织学检查

取脑组织切片,苏木精-伊红染色(HE 染色),检查神经细胞、胶质细胞、毛细血管内皮细胞的核内包涵体。

3. 动物接种试验

最常用的实验动物是家兔,取病料做成 10 倍稀释的乳剂,加抗生素处理。离心后取上清液 1~2 mL 腹侧皮下或肌肉接种家兔,2~3 d 后注射部位奇痒,家兔不停啃咬奇痒部位,使该部脱毛、出血。奇痒出现后 1~2 d 麻痹死亡。

4. 血清学检验

血清学检验包括微量中和试验、微量琼脂扩散试验、酶联免疫吸附试验、免疫荧光试验、乳胶凝集试验。

5. 与狂犬病的鉴别诊断

狂犬病多为狂暴型,异嗜,有明显的咬伤发病连锁反应,最后呼吸麻痹死亡。脑病理切片可见神经细胞质内有圆形的嗜酸性包涵体。伪狂犬病传播较快,表现剧痒症状,黏膜上皮细胞核内可见包涵体。

六、防制措施

疫苗接种是防治伪狂犬病的重要措施。在国外灭活苗和弱毒苗均广为使用。国内亦有疫苗生产。

伪狂犬病主要通过猪和啮齿类动物传播。因此,对实验动物应严格检疫。犬、猫饲养房舍应有隔离设施,防止野鼠进入。同时,犬、猫要分别饲养,在房舍设计上应注意保持一定间隔。在发病早期应用抗伪狂犬病毒的高免血清可取得一定疗效。防止继发感染,可用磺胺类药物。同时应及时处理病死宠物,房舍彻底消毒,甲酚皂溶液(来苏儿)、1%氢氧化钠、5%石炭酸等均有良好的消毒效果。

七、公共卫生

伪狂犬病对人有一定危害,在欧洲曾有人感染伪狂犬病毒的报道。患者感觉皮肤剧痒,通常不引起死亡。一般经皮肤创伤感染,因此,在处理病死宠物的尸体过程中,有关人员要注意自身保护。

任务三　破　伤　风

破伤风是由破伤风梭菌经伤口感染引起的一种急性中毒性人畜共患病。以患病动物运动神经中枢应激性增高，肌肉持续痉挛、收缩为特征。本病发生于世界各地，各种家畜对破伤风均有易感性。犬、猫亦可感染破伤风梭菌，但较其他动物易感性低。

一、病原

本病的病原为破伤风梭菌，又称强直梭菌，为革兰氏阳性杆菌，多单个存在。本菌有周身鞭毛，能运动，无荚膜。在动物体内外均可形成芽孢，位于菌体的一端，似鼓槌状。在老龄培养物中往往不见杆状菌体，只见芽孢。

本菌严格厌氧，在普通培养基中生长良好。在肉汤培养基中略呈混浊，而后沉淀；在普通琼脂培养基上形成细小、稍透明、隆起、呈蜘蛛网状或一薄层状菌落；在明胶穿刺培养时，沿穿刺线呈穗状生长、棉花状放射，继而液化培养基变黑，并产生气泡；在厌气肉肝汤中呈稍混浊，有细颗粒状沉淀，有咸臭味。本菌生化反应不活泼，一般不发酵糖类。

破伤风梭菌能产生 2 种毒素：一种是破伤风痉挛毒素，是一种作用于神经系统的神经毒，可使感染动物发生特征性强直症状，其毒性仅次于肉毒梭菌毒素。此毒素是一种蛋白质，对热较敏感，65～68 ℃经 5 min 即可灭活，0.05%盐酸、0.3%氢氧化钠、70%酒精 1 h 即破坏。通过 0.4%甲醛溶液作用 21～31 d，可将其脱毒成为类毒素。另一种是溶血毒素，可使红细胞发生溶血，组织坏死，与破伤风梭菌的致病性无关。

本菌的繁殖体抵抗力不强，煮沸 5 min 可将其杀死，一般消毒药均能在短时间内将其杀死。芽孢抵抗力强，在土壤中可存活几十年，高压蒸汽 120 ℃经 10 min，干热 150 ℃经 1 h，煮沸 3 h 才能将其灭活。5%石炭酸 10～12 h，10%碘酊、10%漂白粉及 30%过氧化氢 10 min 可杀灭芽孢，本菌对青霉素、磺胺类药物敏感。

二、流行病学

1.传染源

破伤风梭菌特别是芽孢广泛存在于自然界中，污染的土壤、圈舍、环境和垫料、尘土、粪便等都是主要的传播媒介。据调查，动物粪便中破伤风梭菌芽孢的频率为犬 50%，鼠 30%，绵羊 25%，牛 20% 以下，马 16%～18%，家禽 15%。钉伤、刺伤、脐带伤、阉割伤等可引起感染。

2.传播途径

本病主要是通过伤口途径侵入体内，并在适当的环境中繁殖，产生毒素，引起疾病。小而深的创伤或创口过早被血凝块、痂皮、粪便及土壤等覆盖，或创伤内组织发生坏死及与需氧菌混合感染的情况下，则更易产生大量毒素而发病。

3.易感动物

本病的易感宠物十分广泛，犬、猫也易感染。

4.流行特点

本病是创伤感染后产生的毒素所致，因而不能通过直接接触传播，常表现为散发。本病季节性不太明显,不同品种、年龄、性别的易感宠物均可发病,小龄犬、猫比老龄的更易感。农村散养犬、猫的发病率要比城市室内养的高,平原地区宠物的发病率要比高原地区的高,农区高于牧区,鼠多地区高于鼠少地区。

三、临床症状

本病的潜伏期与伤口的深度、污秽程度和伤口部位有关,一般为 5～10 d,有时可长达 3 周。伤口深而小并且污秽,则厌氧条件好,离中枢越近,潜伏期就越短,发病越迅速,病情也越严重。

由于犬和猫对破伤风毒素抵抗力较强,故临床上局部性强直、痉挛较常见,表现为靠近受伤部位的肢体发生强直和痉挛,有的出现牙关紧闭。部分病例可能出现全身强直性痉挛,除兴奋性和应激性增强外,病犬可呈典型木马样姿势,脊柱僵直或向下弯曲,口角向后,耳朵僵硬竖起,瞬膜突出。有的因呼吸肌痉挛而发生呼吸困难,有的因咬肌痉挛而使咀嚼和吞咽困难,这在犬比较多见。一般病犬或病猫神志清醒,体温不高,有饮食欲。

临床上,破伤风的症状、病程和严重程度差异很大。急性病例可在 2～3 d 内死亡;若为全身性强直病例,由于患病动物饮食困难,常迅速衰竭,有的 3～10 d 死亡,其他则缓慢康复;局部强直的病犬一般预后良好。

四、病理变化

破伤风病尸剖检一般无明显变化,仅见浆膜、黏膜及脊髓膜等处发现小出血点,四肢和躯干肌肉结缔组织发生浆液性浸润。因窒息死亡者,血液凝固不良,呈黑紫色。肺充血、水肿,有的可见异物性肺炎变化。

五、诊断

根据病犬和病猫的特殊临床症状,如骨骼肌强直性痉挛和应激性增强,神志清醒,一般体温正常及多有创伤史等,即可怀疑本病。对可疑病例则可进行实验室检查后做出诊断。

1. 涂片镜检

采取创伤分泌物、坏死组织等病料涂片,做革兰氏染色后镜检,可见到形如鼓槌状的单个或呈短链的阳性菌。

2. 分离培养

从伤口分离细菌不太容易。必要时,可将病料(创伤分泌物或创内坏死组织)接种于细菌培养基,于严格厌氧条件下 37 ℃培养 12 d,以生化试验鉴定分离物。

3. 毒力试验

可将病料接种于肝片肉汤,培养 4～7 d 后,以滤液接种小鼠或将病料制成乳剂注于小鼠尾根部,若上述滤液或病料中含有破伤风外毒素,则注射 12～24 h 后实验小鼠表现出强直症状。

4. 鉴别诊断

对慢性病例或病初症状不明显的病例,应注意与脑炎、狂犬病区别。脑炎、狂犬病有时也有牙关紧闭,角弓反张,肌肉痉挛等症状,但瞬膜不突出,有意识扰乱或昏迷及麻痹现象。有时也有应激性增强,但受轻微刺激时远端肌肉并不发生强直,故可区分开。

六、治疗

本病必须尽早发现,及早治疗才有治愈可能,晚期病例无治愈可能。

1. 加强护理

一旦发现病犬或病猫应立即置于干净及光线幽暗的环境中,冬季应注意保暖,要保持环境安静,以减少各种刺激因素,并立刻进行治疗。如有食欲,给予易消化、营养丰富的食物和足够的饮水。

2. 清除病原

破伤风梭菌主要存在于感染创中,故对病犬、病猫应仔细检查创伤处,及时进行清创和扩创,清除创伤中的脓汁、坏死组织及异物等。可用1％高锰酸钾、3％过氧化氢或5％～10％碘酊进行消毒,再撒布碘仿硼酸合剂,并结合青霉素、链霉素做创伤周围组织分点注射,以消除感染,防止或减少毒素的产生。

3. 药物治疗

(1)特异性疗法　早期使用破伤风抗毒素,这是特异性治疗破伤风的方法,疗效较好。它能够中和组织中未与神经细胞结合的毒素,但不能进入脑脊髓和外周神经中,使已与神经细胞结合的毒素解脱出来。因此,抗毒素仅能在一定程度减少神经细胞的进一步中毒,故应用得越早越好。一般犬、猫推荐应用的破伤风抗毒素用量为100～1 000 IU/kg体重。同时可应用40％乌洛托品5～10 mL,每天1次,连用10 d。

(2)对症疗法　当患病犬、猫出现全身震颤、兴奋不安时,可使用镇静解痉药物,如氯丙嗪1～5 mg/kg体重,肌内注射,或巴比妥钠6 mg/kg体重,肌内注射,每天2次。对肌肉强直和痉挛的,一般使用25％硫酸镁2～5 mL,静脉注射。采食和饮水困难者,应每天进行补液、补糖。当患宠酸中毒时,可静脉注射5％碳酸氢钠以缓解症状;当喉头痉挛造成严重呼吸困难时,可施行气管切开术。当体温升高有肺炎症状时,可采用抗生素和磺胺类药。

七、防制措施

主要是防止发生外伤,一旦受伤应及时进行消毒以防感染。特别是对污秽、深部创伤要尽快清洗消毒。对较大和较深的创伤,可注射破伤风抗毒素或类毒素,以增加机体的被动和主动免疫力。当犬和猫去势或做较大外科手术时,可注射预防量的破伤风抗毒素。

八、公共卫生

人对破伤风梭菌的易感性也很高,病初低热不适、四肢痛、头痛、咽肌和咀嚼肌痉挛,继而出现张口困难、牙关紧闭、呈苦笑状,随后颈背、躯干及四肢肌肉发生阵发性强直痉挛,不能起坐,颈不能前伸,两手握拳,两足内翻,咀嚼、吞咽困难,饮水呛咳,有时可出现便秘和尿闭,严重时呈角弓反张状态。任何刺激均可引起痉挛发作或加剧,强烈痉挛时有剧痛并出现大汗淋漓,痉挛初为间歇性,以后变为持续性,患者虽表情惊恐,但神志始终清醒,大多体温正常,病程一般2～4周。预防也以主动或被动免疫接种为主要措施,注射破伤风类毒素或破伤风抗毒素。

任务四　肉毒梭菌毒素中毒

肉毒梭菌毒素中毒主要是因为摄食腐败动物尸体或饲粮中肉毒梭菌产生的神经毒素——

肉毒梭菌毒素而发生的一种中毒性疾病。该病的特征是运动中枢神经麻痹和延脑麻痹,死亡率很高。犬、猫时有发生,也是人类一种重要的食物中毒症,多种其他动物亦可发病。

一、病原

本病的病原为肉毒梭菌,是革兰氏阳性杆菌,两端钝圆,多散在,偶见有成对或短链排列,有 4～8 根周身鞭毛,能运动,无荚膜,有芽孢且位于菌体偏端,呈卵圆形略大于菌体,呈网球拍状。本菌为严格厌氧菌,在 28～37 ℃生长良好,但在温度 25～31 ℃和 pH 7.8～8.2 时最易产生毒素。在含有血液、葡萄糖或肝组织的培养基中生长良好,在葡萄糖血液琼脂上长成扁平、细小、中央凹陷、颗粒状、边缘不整、带丝状菌落,且易融合,有溶血圈。在葡萄糖肉渣肉汤中,肉渣被 A、B、F 型菌消化而呈黑色,且有腐败恶臭味,上清液含有外毒素。

肉毒梭菌存在于污染的土壤、污泥、粪便和皮毛、垫料中,遇适宜环境能产生毒力极强的外毒素——肉毒毒素,是目前已知生物毒素中毒性最强的一种。

肉毒梭菌的繁殖体抵抗力不强,加热 80 ℃经 30 min、100 ℃经 10 min 可被杀死,但芽孢的抵抗力很强,煮沸需 6 h,干热 180 ℃经 5～10 min、高压 115 ℃经 20～30 min 才能将其杀死。肉毒毒素的抵抗力也很强,正常胃液和消化酶 24 h 不能将其破坏,在 pH 3～6 范围内毒性不减弱,可被胃肠道吸收而造成宠物中毒。1%氢氧化钠、11%高锰酸钾可将毒素灭活,80 ℃ 30 min、100 ℃ 10 min 可将其灭活。

二、流行病学

1.传染源及传播途径

本病自然发病主要因宠物摄食腐肉、腐败饲料和被毒素污染的饲料、饮水而经消化道感染发病。健康易感宠物与患病宠物直接接触亦不会受到传染,一般在宠物消化道内的肉毒梭菌及其芽孢对宠物并无危害。

2.易感动物

本病存在于世界各地。犬、猫都易感,猫的发病率比犬高。

3.流行特点

本病的发生与宠物年龄、性别和季节没有很大关系,但与饲料中毒素量、摄入量多少以及污染饲料的温度(温度在 22～37 ℃的范围内,肉毒梭菌可产生大量的毒素)有关,毒素污染严重的可引起群发,摄入多的病情严重,死亡率也高。

三、临床症状

本病的潜伏期一般为 4～20 h,长者数天。宠物肉毒梭菌毒素中毒症状与其严重程度取决于摄入体内毒素量的多少及宠物的敏感性。一般症状出现越早,说明中毒越严重。

本病的初期出现进行性、对称性肢体麻痹,一般从后肢向前肢延伸,进而引起四肢瘫痪,但尾巴仍能摆动。反射机能下降,肌肉松弛,呈明显的运动神经麻痹的表现。发生肉毒梭菌毒素中毒的病犬体温一般不高,神志清醒。由于下颌肌张力减弱,可引起下颌下垂,吞咽困难,流涎。严重者则两耳下垂,眼睑反射较差,视觉障碍,瞳孔散大。有时可见结膜炎和溃疡性角膜炎。严重中毒的犬,由于腹肌及膈肌张力降低,呼吸困难,心率快而紊乱,并有便秘及尿潴留。发生肉毒梭菌毒素中毒的犬死亡率较高,若能恢复,一般也需较长时间。

四、病理变化

肉毒梭菌毒素主要侵害神经和肌肉的结合点,宠物死后剖检一般无特征性病理变化,有时在胃内可发现木、石、骨片等异物,说明生前可能发生异嗜症。咽喉、会厌部黏膜出血点,并覆有一层灰黄色黏液性物。胃肠黏膜有时有卡他性炎症和小出血点。心内、外膜也有点状出血。有时肺充血、淤血、水肿。中枢和外周神经系统一般无肉眼可见病变。

五、诊断

根据疾病临床特征,如典型的麻痹,体温、意识正常,死后剖检无明显变化等,结合流行病学特点,可怀疑为本病。确诊需进行毒素检查,在可疑饲料、病死宠物尸体、动物血清及胃肠内容物内查到肉毒梭菌毒素,即可确诊。

毒素试验:方法是采取可疑饲料或胃肠内容物,以1∶2比例加入灭菌生理盐水或蒸馏水,研磨为混悬液,置室温1～2 h,离心沉淀或过滤,取上清液或滤过液加抗生素处理后分为2份。一份不加热灭活,供毒素试验用;另一份100 ℃加热30 min供对照用。第1组小鼠皮下或腹腔注射0.2～0.5 mL上清液;第2组注射加热过的上清液;第3组先注射多价肉毒抗毒素,然后注射不加热的上清液。如果被检材料中有毒素存在,则第1组试验鼠1～2 d发病,病鼠流涎、眼睑下垂、四肢麻痹、呼吸困难,最后死亡,而第2组和第3组正常。也可用加热和不加热的上清液在豚鼠做实验,分别以1～2 mL注射或口服,试验组3～4 d豚鼠出现流涎、腹壁松弛和后肢麻痹等症状,并可引起死亡,而对照组仍健康,亦可做出诊断。

如需鉴定毒素型别,可做琼脂扩散试验、血凝抑制试验、免疫荧光试验等。

六、治疗

主要靠中和体内的游离毒素,因此可应用多价抗毒素。在早期用多价或C型(犬、猫多用此型)抗毒素治疗效果很好。可肌内注射或静脉注射5 mL多价抗毒素,若毒素已进入神经末梢(往往在毒素进入机体血液循环后的短时间内发生),再应用抗毒素已无解毒作用,抗毒素仅能中和肠道中未被吸收或已进入血液循环但仍未与神经末梢结合的毒素。因此,病初应用抗毒素治疗,效果较好,但对晚期病例的疗效就不佳。

对于因食用可疑饲料而中毒的病例,应促使胃肠道内容物排出,减少毒素的吸收,为此可应用洗胃、灌肠和服用泻剂等方法。心脏衰弱的宠物应用强心剂,出现脱水时应尽快补液。盐酸脲可促进神经末梢释放乙酰胆碱和增加肌肉的紧张性,对本病有良好的治疗作用,可试治。

七、防制措施

预防的主要措施在于做好日常的环境卫生,清除周围的宠物死尸,腐烂饲料,填平死水池塘和洼地。禁喂变质和可疑的饲料,动物性饲料要煮沸后喂。对污染地区的宠物应每年用多价或C型肉毒梭菌甲醛灭活苗做预防接种,也可用甲醛灭活的明矾沉淀类毒素预防接种。发病时,应查明和清除毒素来源,并及时治疗。

八、公共卫生

人感染后潜伏期数小时至半个月,平均2～10 d,发病一般很急,初感全身乏力,眩晕,胃肠道功能紊乱等前驱症状。继而出现本病的典型症状：视力模糊、复视、眼睑下垂、瞳孔散大、对光反射消失，眼内、外肌麻痹，严重时出现咀嚼和吞咽困难、呼吸和言语困难，常因呼吸肌麻痹而死亡。本病患者始终神志清醒，体温正常，但缺乏强直性痉挛的症状。预防的主要措施是加强卫生管理和注意饮食卫生，尤其是各种肉类制品、罐头、发酵食品等，早期治疗可选用抗毒素血清。

任务五　大肠杆菌病

大肠杆菌病是由大肠埃希氏菌的某些致病性菌株引起的人和温血动物的常见传染病，广泛存在于世界各地。本病的特征为严重腹泻和败血症，在犬主要侵害仔犬，且往往与犬瘟热、犬细小病毒感染等混合感染或继发感染，从而增加死亡率。

一、病原

本病的病原为大肠埃希氏菌，又称大肠杆菌，是中等大小的杆菌，两端钝圆，有的近似球杆状，不形成芽孢，有鞭毛，能运动，但也有无鞭毛，不运动的变异株。多数菌株有荚膜，革兰氏染色阴性。有些菌株表面有一层具有黏附性的纤毛（又称菌毛或黏附素），是一种毒力因子。

本菌属兼性厌氧菌，在普通培养基上生长良好，在液体培养基内呈均匀混浊，管底常有絮状沉淀，有特殊粪臭味；在营养琼脂上长成光滑型菌落，呈光滑、微隆起、灰白色、湿润状，菌落易分散于盐水中；在血液琼脂上菌株产生 β 型溶血；在麦康凯琼脂上呈红色菌落；在伊红-亚甲蓝琼脂上产生黑色带金属闪光的菌落；在 SS 琼脂上一般不生长或生长较差，菌落呈红色。本菌能分解葡萄糖、乳糖、麦芽糖、甘露醇，产酸产气，靛基质和 MR 反应阳性，VP 试验阴性，不能利用枸橼酸盐，不产生硫化氢，不利用丙二酸钠，不液化明胶。

本菌对外界环境因素的抵抗力中等，对物理和化学因素较敏感，55 ℃经 1 h、60 ℃经 20 min 可杀死。在犬舍内，大肠杆菌在污水、粪便和尘埃中可存活数周至数月。本菌对石炭酸和甲醛高度敏感。

二、流行病学

1.传染源及传播途径

病犬与带菌犬从粪便排菌，广泛污染环境（犬舍、场地、用具和空气）、饲料、饮水和垫料，从而通过消化道、呼吸道传染，仔犬主要经被污染的产房（室、窝）传染发病，且多呈窝发。

2.易感动物

本病主要侵害 1 周龄以内的犬和猫，成年犬和成年猫很少发生。

3.流行特点

本病的发生、流行的另一个重要因素就是各种应激因素的干扰，这对仔犬、猫的致病作用更大。如潮湿、污秽、粪尿蓄积、卫生状况低下及饲养管理不善导致抗病力下降等都是诱发本病的重要因素。实践表明，在产仔季节的新生仔发病多，新引进的仔犬、猫和初产仔最为严重。

三、临床症状

幼犬病例的潜伏期长短不一，一般为 3～4 d，病仔犬表现精神沉郁，体质衰弱，食欲不振，最明显的症状是腹泻,排绿色、黄绿色或黄白色,黏稠度不均,带腥臭味的粪便,并常混有未消化的凝乳块和气泡,肛门周围及尾部常被粪便污染。到后期,病仔犬常出现脱水症状,可视黏膜发绀,两后肢无力,行走摇晃,皮肤缺乏弹性。死前体温降至常温以下,有的在临死前出现神经症状。病死率较高。

四、病理变化

病仔宠尸体消瘦,污秽不洁。实质器官主要出现出血性败血症变化,脾脏肿大、出血;肝脏充血、肿大,有的有出血点;特征性的病变是胃肠道卡他性炎症和出血性肠炎变化,尤以大肠段为重,肠管变薄,膨满似红肠,肠内容物混有血液,呈血水样,肠黏膜脱落,肠系膜淋巴结出血、肿胀。

五、诊断

根据流行病学特点、临床症状和剖检特征只能做出初步诊断,类症鉴别必须进行实验室检查,才能做出确诊。常用的实验室检查方法如下。

1. 直接涂片镜检

采取未经任何治疗的、急性或亚急性型濒死或刚死不久病犬的肠内容物、肝、脾、血液等病料,涂片、干燥、固定,革兰氏染色后镜检,可见到红色中等大小的杆菌。

2. 分离培养

取病料接种麦康凯琼脂、普通肉汤和普通琼脂,37 ℃培养后可见到在麦康凯琼脂上呈红色菌落、在普通琼脂上呈半透明、露珠状菌落和在普通肉汤中呈均匀混浊生长。

3. 生化试验

常用微量生化管进行,本菌能发酵乳糖、葡萄糖,产酸产气;不分解蔗糖,不液化明胶,不产生硫化氢,VP试验阴性,MR试验阳性。

4. 动物接种

取培养24 h的纯培养物接种小鼠、家兔,可发病死亡,并可做进一步的涂片镜检以判定分离菌株的致病性。

六、治疗

有效的治疗方法是分离菌株做药敏试验,选择最敏感药物进行治疗。常用的治疗方法如下。

①卡那霉素,25 mg/kg体重,肌内注射,每天2次,连用3～5 d。

②庆大霉素,2～4 mg/kg体重,皮下注射,第1天注射2次,以后每天1次。

对重症病例,可静脉或腹腔注射葡萄糖盐水和碳酸氢钠溶液,并保证足够的清洁饮用水,预防脱水。

七、防制措施

加强饲养管理,搞好环境卫生。尤其是母犬临产前,产房应彻底清扫消毒,母犬的乳房被粪便污染时,要及时清洗。尽早使新生仔吃到初乳,最好使全部仔都能吃到。在常发场(群),于流行季节和产仔季节也可用异源动物抗病血清做被动免疫,然后再用多价灭活疫苗做预防注射。

任务六　沙门氏菌病

沙门氏菌病又称副伤寒,是由沙门氏菌属细菌引起的人和宠物共患性传染病,临床主要特征为肠炎和败血症。犬和猫沙门氏菌病不常见,但健康犬和猫却可以携带多种血清型的沙门氏菌。

一、病原

本病的病原体是沙门氏菌,沙门氏菌属包括近 2 000 个血清型,是一群抗原结构和生化特性相似的革兰氏阴性杆菌。引起犬、猫沙门氏菌病的病原主要是鼠伤寒沙门氏菌,具有沙门氏菌属的形态特征,有周鞭毛,能运动,无芽孢和荚膜。本菌为兼性厌氧菌,在普通培养基上生长良好,在固体培养基上培养 24 h 后长成表面光滑、半透明、边缘整齐的小菌落;在液体培养基中呈均匀混浊生长。

沙门氏菌对外界环境有一定的抵抗力,在水中可存活 2～3 周,粪便中可存活 1～2 个月,在土壤中可存活,在含有机物的土壤中存活更长。对热和大多数消毒药很敏感,60 ℃经 5 min 可杀死肉类中的沙门氏菌。酸、碱、甲醛等是治疗沙门氏菌病常用的消毒药。

二、流行病学

1.传染源

鼠伤寒沙门氏菌在自然界分布较广,易在动物、人和环境间传播。传染源主要为患病宠物,污染的饲料、饮水和其他污染物,空气中含沙门氏菌的尘埃等亦可以成为传染媒介。

2.传播途径

传播途径主要是消化道及呼吸道。而同窝新生仔犬、猫的感染源则多是带菌母犬、猫。圈养犬和猫往往因采食未彻底煮熟或生肉品而感染,散养犬和猫在自由觅食时,采食腐肉或粪便而遭感染。

3.易感动物

仔幼犬、猫易感性最高,多呈急性暴发;成年犬、猫在应激因素作用下也可感染,但多呈隐性带菌,少数也会发病。

4.流行特点

本病无明显的季节性,但与卫生条件差、阴雨潮湿、环境污秽、饥饿和长途运输等因素密切相关。仔幼犬、猫多呈急性暴发;成年犬、猫多呈隐性带菌。

三、临床症状

患病犬、猫症状严重程度取决于年龄、营养状况、免疫状态和是否有应激因素作用等。感染细菌的数量、是否有并发症等是影响症状明显与否的因素。临床上,可将沙门氏菌病分为如下几种类型。

1.菌血症和内毒素血症

这种类型一般为胃肠炎过程的前期症状,有时表现不明显,但幼犬、幼猫及免疫力较低的宠物,其症状较为明显。患病宠物表现极度沉郁,虚弱,体温下降及毛细血管充盈不良,有的可能出现胃肠道症状,有的可能没有。

2.胃肠炎型

潜伏期(或受到应激因素作用后)3～5 d后开始出现症状,往往幼龄及老龄宠物较为严重。开始表现为发热(40～41.1 ℃),萎靡,食欲下降;而后呕吐、腹痛和剧烈腹泻。腹泻开始粪便稀薄如水,以后转为黏液性,严重者胃肠道出血使粪便带有血迹。猫还可见流涎。数天后,体重减轻,严重脱水,表现为黏膜苍白、虚弱、休克、黄疸,可发生死亡。有神经症状者,表现为机体应激性增强,后肢瘫痪,失明,抽搐。部分病例也可出现肺炎症状,咳嗽、呼吸困难和鼻腔出血。

3.亚临床感染

感染少量沙门氏菌或抵抗力较强的宠物,可能仅出现一过性或不显现任何临床症状;受感染的妊娠犬和猫,还可引起流产、死产或产弱仔。

患病犬、猫仅有少部分在急性期死亡,大部分3～4周后恢复,少部分继续出现慢性或间歇性腹泻。康复和临床健康宠物往往可携带沙门氏菌6周以上。

四、病理变化

最急性死亡的病例可能见不到病变。病程稍长的可见到黏膜苍白,脱水,尸体消瘦。肠黏膜的变化由卡他性炎症到较大面积坏死脱落。病变明显的部位往往在小肠后段、盲肠和结肠。肠内容物含有黏液、脱落的肠黏膜,呈稀薄状,重者混有血液。肠黏膜出血、坏死,有大面积脱落。肠系膜及周围淋巴结肿大并出血,切面多汁。由于局部血栓形成和组织坏死,可在大多数组织器官(肝、脾、肾)出现密布的出血点(斑)和坏死灶。肺脏常有水肿及硬化。

严重感染及内毒素血症患犬和猫,可见非再生障碍性贫血,淋巴细胞、血小板和中性粒细胞减少。重症脓毒症患犬或患猫,可在白细胞内见到沙门氏菌菌体。当感染局限于某一特定器官时,可见中性粒细胞增多。

五、诊断

该病的典型症状(消化道变化)易与犬细小病毒、冠状病毒感染、猫泛白细胞减少症及大肠杆菌病等混淆。根据流行特点、临床症状与剖检变化只能做出初步诊断,确诊需要进行实验室诊断。

1.血液学检查

取血液样品做血液学检查,若血液中淋巴细胞、血小板和中性粒细胞减少,且可在白细胞内见到沙门氏菌菌体则诊断为沙门氏菌病。

2.细菌分离与鉴定

这是确诊的最可靠方法。在疾病急性期,从分泌物、血、尿、滑液、脑脊液及骨髓中发现沙门氏菌可确定为全身感染。在剖检时,应从肝、脾、肺、肠系膜淋巴结和肠道取病料,接种于普通培养基或麦康凯培养基上。必要时需进行鉴别培养。

3.生化试验

取分离培养的细菌进一步做生化试验。鼠伤寒沙门氏菌能发酵葡萄糖、甘露醇、麦芽糖、卫矛醇,不发酵乳糖、蔗糖,不利用尿素,不液化明胶,赖氨酸脱羧酶反应阳性,3-半乳糖苷酶反应阴性,酒石酸盐反应阳性。

4.粪便检查

通过检验粪便中白细胞数量的多少,可以判断肠道病变情况。粪便中大量白细胞的出现,是沙门氏菌性肠炎及其他引起肠黏膜大面积破溃疾病的特征。否则,粪中缺乏白细胞,则应怀疑病毒性疾病或不需特别治疗的轻度胃肠道炎症。

5.血清学检验

采取血液分离血清做凝集试验及间接血凝试验诊断沙门氏菌感染。但用于亚临床感染及处于带菌状态的宠物,其特异牲则较低。血清学试验与细菌分离鉴定诊断方法相比,以后者便捷且准确。

六、治疗

①发现病猫或病犬,应立即隔离,加强管理,给予易消化、富有营养的流质饲料。

②为了缓解脱水症状,可经非消化道途径补充等渗盐水,呕吐不太严重者亦可经口灌服。

③有效的治疗方法应是抗菌药物治疗。常用甲氧苄啶,0.004～0.008 g/kg 体重或磺胺嘧啶 0.02～0.04 g/kg 体重,分 2 次喂服,连用 5～7 d;呋喃唑酮,0.01 g/kg 体重,分 2 次内服,连用 1 周。

④对症治疗。对心脏功能衰竭者,肌内注射 0.5%强尔心 1～2 mL(幼犬减半);有肠道出血症者,可内服肾上腺色腙,每次 5～10 mg,每天 2～4 次;清肠止酵,保护肠黏膜,亦可用 0.1%高锰酸钾液或活性炭和碱式硝酸铋混悬液做深部灌肠。

七、防制措施

由于慢性亚临床感染及潜伏感染的存在,预防犬和猫沙门氏菌病较为困难。应采取综合性防制措施。

①保持犬、猫房舍的卫生。笼具、食盆等用品应经常清洗、消毒,在温暖季节要用水冲洗场地,并定期灭蝇、灭鼠。

②禁止饲喂不卫生的乳、肉、蛋类食品。饲料或食物,特别是动物性饲料应煮熟后喂犬和猫,杜绝传染病的发生。

③严禁耐过犬、猫或其他可疑带菌畜禽与健康犬、猫接触。患病宠物住院或治疗期间,应专人护理,防止病原人为扩散。

④对病犬、猫使用的食具及房舍清洗后,要用 5%氨水或 2%～3%火碱液消毒。病死尸体要深埋或烧掉,严禁食用。

八、公共卫生

人也可感染沙门氏菌病,可发生于任何年龄,但 1 岁以下婴儿及老人最多。人感染本病,一般是由于与感染的动物及动物性食品的直接或间接接触,人类带菌者也可成为传染源。临床症状可分为 3 型。

1.胃肠炎型

本型在人的潜伏期为 4～24 h,最短者仅 2 h。多数患者畏寒发热,体温一般 38～39 ℃,多伴有头痛、食欲不振、恶心、呕吐、腹痛、腹泻,每天排便多次,呈黄色水便,带有少量黏液,有恶臭,个别病例可混有脓血。病程一般 2～4 d。

2. 败血症型

本型在人的潜伏期为1～2周。患者病初畏寒发热，热型不规则或呈间歇热，持续1～3周。血中可查到病原菌，而大便培养常为阴性。此型如医治不及时，可发生死亡。

3. 局部感染，化脓型

患者在发热阶段或退热以后出现一处或几处化脓病灶，可见于身体的任何部位。

人沙门氏菌病的治疗一般为口服樟脑酊或氢化可的松，脱水严重者静脉注射葡萄糖盐水。大多数患者可于数天内恢复健康。为防止本病传染给人，饲养员及兽医工作人员应注意卫生和消毒工作。

任务七　布鲁氏菌病

该病是由布鲁氏菌引起的人畜共患传染病，以生殖器官及胎膜炎症、流产、不育和多种组织的局部病灶为特征。世界各地都存在，我国也有发生、流行。犬可感染布鲁氏菌病，但多呈隐性感染，少数可表现出临床症状，猫的病例不多见。

一、病原

本病的病原为布鲁氏菌，呈球形、球杆状或短杆状，多单在，很少成对，大小为(0.5～0.7) μm×(0.6～1.5) μm。革兰氏染色阴性，无运动性，不产生芽孢和荚膜。为需氧菌，初代分离培养时需要在加有血液、血清、组织提取物或吐温-40的培养基中生长，而且生长缓慢，经数代培养后才能在普通培养基、大气环境中生长且生长较快，由原来的7～14 d变为2～3 d。

布鲁氏菌属共有6个种：马耳他布鲁氏菌，我国称为羊布鲁氏菌，有3个生物型；牛布鲁氏菌（流产布鲁氏菌），有8个生物型；猪布鲁氏菌，有4个生物型；绵羊布鲁氏菌；沙林鼠布鲁氏菌；犬布鲁氏菌。布鲁氏菌属的各个种在致病力方面有所不同，但在形态上没有区别。我国自1990年以来，从人、畜分离的220株菌中羊种菌占79.1％，牛种菌占12.27％，猪种菌占0.45％，犬种菌占2.21％，未定种菌占5.97％。

在自然条件下引起犬、猫布鲁氏菌病的病原主要是犬布鲁氏菌、羊布鲁氏菌、猪布鲁氏菌和流产布鲁氏菌，呈显性或隐性感染，成为重要的传染源。

本菌对自然因素的抵抗力较强，直射日光下0.5～4 h可杀死，在污染的土壤中能存活20～40 d，在乳、肉中可存活60 d，在皮毛上可生存75～120 d。对热敏感，巴氏消毒法10～15 min可杀死，煮沸立即死亡。常用的消毒药如0.1％升汞数分钟，1％来苏儿、2％福尔马林、5％生石灰乳15 min均可将其杀死。

二、流行病学

1. 传染源

自然条件下，犬布鲁氏菌主要经患病及带菌动物传播。流产母犬从阴道分泌物、流产胎儿及胎盘组织等排菌，流产后的母犬可排菌达6周以上。菌也随乳汁排出，其排菌时间可持续1年半以上。患病及感染的公犬、公猫，可自精液及尿液排菌，可成为布鲁氏菌病的传染来源，在发情季节非常危险，到处扩散传播。某些犬在感染后2年内仍可通过交配散播本病。

2.传播途径

本病主要传播途径是消化道,即通过摄食被病原体污染的饲料和饮水感染,口腔黏膜、结膜和阴道黏膜为最常见的布鲁氏菌侵入门户。损伤的黏膜、皮肤亦可使病原侵入体内造成感染。

3.易感动物

人、羊、牛、猪、马、犬、猫等均对布鲁氏菌有易感性或可带菌,犬是犬布鲁氏菌的主要宿主,另外也是羊、牛和猪布鲁氏菌的机械携带者或生物学携带者。检测结果发现我国犬布鲁氏菌病阳性率为 1.68%～13.4%。

4.流行特点

在群养犬、猫(场)中,断奶幼犬、猫的感染率可达 75%,呈现暴发流行。城市和农村散养的犬、猫多呈散发。

三、临床症状

本病潜伏期长短不一,短的半月,长的 6 个月。在未出现流产症状前,为隐性或仅表现为淋巴结炎。怀孕母犬、猫常在怀孕 30～50 d 时发生流产,流产前 1～6 周,病犬一般体温不高,阴唇和阴道黏膜红肿,阴道内流出淡褐色或灰绿色分泌物。流产胎儿常发生部分组织自溶,皮下水肿、淤血和腹部皮下出血。部分母犬感染后并不发生流产,而是怀孕早期(配种后 10～20 d)胚胎死亡并被母体吸收。流产母犬可能发生子宫炎,以后往往屡配不孕。有的则发生反复流产。公犬和公猫感染后有的症状不明显,有的出现睾丸炎、附睾炎、前列腺炎及包皮炎等,也可导致不育。另外、患病犬和猫除发生生殖系统症状外,还可能发生关节炎、腱鞘炎,有时出现跛行。

四、病理变化

隐性感染病例一般无明显的肉眼及病理组织学变化,或仅见淋巴结炎。有临床症状的病例,剖检时可见关节炎,腱鞘炎、骨髓炎、乳腺炎、睾丸炎、淋巴结炎变化。

流产母犬和母猫及孕犬、孕猫可见到阴道炎及胎盘、胎儿部分溶解,并伴有脓性、纤维素性渗出物和坏死灶。发病的公犬和公猫可见到包皮炎性变化和睾丸、附睾丸炎性肿胀等病灶。

除定居于生殖道组织器官外,布鲁氏菌还可随血流到其他组织器官而引起相应的病变,如随血流达脊椎椎间盘部位而引起椎间盘炎;有时出现眼前房炎、脑脊髓炎的变化等。

五、诊断

通过流行病学资料、临床症状可怀疑本病,确诊需进行实验室检查。

1.流行病学及临床诊断

在犬、猫群中出现大批怀孕母犬、母猫流产及屡配不孕现象,公犬、公猫发生睾丸炎、附睾炎、包皮炎及配种能力降低时,应怀疑有本病存在。

2.涂片镜检

取流产胎衣、胎儿胃内容物或有病变的肝、脾、淋巴结等组织材料,制成涂片,经柯兹洛夫斯基或改良的齐-内染色法染色,镜检可见到红色细菌,即可确诊。也可用革兰氏染色法染色,镜检可见到革兰氏阴性的球杆菌。

3.分离培养

犬感染犬布鲁氏菌后,其菌血症可持续数月到数年,因此,取血液进行细菌培养是确诊的最佳方法。无菌采取血液样本接种于营养肉汤,在有氧条件下培养3～5 d,然后取样接种到固体培养基上进行鉴定。犬布鲁氏菌生长比较缓慢,需要48～96 h后才能形成肉眼可见的菌落,然后进行涂片镜检。

也可将病料接种于豚鼠,腹腔、皮下、肌内注射均可,接种3～6周后剖杀,可从脏器分离培养病原,部分豚鼠还可出现肉眼可见病理变化。同时采取豚鼠血液进行血凝试验。

4.血清学检验

可采用凝集试验、补体结合试验、琼脂凝胶扩散试验等。此外,国外还有一种玻片凝集快速诊断盒出售。

六、防制措施

本病应坚持预防为主,每年进行1～2次检查,可用平板凝集试验进行,必要时抽血进行细菌培养,淘汰阳性犬、猫,并不得作为种用;尽量进行自繁自养,清净场最好实行封闭式的自繁自养方式,引进的种犬,应先隔离观察1个月,经检疫确认健康后方可入群;种公犬、猫在配种前要进行检疫,确认健康后方可参加配种;严格执行消毒措施,犬、猫舍及运动场应经常消毒,流产物污染的场地、栏舍及其他器具均应彻底消毒。也可用布鲁氏菌羊型5号弱毒苗免疫,皮下注射3亿～3.5亿活菌,每年1次;犬发病后,对经济价值不大的病犬,可以扑杀,有使用价值的病犬,可以隔离治疗,但一定要做好兽医卫生防护工作。

七、公共卫生

犬布鲁氏菌对人的感染性虽然较低,但仍可以感染人。特别是非职业人群、老年人及儿童感染率偏高。人感染后临诊表现多样,有急性、亚急性和慢性之分。急性和亚急性者有菌血症,主要表现体温呈波状热或长期低热,表现全身不适、头疼、关节痛、寒战、盗汗、淋巴结炎、肝脾肿大、睾丸炎、附睾炎及体重减轻等,孕妇可能出现流产。有些病例经过短期急性发作后可恢复健康,有的则反复发作。慢性者通常无菌血症,但感染可持续多年。需进行血清学和细菌检验才能确诊。

任务八　结　核　病

结核病是由结核分枝杆菌引起的人畜共患的慢性传染性疾病,偶尔也可能出现急性型,病程发展很快。病的特征是在机体多种组织器官形成肉芽肿和干酪样或钙化病灶。世界各地都存在,犬、猫均可感染发病。

一、病原

本病的病原是结核分枝杆菌,主要有牛型、人型和禽型3种型。人型结核分枝杆菌是直或微弯的细长杆菌,多为棍棒状,间有分枝状;牛型菌比人型菌短粗,且着色不均;禽型结核菌短小,为多形性。犬可被牛型及人型结核分枝杆菌感染,偶尔被禽型感染。猫对牛型结核分枝杆菌似乎更易感。本菌不产生芽孢和荚膜,无鞭毛。革兰氏染色阳性,但不易染色,常用齐-内染色法染色,本菌染成红色,非抗酸菌染成蓝色。人工培养时严格需氧,在加有蛋黄、血清、牛乳、马铃薯、甘油的培养基上生长良好。

本菌由于含有丰富的脂类,因此对外界环境和常用消毒剂有相当强的抵抗能力。在干燥的痰中能存活 10 个月,在病变组织和尘埃中能生存 2~7 个月或更久,在水中可存活 5 个月,在粪便、土壤中可存活 6~7 个月。但对热的抵抗力差,经 60 ℃ 即可死亡。对紫外线敏感,直射日照 4 h 可被杀死。常用消毒药经 4 h 可将其杀死。本菌对磺胺类药物、青霉素及其他广谱抗生素均不敏感,但对链霉素、异烟肼、对氨基水杨酸和环丝氨酸等敏感。

二、流行病学

1. 传染源及传播途径

患结核病的人、牛、犬、猫等可通过痰液排出大量结核分枝杆菌,通过污染的尘埃、饲料和水经消化道、呼吸道传染给健康犬、猫。咳嗽形成的气溶胶或被这种痰液污染的尘埃成为主要的传播媒介。据介绍,直径小于 3~5 μm 的尘埃微粒方能通过上呼吸道而达肺泡造成感染,体积较大的尘埃颗粒则易于沉降在地面,危害性相对较小。

2. 易感动物

结核病呈世界性分布,尤其在人口稠密、卫生和营养条件较差的地区,人群患病率更高,再加上结核病患畜(禽)构成了本病的传染源,尤其开放性结核病患者,能通过多种途径向外界散播病原。一般认为,犬和猫结核菌感染由人传染而来,迄今尚未见到由犬和猫传染给人的报道。

3. 流行特点

据调查,城区结核病家庭中猫的发病率最高,占猫中的 1%~12%,而在猫结核病中牛型结核分枝杆菌的感染率占 94.7%、人型结核分枝杆菌占 5.3%。犬、猫对禽型结核分枝杆菌有天然的抵抗力,临床上极少有感染发病。

三、临床症状

犬和猫结核病多为亚临床感染。有时则在病原侵入部位引起原发性病灶。

1. 犬

本病潜伏期长短不一,十几天、数月以至数年。病犬常午后低热、嗜睡、无力、食欲减退,进行性消瘦,被毛失去光泽。肺结核病犬表现慢性干咳或不同程度的咳血,同时发生日趋严重的呼吸困难。病变范围大的胸部叩诊呈浊音,听诊有支气管、肺泡呼吸音和湿性啰音。消化器官结核可引起呕吐、腹泻等消化道吸收不良症状及贫血。肠系膜淋巴结常肿大,有时在腹部体表就能触摸到。某些病例腹腔渗出液增多。皮肤结核主要表现为边缘不整齐,基底部有无感觉的肉芽组织构成的溃疡,多发生于喉头部和颈部。子宫结核时,腹围扩大,从子宫中可以采得混有血丝的微黄色颗粒状渗出物。在犬结核中还曾见到杵状趾的现象,尤以足端的骨骼两侧对称性增大为特征。

2. 猫

猫结核病例表现以皮肤结核为多见,常在颈部和头部主要是眼睑、鼻梁、颊部出现结节和溃疡;同时食欲时好时坏,贫血,进行性消瘦。肺结核病猫出现呼吸急促乃至困难。肠结核伴发下痢。

四、病理变化

剖检时可见患结核病的犬及猫极度消瘦,在许多器官出现多发性的灰白色至黄色有包囊的结节性病灶。

1. 犬

常在肺、气管及淋巴结见到原发性结核结节,内含灰白色乃至黄灰色物,外有包囊。继发性病灶多分布于胸膜、心包膜、肝、心肌、肠壁和中枢神经系统。继发性结核结节较小(1～3 mm),但在许多器官亦可见到较大的融合性病灶。有的结核病灶中心有脓汁,外周有包囊围绕,包囊破溃后,脓汁排出,形成空洞。肝脏上的结核病灶淡黄色、中心凹陷,边缘呈晕状出血。肺结核时,常以渗出性炎症为主,初期表现为小叶性支气管炎,进一步发展则使局部干酪化,多个病灶相互融合后则出现较大范围病变,这种病变组织切面常见灰黄与灰白色交错,形成斑纹状结构。随着病程进一步发展,干酪样坏死组织还能够进一步钙化。

2. 猫

猫则常在回、盲肠淋巴结及肠系膜淋巴结见到原发性病灶,多呈针头大、圆形、灰白色瘤状。眼结核病例,在虹膜边缘有小扁豆大的干酪样结节,在结膜、角膜也可见到。猫的继发性病灶则常见于肠系膜淋巴结、脾脏和皮肤。

组织学上,可见到结核病灶中央发生坏死,并被炎性浆细胞及巨噬细胞浸润。病灶周围常有组织细胞及成纤维细胞形成的包膜,有时中央部分发生钙化。在包囊组织的组织细胞及上皮样细胞内常可见到短链状或串珠状具抗酸染色特性的结核分枝杆菌。

五、诊断

结核病无特征临床症状,扑杀或尸体剖检后根据结核病变可以做出诊断,对临床可疑病例应结合如下方法进行确诊。

1. X 射线透视检验

病宠在发生肺结核时,X 射线透视检验可见气管、支气管淋巴结炎和间质性肺炎的变化。疾病后期亦可见肺硬化和结节形成及肺钙化灶。当继发性结核出现时,亦可见肝、脾、肠系膜淋巴结及骨器官组织的相似病变。

2. 血液、生化检验

取血液做细胞计数检查,患结核病的宠物常伴有中等程度的白细胞增多和红细胞减少;做生化检验,出现血清白蛋白含量偏低及球蛋白增高。

3. 变态反应试验

多采用提纯结核菌素进行皮内反应试验,剂量为 250 U/0.1 mL,然后测定注射部位皮厚(肿胀)做出判定。由于猫对结核菌素反应微弱,故一般此法不用于猫。

皮肤试验结果不容易判定。据报道,对于犬,接种卡介苗试验结果更敏感可靠。皮内接种 0.1～0.2 mL 卡介苗,阳性犬 48～72 h 后出现红斑和硬结。因为被感染犬可能出现急性超敏反应,所以试验有一定的风险。

4. 血清学检验

血凝试验、补体结合反应试验,尤其是补体结合反应的阳性与结核菌素皮内反应试验的阳性符合率可达 50%～80%,具有较大的诊断价值。此外,也可用荧光抗体法检验病料中的结核分枝杆菌,也可以收到较好的效果。

5.细菌分离

病料常用 4% NaOH 处理 30 min,再用 0.3%新洁尔灭处理,以杀灭其他细菌。然后取沉淀物接种于罗杰二氏培养基,置于 37 ℃培养 1 周以上,根据细菌菌落生长状况及生化特性来鉴定分离物。也可将可疑病料,如淋巴结、脾脏和肉芽肿腹腔接种于豚鼠、兔、小鼠和仓鼠,以鉴定分枝杆菌的种别。

有时直接取病料,如痰液、尿液、乳汁、淋巴结及结核病灶做成抹片或涂片,抗酸染色后镜检,可直接检测到细菌。

六、治疗

本病治疗时可选用下列药物:异烟肼 4～8 mg/kg 体重,每天 2 或 3 次;利福平 10～20 mg/kg 体重,分 2 或 3 次内服;链霉素 10 mg/kg 体重,每 8 h 肌内注射 1 次(猫对链霉素较敏感,故不宜采用)。应该提及的是,化学药物治疗结核病在于促进病灶愈合,停止向体外排菌,防止复发,而不能真正杀死体内的结核分枝杆菌。

当出现全身症状时,可对症治疗。体温升高者可应用解热药;继发感染时应选用适当的抗生素药物治疗;咳嗽严重者可用镇咳药,如咳必清 25 mg,复方樟脑酊 2～3 mL 或可待因 15 mg,每天 3 次内服。

此外,应加强饲养管理,给宠物以营养丰富的食物,增强机体自身的抗病能力。冬季应注意保暖。

七、防制措施

应对犬、猫定期进行检疫,将检出的阳性病例和可疑病例立即进行隔离或做扑杀处理。对开放性结核患犬或猫,无治疗价值者尽早扑杀,尸体焚烧或深埋。结核病家庭不宜饲养犬、猫,特别不能亲吻犬、猫,不得随地吐痰。当人或牛发生结核病时,与其经常接触的犬、猫应及时检疫。平时,不用未消毒牛奶及生杂碎饲喂犬、猫。国外有人应用活菌疫苗预防犬结核病取得初步成效,尚未普遍推广应用。

八、公共卫生

人结核病是由人型结核分枝杆菌引起的,但牛型和禽型也可以引起感染发病。主要症状为全身不适、倦怠乏力、易烦躁、心悸。食欲不振、消瘦、体重减轻。长期低热、盗汗等。各种器官结核的特殊症状如下:肺结核表现为咳嗽和咳痰,有空洞的患者则咳出脓痰、咳血痰或咳血,胸痛、气短或呼吸困难等。颈淋巴结核可见颈部淋巴结肿大,初期可移动,如破溃,可经久不愈。肠结核则腹痛,多位于右下腹,可见腹泻、便秘或者交替出现,有时发生不全性肠梗阻。另外,还有结核性腹膜炎、结核性脑炎、结核性胸膜炎及肾结核、骨结核等。

人结核病可根据病史,体征、X 射线检查确诊,其中 X 射线检查是重要的诊断方法,适用于大规模普查。当怀疑为开放性结核时,应采唾液、咳血或粪尿等进行抗酸染色和结核菌的分离培养。

治疗人结核病的主要措施是早期发现,严格隔离,彻底治疗。牛乳应煮沸后饮用;婴儿普遍注射卡介苗；与患病宠物接触应注意个人防护。治疗人结核病有多种药物，以异烟肼、利福平、链霉素和对氨基水杨酸钠等最为常用。在一般情况下，联合用药可延缓产生耐药性，增强疗效。

任务九　坏死杆菌病

坏死杆菌病是由坏死杆菌引起的各种哺乳动物、禽类的一种慢性传染病。其特征为损害部分皮肤、皮下组织和消化道黏膜使其发生坏死，有的在内脏形成转移性坏死灶。不同动物因发病部位和临床表现不同，曾有不同的病名，如牛、羊腐蹄病，猪坏死性皮炎等，但在犬、猫都称为坏死杆菌病。本病广泛存在于世界各地，我国也普遍存在。

一、病原

本病的病原为坏死杆菌，是一种多形性杆菌，多呈短杆状、梭状或球状，在感染组织中常呈长丝状，菌体内有颗粒包涵体，不形成芽孢和荚膜，无鞭毛。革兰氏染色阴性，在培养基上培养时间过长后，用石炭酸复红或碱性亚甲蓝染色，着色不均匀，似串珠状。

本菌为严格厌氧菌，在血液琼脂平板上呈 β 型溶血。在血清琼脂平板上呈圆形、边缘波状的小菌落。本菌能产生内毒素和杀白细胞毒素。内毒素可使组织发生坏死，杀白细胞毒素可使巨噬细胞死亡，释放分解酶，使组织溶解。

本菌对理化因素的抵抗力不强，1％甲醛溶液、1％高锰酸钾液、2％氢氧化钠溶液和5％来苏儿均可在 15 min 内将其杀死，在污染的土壤中能存活 10～30 d，在粪便中能存活，60 ℃ 30 min、煮沸 1 min 可将本菌杀死。对四环素和磺胺类药物敏感。

二、流行病学

1. 传染源
本病传染源主要为患病宠物或隐性带菌宠物。

2. 传播途径
本病主要通过污染的土壤、场地、饲料、垫料、圈舍和尘埃等经损伤的皮肤、黏膜感染，而低洼地、烂淤泥、死水塘和沼泽地都是本菌的长久生存地，也是本病的疫源地。

3. 易感动物
本病的易感宠物十分广泛，犬、猫均易感，实验动物中兔和小鼠最敏感。

4. 流行特点
本病在犬、猫多发生于发情季节，争斗、活动、损伤频繁，极易发生。但多呈散发或表现地方流行性，猫发病比犬少。

三、临床症状

新生仔犬若产室污秽，本菌可经脐部伤口感染，创伤、脐伤十分有利于本菌繁殖致病。病初无明显异常，随后表现弓腰排尿，脐部肿硬，并流出恶臭的脓汁，精神萎靡。如局部转移至内脏器官肺、肝后，则可发生败血症死亡。有的由于四肢关节损伤感染而发生关节炎，出现局部肿胀、跛行。

成年病犬多表现为坏死性皮炎和坏死性肠炎。坏死性皮炎以猎犬发生多，主要经四肢损伤感染,病初出现瘙痒,肿胀,有热痛,跛行。当脓肿破溃后流出脓汁,痒觉和炎症消退,若及时治疗则可在3～5 d后治愈。坏死性肠炎则由于肠黏膜损伤感染所致,病犬出现腹泻,排出脓样、混有坏死组织的稀便,迅速消瘦。

四、病理变化

剖检可见病犬大肠和小肠黏膜坏死,有溃疡灶,坏死部有伪膜,膜下可见有溃疡。

五、诊断

根据临床症状和剖检变化可做出初步诊断,确诊应进行实验室检查。

1.涂片镜检

取病健交界处组织或分离培养物制成涂片,用等量酒精、乙醚混合液固定,用碱性复红-亚甲蓝、稀释石炭酸复红或碱性亚甲蓝染色,镜检可见着色不均匀的串珠状或长丝状菌体。

2.动物接种

将病料制成悬液,于兔耳外侧皮下接种0.5～1 mL,或于小鼠尾根部皮下接种0.2～0.4 mL,观察7～12 d,可见局部坏死、脓肿,消瘦,死亡。取肝、脾、肺等病灶病料,再做涂片镜检和分离培养,均可见到坏死杆菌。

六、治疗

1.局部治疗

首先对局部进行扩创清洗,然后用0.1%高锰酸钾溶液或3%煤酚皂液消毒,再涂擦5%～10%龙胆紫,撒布高锰酸钾与炭末混合剂或高锰酸钾与磺胺粉合剂。也可在创面直接涂擦龙胆紫。

2.全身治疗

本病常用磺胺类药物或抗生素进行治疗,磺胺二甲基嘧啶、螺旋霉素、四环素、金霉素等均有效。

七、防制措施

本病主要采取综合性措施,平时要保持圈舍清洁干燥,粪便常清除干净,垫料干燥,场地平整,不积水、不泥泞,定期消毒;防止互相争斗、撕咬,不喂粗硬饲料及避免外伤发生。在发生外伤时应及时处理,在发生本病时应及时治疗,对污染场地、圈舍、用具进行彻底消毒,必要时也可用疫苗进行免疫。

任务十　巴氏杆菌病

巴氏杆菌病是由多杀性巴氏杆菌引起的哺乳动物和禽类共患传染病的总称。世界各地都存在。

一、病原

本病的病原为多杀性巴氏杆菌,属于巴氏杆菌科、巴氏杆菌属。本菌为球杆状或短杆状菌,两端钝圆,单个存在,有时成双排列。革兰氏染色阴性。病料在用瑞氏染色或亚甲蓝染色时,可见典型的两极着色,即菌体两端染色深、中间浅,无鞭毛,不形成芽孢。新分离的强毒菌株有荚膜,但经培养后荚膜迅速消失。

本菌为需氧或兼性厌氧菌,在普通培养基上生长贫瘠,在麦康凯培养基上不生长。在加有血液、血清或微量血红素的培养基中生长良好。最适温度为 37 ℃,pH 7.2～7.4。在血清琼脂平板上培养 24 h,可长成淡灰白色、边缘整齐、表面光滑、闪光的露珠状小菌落。在血琼脂平板上,长成水滴样小菌落,无溶血现象。在血清肉汤中培养,开始轻度混浊,4～6 d 后液体变清亮,管底出现黏稠沉淀,震摇后不分散。表面形成菌环。

本菌抵抗力不强,在无菌蒸馏水和生理盐水中很快死亡。在阳光中曝晒 10 min、56 ℃经 15 min、60 ℃经 10 min 均可被杀死。在干燥空气中 2～3 d 死亡,厩肥中可存活 1 个月。3%石炭酸、3%福尔马林、10%石灰乳、2%来苏儿、0.5%～1%氢氧化钠等几分钟即可杀死本菌。对链霉素、四环素、土霉素、磺胺类及许多新的抗菌药物敏感。

二、流行病学

1.传染源
患病宠物及带菌宠物为主要传染源。

2.传播途径
病犬及带菌犬、猫从分泌物、排泄物排菌污染环境、饲料和饮水等。病菌可以通过呼吸道和消化道感染,也可由于争斗损伤、咬伤而由伤口传染。人感染往往是由犬、猫咬伤、抓伤经伤口发生的,也可通过亲吻传染。

3.易感动物
本菌对多种动物和人均有致病性,宠物中犬、猫易感。

4.流行特点
犬、猫是本菌的带菌者,小鼠、大鼠、地鼠、豚鼠也是嗜肺性巴氏杆菌的健康带菌者,一旦在各种应激因素的作用下,或者在感染其他病原时或抵抗力降低时,就会引起本病的流行,其特点是犬、猫场(群)易发生、散养犬、猫中不多见。幼龄犬、猫多发。

三、临床症状

主要表现体温升高到 39 ℃以上,精神沉郁,食欲减退或拒食,渴欲增加,呼吸急促乃至困难,气喘或张口呼吸,流出红色鼻液,咳嗽,眼结膜充血潮红,有多量分泌物。有的病犬在后期出现似犬瘟热的神经症状,如痉挛、抽搐、后肢麻痹等。有的出现腹泻。急性病例在 3～5 d 后死亡。

四、病理变化

剖检可见气管黏膜充血、出血。肺呈暗红色,有实变。胸膜及心内、外膜上有出血点,胸腔液增多并有渗出物。胃肠黏膜有卡他性炎症变化,肾脏充血变软,呈土黄色,皮质有出血点和灰白色小坏死灶。淋巴结肿胀出血,呈棕红色。肝脏肿大,有出血点。

五、诊断

根据临床症状、剖检变化只能做出初步诊断,确诊还必须进行实验室检查。

1. 涂片镜检

取心血、分泌物、渗出物和肺、肝、脾、淋巴结等病料做涂（触）片，用瑞氏、亚甲蓝染色法染色后镜检，可见两极着色深、中间着色浅的杆状细菌；墨汁染色，菌体为红色，荚膜在菌体周围呈亮圈，背景为黑色。

2. 分离培养

取病料接种血液琼脂培养基，37 ℃培养 24 h，观察菌落特征，可根据菌落形态和在 45°折光下观察到的荧光性等特征做出判定。必要时，可进一步做生化试验鉴定。

3. 动物接种

取肺、肝、渗出物等病料制成 1∶10 的匀浆悬液或 24 h 肉汤培养物皮下或腹腔接种于小鼠、家兔，在 72 h 内发病死亡。剖检观察病变并镜检进行确定。

4. 血清学检查

常用的是平板凝集法，血清凝集价在 1∶40 以上判为阳性。琼脂扩散法可检出感染动物，一般在感染后 10～17 d 即可检出抗体，血清抗体可持续数月以上。

六、治疗

本病治疗用广谱抗生素和磺胺类药物都有一定的疗效。常用的药物有：盐酸诺氟沙星，每天 10～20 mg/kg 体重，每天 1～2 次口服，连服 3～4 d；阿米卡星，5～10 mg/kg 体重，每天 2 次，肌内注射；磺胺二甲基嘧啶，每天 150～300 mg/kg 体重，分 3 次口服，连服 3～5 d。

七、防制措施

目前，本病尚无有效的疫苗用于免疫预防。主要采取加强饲养管理，卫生防疫和减少应激因素，提高抗病力等综合性防制措施。此外，在常发地区（场、群）可用土霉素等加入饲料内喂用 1 周，进行间断性的药物预防，如能与其他抗生素或磺胺类药物交替使用则更妥。发病后，立即隔离患病宠物，并及时治疗，对污染的场地、用具进行彻底消毒。

任务十一　链 球 菌 病

链球菌病是由致病性化脓性球菌引起的一种人畜共患病，在人和多种动物中能引起如败血症、乳腺炎、关节炎、脓肿、脑膜炎等疾病。对犬主要危害仔犬，成年犬多为局部化脓性病灶。

一、病原

本病的病原主要是马链球菌兽疫亚种和肺炎链球菌。本菌呈圆形或卵圆形，常排列成链，长短不一，不形成芽孢，多数无鞭毛，革兰氏染色阳性。

本菌为需氧或兼性厌氧菌，对生长要求很高，在普通琼脂上生长不良，在加有血液、血清、葡萄糖等的培养基中生长良好。在血液琼脂上产生 β 型溶血环。目前肺炎链球菌已有 80 多个型，其中Ⅰ、Ⅱ、Ⅲ型菌致病力较强，其他型菌致病力弱或无致病力。致病性菌能产生溶血素、杀白细胞素和透明质酸酶。

本菌抵抗力不强，60 ℃经 30 min 可以灭活。一般消毒药均可将其杀灭。对青霉素、红霉素、金霉素及磺胺类药物敏感。

二、流行病学

1. 传染源

病犬、猫与带菌犬、猫是主要的传染源,成窝仔犬发病的传染源是哺乳母犬。

2. 传播途径

病菌可直接或经污染的空气、用具、饲料等间接地通过损伤的皮肤和呼吸道、消化道黏膜感染,仔犬经脐感染和吮乳感染的较多见。

3. 易感动物

链球菌的易感动物十分广泛,不同年龄、不同品种、不同性别的犬都易感染,但幼犬的易感性最高,发病率和死亡率也很高。

4. 流行特点

本病的发生和流行往往与多种诱发因素有关,如饲养管理不当,导致体质下降和抗病力低下;发情季节易于发生外伤而感染发病;环境卫生恶劣、饲养密度过大等都可诱发本病。

三、临床症状

本病主要呈现肺炎、脓胸、心内膜炎的症状。仔犬发病初期表现吮吸无力、空嚼,可视黏膜苍白、微黄染,呼吸急促,随后厌食,腹部膨胀,体温下降,四肢无力,伏卧式睡眠。

成犬多发生皮炎、淋巴结炎、乳腺炎和肺炎,母犬出现流产。

四、病理变化

由于感染的链球菌的血清型和毒力不同,其病理变化也有一定差异。轻者肝肿大、质脆,肾肿大有出血点;重者腹腔积液,肝脏有化脓性坏死灶,肾大面积出血,呈花斑状,胸腔积液有纤维素性沉着,心内膜有出血斑点。

五、诊断

根据疾病流行情况、临床症状、病理剖检等可做出初步诊断,确诊可进一步进行微生物学检查。

1. 涂片镜检

无菌采取母犬乳汁、死亡犬内脏或胸腹腔积液制作涂片,革兰氏染色。镜检可见革兰氏阳性,单个、成对或呈短链的球菌。

2. 分离培养

取病料接种血液琼脂培养基上,37 ℃培养 24 h,可见到灰白色、透明、湿润、黏稠、露珠状菌落,并有溶血圈。必要时还可进行生化试验鉴定。

3. 动物接种

取病料悬液、分离培养物,皮下或腹腔接种小鼠或家兔,经 3～4 d 发病死亡,取病料做涂片镜检和分离培养,可获得阳性结果。

六、治疗

有条件最好做药敏试验,选择最敏感的药物进行治疗。常用的敏感药物有青霉素、林可霉素、土霉素和磺胺类药物等。如肌内注射青霉素 20 万～40 万 IU;林可霉素 10 mg/kg 体重,肌内或皮下注射,每天 2 次。同时口服磺胺类药物,每天 2 次,连服 1 周,均有良好的效果。同时做好保温护理工作。严重病犬可同时配合强心补液措施。

七、防制措施

做好平时的饲养管理和卫生防疫工作,其中以增强宠物的抵抗力与全面做好环境卫生消毒工作更为重要,并且减少应激因素的诱发作用。应在母犬分娩前后注意环境及母体卫生,要清理阴户,擦洗乳房。保持犬舍清洁、干燥、通风,定期更换褥垫。

任务十二　弯杆菌病

弯杆菌病是空肠弯杆菌引起的一种以腹泻为主要症状的人畜共患病。近年来空肠弯杆菌被世界公认是引起人急性腹泻的主要病原菌。其主要宿主有犬、猫、犊牛、羊、貂及多种实验动物和人。

一、病原

本病的病原为空肠弯杆菌,是螺菌科、弯曲菌属中的一个种。菌体弯曲呈弧形、S 形、螺旋形或海鸥展翅状,在老龄培养物中,可形成球形或类球状体。大小为 $(0.2～0.8) \mu m \times (0.5～5) \mu m$,有一个或多个螺旋,长者可达 8 μm,革兰氏阴性,无芽孢,一端或两端具有单鞭毛,运动活泼。

该菌属于微需氧菌,用常规方法在普通麦康凯、SS 等培养基上不能分离。最适生长条件为 $5\%O_2$、$85\%N_2$、$10\%CO_2$ 的混合气体环境。最适生长温度为 42～43 ℃,37 ℃可生长,30 ℃以下不生长。可生长 pH 7.0～9.0,最适生长 pH 7.2。对营养要求较高,需要加入血液、血清等物质后方能生长。生化特征为不能发酵及氧化糖类,不水解明胶和尿素,VP、甲基红试验阴性。

由于本菌对氧敏感,故在外界环境中很容易死亡。对干燥抵抗力弱。对酸和热敏感,pH 2～3 经 5 min,58 ℃经 5 min 可杀死本菌。对常用消毒剂敏感。

二、流行病学

1.传染源

凡肠道有空肠弯杆菌存在的动物(鸡、鸭、犬、猫、猪等)和人,都可成为本病的主要传染源。其中禽和猪是重要的传染源。

2.传播途径

本病主要通过污染的食物、饮水、饲料及周围环境,或通过接触患病动物而经消化道感染。也可随牛乳和其他分泌物排出散播传染。苍蝇等节肢动物带菌率也很高,可能成为重要的传播者。犬、猫的一个重要感染途径是摄食未经煮熟的家禽或其他动物制品。

3.易感动物

人和多种动物均可感染,宠物中犬、猫较易感染。

三、临床症状

幼龄动物腹泻严重,临床上犬、猫主要表现为排出带有多量黏液的水样胆汁样粪便,持续

3～7 d,并出现血样腹泻,可致死。表现精神沉郁,嗜睡,部分出现厌食,偶尔有呕吐,也可能出现发热及白细胞增多。个别犬可能表现为急性胃肠炎。某些病例腹泻可能持续2周以上或间歇性腹泻。

四、病理变化

侵袭性弯杆菌感染可引起胃肠道充血、水肿和溃疡。通常可见结肠充血、水肿,偶尔可见小肠充血。组织学检查可见结肠黏膜上皮细胞高度变低,结肠和回肠杯状细胞减少等。

五、诊断

对于空肠弯杆菌引起疾病的诊断,现主要采用细菌学检查,另外还可应用一些血清学检查方法。

1.细菌学检查

(1)直接涂片镜检　取新鲜粪便直接涂片染色镜检,若有弧形、S形、螺旋形或海鸥展翅状的革兰氏阴性无芽孢杆菌,可作为初步诊断的依据。特别是在疾病急性阶段,宠物粪便中可排出大量病菌。另外粪便中出现红细胞或白细胞也有利于诊断。

(2)细菌的分离鉴定　可选用专用选择性培养基对粪便进行培养,空肠弯杆菌在42 ℃微需氧环境下培养可生长。然后进行生化鉴定。

2.血清学检查

主要有试管凝集试验、间接免疫荧光试验等,可采用特异性的杀菌试验来检测血清抗体滴度上升情况,也可用ELISA方法检验感染情况。

在病犬、猫发生腹泻时,应排除其他的肠道病毒和细菌感染。

六、治疗

空肠弯杆菌对庆大霉素、红霉素、多西环素等敏感,对青霉素、头孢菌素耐药。应用庆大霉素2.2 mg/kg体重或红霉素50 mg/kg体重,每日2次,连用5～7 d,同时配合支持疗法可加快治愈。特别是幼龄腹泻宠物,需注意补充体液和电解质。

某些宠物虽然经过抗生素治疗,但仍然可以继续排菌,遇此情况可考虑用另一种抗生素连续治疗。进行药物治疗的同时应考虑其他并发疾病的防治。

七、防制措施

对圈舍和环境应定期清洗和消毒,保持环境的清洁卫生。弯杆菌抵抗力较弱,加热、消毒药和pH 3.0以下均可致死。由于本病的传播途径是经消化道感染,因此预防本病应避免病犬、猫摄食被病菌污染的食物和饮水。发现患病后要隔离治疗,及时消毒。犬食具用自来水冲洗即可达到杀菌的作用。

八、公共卫生

空肠弯杆菌是人类腹泻的重要病原。现已证实,犬、猫和灵长类动物是人类感染的重要来源。人感染后,潜伏期一般为3～5 d,病情轻重不一。典型病例是先有发热、全身无力、头痛、肌肉酸痛,婴儿还可发生抽搐症状。继而腹痛,排便后可缓解。发热12～24 h后开始腹泻,呈水样,每天排便5～10次,1～2 d后部分病例出现黏液便或脓血便,经过1周可自行缓解,少数病例腹痛可持续数周,反复发生腹泻。

防止人类从动物感染本病的重要环节是加强肉食品、乳制品的卫生监督,注意饮食卫生。发现病人,要及时进行对症治疗,严重病例需加用抗菌药物,如四环素、庆大霉素、复方新诺明、呋喃唑酮或小檗碱。

任务十三　放线菌病

放线菌病是由放线菌引起的一种人畜共患慢性传染病,特征为组织增生、形成肿瘤和慢性化脓灶。本病广泛分布于世界各地。

一、病原

本病的病原为放线菌,是介于真菌和细菌之间,近似丝状的原核微生物。革兰氏染色阳性、非抗酸性,不形成芽孢,无运动性。菌丝细长无隔,直径 0.5～0.8 μm,有分枝。在病变组织里呈颗粒状,随脓汁排出后,外观似硫黄颗粒,直径1～2 mm。

本菌厌氧或者微需氧。部分对犬、猫致病的放线菌在有氧的条件下生长良好,如黏性放线菌,其他的则要求降低氧浓度或严格厌氧,如溶齿放线菌。放线菌可以在血液或添加血清等的营养培养基上生长,生长比较缓慢,需要 2～4 d才能形成肉眼可见的菌落,菌落较致密、灰白或瓷白色,表面呈粗糙的结节状。

放线菌在自然界中有较强的抵抗力,广泛存在于污染的土壤、饲料和饮水中,也可在正常犬、猫的口腔和肠道内存在。一般消毒药可杀死,但对石炭酸的抵抗力较强。对青霉素、链霉素、四环素、头孢霉素、磺胺类药物敏感,但因药物很难渗透至脓灶中,故不易达到杀菌目的。

二、流行病学

1.传染源

正常动物的口腔和肠道内有放线菌,因此凡能排出放线菌的动物都可成为传染源。

2.传播途径

放线菌在自然界中广泛分布,污染的土壤、饲料、饮水、空气和环境都可成为传播途径。放线菌可经损伤的皮肤、黏膜或吸入污染的尘埃等途径感染。外界物体或带刺的草刺伤皮肤或黏膜后,使局部发炎坏死,氧气减少,为放线菌无氧繁殖创造了条件,放线菌大量繁殖则易引发全身性感染。

3.易感动物

各种年龄犬、猫均易感,但动物放线菌不能直接传染给人。

三、临床症状

犬、猫放线菌病侵害的组织部位包括胸腔、皮下组织、椎骨体,其次为腹腔和口腔,并能通过血液散播到脑和其他器官。

皮肤型放线菌病损伤散布全身,但多见于四肢、后腹部和尾巴。发病皮肤出现蜂窝织炎、脓肿和溃疡结节,有的发展成瘘管,流出灰黄色或红棕色、常有恶臭气味的分泌物。

胸型放线菌病多见于犬,主要由吸入放线菌或异物穿透胸腔引起肺脏或胸腔发病,早期表现体温稍高和咳嗽,体重减轻。当胸膜出现病变时,由于胸腔内有渗出物而表现呼吸困难。

骨髓炎型放线菌病见于犬、猫,一般发生在第2和第3腰椎及其邻近椎骨,可能继发于芒刺的移行。芒刺等刺伤脊髓,引起脊髓炎,甚至脑膜炎或脑膜脑炎,此时脑脊髓液中蛋白质和细胞含量增多,尤其是多叶核细胞增多。

腹型放线菌病少见,可能继发于肠穿孔。放线菌从肠道进入腹腔,引起局部腹膜炎,肠系膜和肝淋巴结肿大,临床症状变化较大,一般表现体温升高和消瘦。

四、诊断

放线菌病的临床症状和病变比较特殊,除诺卡氏菌病外,不易与其他疾病混淆,故诊断不难。必要时可进行实验室检查。取脓汁、渗出物和病变组织做涂片,革兰氏染色后镜检,可见到特殊的阳性形态,以此与诺卡氏菌区别。革兰氏染色初步掌握病菌感染情况,确诊需要从化脓病灶或穿刺组织中分离培养出放线菌并进行鉴定。

五、治疗

皮肤型病例可采用外科手术与长期抗生素联合疗法。胸部放线菌病,需要切开胸腔引流和冲洗,冲洗用生理盐水,每天2次,然后注入青霉素溶液和蛋白水解酶。

用青霉素治疗放线菌病剂量要大,需要长时间治疗,每天肌内注射10万~20万 IU/kg 体重。疗程2~3个月。此外,克林霉素、林可霉素等也有一定疗效,治疗一般需2~8个月,直到无临床症状和X射线照片正常为止。

皮肤型放线菌病容易治愈。胸部、腹部和散播型的放线菌病,只有50%的治愈率。治疗的前10 d疗效明显的才有治愈希望。

六、防制措施

预防本病的发生需采取综合性措施,重点应是加强日常的卫生消毒工作,尽可能清除环境中的病原。及时清除芒刺、笼舍内的金属刺和防止发情季节的争斗。防止皮肤、黏膜发生损伤,有伤口时及时处理和治疗。

七、公共卫生

人感染放线菌病,由于感染途径不同,病变部位亦有不同。如病菌随口腔或咽部黏膜损伤而侵入,一般多发于面颊及下颌等部位,病初局部肿痛,皮下可形成坚硬肿块,后逐渐软化形成脓肿,破溃后流出带有硫黄样颗粒的脓汁。如由呼吸道吸入,一般表现为肺炎,有咳嗽、咳痰,偶有咳血等症状,病变可扩展到胸膜,形成脓腔和胸壁瘘管,排出含硫黄样颗粒的脓汁。

人放线菌病的诊断与犬、猫放线菌病的诊断相似,但人患病后易与一般化脓感染、结核病、恶性肿瘤混淆,应注意区别。预防人放线菌病,要注意口腔卫生,拔牙或其他手术后出现的慢性化脓感染,应早期诊断,及时治疗,以防病变扩散。

任务十四　诺卡氏菌病

诺卡氏菌病是由诺卡氏菌属细菌引起的一种人畜共患的慢性病,特征是在肺、淋巴结、乳房、脑和皮肤、实质脏器等组织形成脓肿。本病广泛分布于世界各地,在犬、猫中也有发生。

一、病原

犬、猫诺卡氏菌病多由星形诺卡氏菌引起。此外,巴西诺卡氏菌和豚鼠诺卡氏菌亦可引起。该菌革兰氏染色阳性,有时有分枝,有时分枝菌丝缠结或呈长丝,不形成荚膜和芽孢,无运动性,有较弱的抗酸性。

本菌为专性需氧菌。在普通培养基和沙氏培养基中,室温或 37 ℃可缓慢生长,菌落大小不等,不同细菌产生不同色素。星形和豚鼠诺卡氏菌菌落呈黄色或深橙色,表面无白色菌丝。巴西诺卡氏菌表面有白色菌丝。

本菌能发酵果糖、葡萄糖、糊精、甘露醇产酸,还原硝酸盐产生尿素酶,过氧化氢酶反应阳性,氧化酶反应阴性。本菌不耐热,可被一般消毒药杀死。

二、流行病学

1.传染源及传播途径

诺卡氏菌是土壤腐物寄生菌,广泛分布于自然界,常通过伤口和呼吸侵入。犬、猫多由尖牙、骨刺、芒刺、杂物刺伤经黏膜、皮肤伤口感染。

2.易感动物

诺卡氏菌病并不多见,犬、猫、牛、马、羊、鸡和人均易感。

3.流行特点

本病主要发生在生长带有锐刺草的地区,犬的发病率比猫高,免疫功能降低的犬、猫容易发生感染。各种年龄、品种和性别的犬、猫都可发病,发情季节发病多。但是不同动物之间或动物与人之间不能相互传染。

三、临床症状

诺卡氏菌通过呼吸道、外伤和消化道进入宠物机体,再通过淋巴和血流散播到全身。根据临床症状可分为全身型、胸型和皮肤型 3 种。

1.全身型

此型在犬多发,症状类似于犬瘟热,由于病原在宠物体内广泛散播,宠物表现体温升高、精神沉郁,食欲减退乃至废绝。消瘦,咳嗽,呼吸困难及神经症状。

2.胸型

此型在犬和猫都有发生,由吸入感染,症状为高热,呼吸困难,胸腔有脓性渗出物而成为脓胸,渗出物像西红柿汤。X 射线透视可见肺门淋巴结肿大,胸膜渗出,胸膜肉芽肿,肺实质和间质结节性实变。

3.皮肤型

犬、猫皮肤型多发生在四肢,损伤处表现蜂窝织炎、脓肿、结节性溃疡和多个窦道,分泌物类似于胸型的胸腔渗出液。脓肿、瘘管中的脓汁内含有菌丝丛。

四、病理变化

主要病理剖检变化是损伤皮肤局部、肺、胸膜、肝、脾、肾等器官组织出现脓肿、蜂窝织炎、瘘管、脓胸、结节性坏死溃疡。脓汁中可见菌丝丛,血相中出现嗜中性粒细胞和巨噬细胞增多。

五、诊断

根据流行病学和临床症状可做出初步诊断。确诊需实验室进行分泌物或活组织物的涂片镜检和分离培养。必要时可进行动物接种。

六、治疗

诺卡氏菌病的治疗包括外科手术刮除,胸腔引流以及长期使用抗生素和磺胺类药物。首选药物是磺胺类药物,如复方磺胺甲基异噁唑、磺胺二甲基嘧啶等疗效较好。磺胺二甲氧嘧啶按 24 mg/kg 体重,每天 3 次口服;用磺胺嘧啶治疗,40 mg/kg 体重,每天 3 次口服;也可用磺胺增效剂及磺胺和青霉素联合应用,青霉素最初的剂量可高达 10 万～20 万 IU/kg 体重;氨苄西林每天 150 mg/kg 体重。另外,还可用红霉素和米诺环素治疗。

七、防制措施

本病尚无特异的疫苗预防。预防应采取综合性措施,主要是做好犬的皮肤和犬舍的清洁卫生工作,关键在于防止发生创伤,并及时处理创伤,发现外伤应及时涂擦紫药水或碘酊。

任务十五　钩端螺旋体病

钩端螺旋体病是人畜共患的自然疫源性传染病。临床上有多种表现形式,主要有发热、黄疸、血红蛋白尿、出血性素质、流产、皮肤黏膜坏死、水肿等。

本病为世界性分布,尤其热带、亚热带地区多发。我国也有发生、流行。一般犬的发病率比猫高。

一、病原

本病的病原为钩端螺旋体,是一种独特的微生物,繁殖迅速。分致病性和非致病性两大类,现有 14 个血清群、150 个血清型。无致病性的为双弯钩端螺旋体。

钩端螺旋体很纤细,中央有一根轴丝,螺旋丝从一端盘绕至另一端,整齐而细密。运动能力强,可做旋转、屈曲、前进、后退或围绕长轴快速旋转。革兰氏染色阴性,但很难着色。吉姆萨染色呈淡红色。镀银染色法着色较好,菌体呈褐色、棕褐色。

钩端螺旋体严格需氧,生长缓慢,对培养基要求严格。通常多用柯索夫氏培养基或切尔斯基培养基,在 28～30 ℃时培养 1～2 周,用液体或半固体培养基培养的效果更好。

我国从犬分离的钩端螺旋体达 8 群之多,但主要是犬群、黄疸出血群,其他的如玻摩那群、流感伤寒群及拜伦群也可引起犬感染;猫钩端螺旋体病较少。

钩端螺旋体对自然环境的抵抗力较强,但对理化因素的抵抗力较弱。在一般的水田、池塘、沼泽及淤泥中可以生存数月或更长,这在本病的传播上有重要意义。在尿中可存活28~50 d,对热、日光、酸碱等很敏感,很快死亡。一般消毒药都能将其杀死。对多种抗生素敏感。

二、流行病学

1.传染源及传播途径

犬、猫感染本病后,病菌定位于肾脏,无论发病或不发病都能自尿液间歇性地或连续性地排出钩端螺旋体,从而广泛污染周围环境,如饲料、饮水、圈舍和其他用具,直接或间接地传播扩散疾病。钩端螺旋体主要通过动物的直接接触,经皮肤、黏膜和消化道传播。交配、咬伤、食入污染有钩端螺旋体的肉类等均可感染本病,有时亦可经胎盘垂直传播。直接方式只能引起个别发病,间接方式如通过被污染的水感染可导致大批发病。某些吸血昆虫和其他非脊椎动物可作为传播媒介。

2.易感动物

钩端螺旋体几乎遍布世界各地,尤其在气候温暖、雨量充沛的热带、亚热带地区,江河两岸、湖泊、沼泽、池塘和水田地带为甚。而且其动物宿主的范围非常广泛,几乎所有温血动物均可感染,而啮齿类动物特别是鼠类是重要的贮存宿主,多呈健康带菌,形成疫源地,从而给该病的传播提供了条件。

3.流行特点

本病流行有明显的季节性,一是表现在发情交配季节,二是在春秋季节发病多。雄犬发病较多,幼犬容易发病,症状也较严重。

饲养管理好坏与本病发生有密切关系,如当饲养密度过大、饥饿或其他疾病使机体衰弱时,均可使原为隐性感染的动物表现出临床症状,甚至死亡。

三、临床症状

犬感染后的潜伏期为5~15 d。本病在临床上多出现急性出血型、黄疸型和血尿型3类。

1.急性出血型

病早期病犬体温升高到39.5~40 ℃,精神沉郁,震颤及肌肉触痛,以后出现呕吐、迅速脱水和微循环障碍,并可出现呼吸迫促,心律快而紊乱,毛细血管充盈不良。食欲减退甚至废绝。继而出现咳血、鼻出血、便血、黑粪和体内广泛性出血等症,随即精神极度萎靡,体温下降以致死亡。死亡率达60%~80%。

2.黄疸型

病初病犬体温升高到39.5~41 ℃,持续2~3 d,食欲减退,间或发生呕吐。由于肝脏炎症,引起肝内胆汁郁积,可使粪便由棕色变为灰色。有的犬则表现出明显的肝衰竭症状.出现体重减轻、腹水、黄疸或肝脑病。有的病犬由于肾脏大面积受损而表现出尿毒症症状,口腔恶臭,严重者发生昏迷。有的病例发生溃疡性胃炎和出血性肠炎等。

3.血尿型

有些病例主要出现肾炎症状,表明肾脏、肝脏被入侵的病原体损伤,导致肾功能和肝功能障碍,从而出现呼出尿臭气、呕吐、黄疸、血尿、血便、脱水甚至引发尿中毒等病症。

猫能感染多种血清型钩端螺旋体,从血清中可检出相应的特异性抗体,在临床上仅可见到比较轻的肾炎、肝炎病症,几乎见不到急性病例。

四、病理变化

尸体可视黏膜、皮肤呈黄疸样变化,剖检还可见浆膜、黏膜和某些器官表现出血。口腔黏膜、舌可见局灶性溃疡,扁桃体常肿大。呼吸道水肿,胸膜表面常见出血斑点。肺脏组织学变化包括微血管出血及纤维素性坏死,肺呈充血、淤血及出血变化。肝肿大,色暗,质脆。肾肿大,表现有灰白色坏死灶,有时可见出血点,慢性病例可见肾萎缩及发生纤维变性。心脏呈淡红色,心肌脆弱,切面横纹消失,有时夹杂灰黄色条纹。胃及肠黏膜有出血斑点,肠系膜淋巴结出血、肿胀。

五、诊断

根据临床症状,剖检变化仅能做出初步诊断。确诊必须进行实验室检查。

1. 直接涂片镜检

病宠生前早期取血液、中后期取脊髓液和尿液作为病原检验的分离材料。死后检验的,最好在动物死亡 1 h 内进行,最长不得超过 3 h,否则组织中菌体大部分发生溶解而难以检出。病料采集后应立即处理,用暗视野显微镜及荧光抗体染色后检验,病理组织中菌体常以吉姆萨及镀银染色后检验。

2. 分离培养

取新鲜病料接种于柯索夫氏培养基或捷氏培养基中培养,培养基中应加入一定比例的灭能血清(常用 5%~20% 兔血清),接种后置于 25~30 ℃ 环境中,每隔 5~7 d 用暗视镜观察。初次分离时,往往需较长时间,有的甚至长达 1~2 个月。

3. 动物接种

用病料直接接种或以钩端螺旋体培养物接种实验动物。腹腔接种 14~18 日龄、体重 250~400 g 的地鼠,体重 150~200 g 的乳兔、幼豚鼠或 20~25 日龄的仔犬,剂量为 1~3 mL,每天测体温,观察 1 次,每 2~3 d 称重 1 次,接种后第 1 周内隔日采血做直接镜检和分离培养。通常在接种后 4~14 d 出现体温升高,体重减轻,活动迟钝,食欲减退,黄疸,天然孔出血等症状,然后将濒死和不发病的扑杀,扑杀的和病死的实验动物都进行剖检,采取膀胱尿液和肾脏、肝脏组织进行镜检、分离培养,并做出判定。

4. 血清学检验

血清学检验常用微量凝集试验和补体结合试验。

(1)微量凝集试验　是诊断钩端螺旋体的标准方法。由于钩端螺旋体抗原的复杂性,有必要以多种抗原检验同一份血清,一般初步诊断后应尽快取第 1 份血清,2~4 周后取第 2 份血清,后者比前者高出 4 个滴度时,就可基本上确诊为钩端螺旋体感染。据介绍,双份血清法的准确率约为 50%,若取第 2 份血清 1~2 周后再取第 3 份血清检验,准确率一般可达 100%。

(2)补体结合试验　宠物感染发病后 3~4 d,其血中就有补体结合性抗体出现,第 4 周达到高峰,并能维持 1 年之久。故对病的早期诊断和流行病学调查有价值。抗原为多价抗原,样本血清滴度在 1:20 以上者,或双份血清滴度升高 4 倍以上者判为阳性。此法操作复杂,但由于受钩端螺旋体血清群(型)的交叉反应限制较小,对于诊断来说就更有价值,尤其是慢性患犬的诊断就更有意义。

另外还可采用 SPF 协同凝集试验、酶联免疫吸附试验（ELISA）等免疫学方法进行检测。

六、治疗

青霉素、双氢链霉素对本病有较好的疗效。青霉素 4 万～8 万 IU/kg 体重，每天 1 次或分为 2 次肌内注射；双氢链霉素 10～15 mg/kg 体重，肌内注射，每天 2 次。一般可先应用青霉素 2 周，待肾脏功能逐步恢复后改用双氢链霉素，再用 2 周，如此可避免患犬长期带菌和排菌。同时，对于脱水严重的患犬应补液，腹泻时可给予收敛剂，口腔溃疡时可用 0.1% 高锰酸钾液冲洗，再涂以碘甘油。犬治愈率可达 85.2%。

七、防制措施

（1）消除带菌、排菌的各种动物（传染源），包括对犬群定期检疫，消灭犬舍中的啮齿动物等。

（2）消毒和清理被污染的饮水、场地、用具，防止疾病传播。

（3）进行预防接种，目前常用的有钩端螺旋体的多联菌苗，用于犬的包括犬钩端螺旋体-出血性黄疸钩端螺旋体二价菌苗，犬钩端螺旋体-出血性黄疸钩端螺旋体-流感伤寒钩端螺旋体-玻摩那钩端螺旋体的四价菌苗，通常间隔 2～3 周进行 3 或 4 次注射，一般可保护 1 年。

八、公共卫生

人感染常由于鼠类和牛、猪等家畜从尿中排出大量病原体，污染了水田、池塘，人们在水田或池塘中工作，钩端螺旋体可以通过浸泡水中肢体的皮肤或黏膜侵入体内。也可通过污染的食物由消化道感染，潜伏期平均为 7～13 d。病人突然发热、头痛、肌肉疼痛，尤以腓肠肌疼痛并有压痛为特征，腹股沟淋巴结肿痛，并有蛋白尿及不同程度的黄疸等症状。有的病例出现上呼吸道感染类似流行性感冒的症状。也有表现为咳血，可见脑膜脑炎等症状，临床表现轻重不一，大多数经轻或重的临床反应后恢复，少数严重者，如治疗不及时则可引起死亡。

人钩端螺旋体病的治疗，应按病的表现确定治疗方案，一般是以抗生素为主，配合对症、支持疗法，首选药物为青霉素 G，其次为四环素族、庆大霉素、氨苄西林，有人证明多西环素也有良好疗效。

预防本病，人医和兽医必须密切配合，平时应做好灭鼠工作，加强动物管理，保护水源不受污染；注意环境卫生，经常消毒和清理污水、垃圾；发病率较高的地区要用多价苗定期进行预防接种。

任务十六　莱　姆　病

莱姆病是由伯氏疏螺旋体引起的多系统性疾病，也称为疏螺旋体病，是一种由蜱传播的自然疫源性人畜共患病。主要特征是动物关节肿胀、跛行、四肢运动障碍、皮肤病变和人游走性慢性红斑、儿童关节炎与慢性神经系统综合征。该病与犬、牛、马、猫及人类的关节炎有关。

本病最早于 1974 年发生于美国康涅狄格州莱姆镇的一群主要呈现类似风湿性关节炎症状的儿童，因而命名为莱姆病。我国于 1986 年、1987 年在黑龙江省和吉林省相继发现莱姆病，至今已证实 18 个省区存在莱姆病自然疫源地。

一、病原

本病的病原为伯氏疏螺旋体,形态似弯曲的螺旋状,有数个大而疏的螺旋弯曲,末端渐尖,有多根鞭毛。暗视野下可见菌体做扭曲和翻转运动,长度 5~40 μm 不等,平均约为 30 μm,直径为 0.18~0.25 μm,能通过多种细菌滤器。革兰氏染色阴性,吉姆萨染色着色良好。

本菌微需氧,最适培养温度为 33 ℃,常用的培养基为含牛、兔血清的复合培养基,即 Barbour-Stoenner-Keliy(简称 BSK 培养基)。如在此培养基内加入 1.3% 的琼脂糖,可形成菌落。菌体生长缓慢,培养 5 d 后即能传代,但在体外连续传 10~15 代可能丧失感染动物的能力。从蜱体内较易分离到螺旋体,而从患病动物和人体内分离则较难。不同地区分离株在形态学、外膜蛋白、质粒及 DNA 同源性可能有一定的差异。

本菌具有特别耐受高温和干燥的特性,但对各种理化因素的抵抗力不强。对青霉素、红霉素、四环素等敏感,加入 0.06~3 μg/mL 即有抑制作用;但对庆大霉素、卡那霉素和新霉素不敏感,8~16 μg/mL 浓度时仍能生长,可将其加入培养基中作为分离培养的选择培养基。

二、流行病学

1. 传染源及传播途径

本病主要由带菌蜱等吸血昆虫通过叮咬、吸血传染,感染动物可通过排泄物向外排菌,从而成为传染源。而经卵垂直传播极少发生。有人证实直接接触也能发生感染。犬和人进入有感染蜱的流行区即可能被感染。另外伯氏疏螺旋体也可能通过黏膜、结膜及皮肤伤口感染。

2. 易感动物

人和多种动物(牛、马、犬、猫、鹿、浣熊、狼、野兔、狐及多种小啮齿类动物)对本病均易感,蜱是主要的自然宿主和传播媒介。

3. 流行特点

本病的流行与硬蜱的生长活动密切相关,因而具有明显的季节性,多发生于温暖季节,一般多见于 6—9 月份,冬、春一般无病例发生。

三、临床症状

感染宠物发病后的症状基本相同,病犬体温升高可达 39 ℃ 以上,食欲减少,精神沉郁,嗜睡,关节发炎、肿胀,四肢僵硬和跛行,感染早期可能有疼痛表现。急性感染犬一般不出现关节肿大,所以难以确定疼痛部位。跛行常常表现为间歇性,并且从一条腿转到另一条腿。局部淋巴结肿胀,有的出现眼病和神经症状,但更多的病例发生肾功能性损伤,如出现氮血症、蛋白尿、血尿等。有些病犬还出现心肌炎症状。通常犬四肢蜱叮咬部位有明显的毛发脱落、皮肤坏死剥落。

犬莱姆病较明显的症状为经常发生间歇性非糜烂性关节炎。多数犬反复出现跛行并且多个关节受侵害,腕关节最常见。

人莱姆病所表现的慢性游走性红斑在犬中未见报道。

病猫的临床症状与犬相似,如发热、沉郁、食欲减少或废食、关节肿胀、跛行等。孕猫发生流产。

四、病理变化

病宠消瘦,被毛脱落,皮肤坏死剥落,体表淋巴结肿大、出血。心肌功能障碍,表现为心肌坏死和赘疣状心内膜炎。出现肾小球肾炎和间质性肾炎病变。关节病变,如关节腔积液,有渗出物。有的胸腔、腹腔有积液和纤维蛋白附着。在流行区,犬常出现脑膜炎和脑炎,与伯氏疏螺旋体的确切关系还未完全证实。

五、诊断

根据流行特点(蜱的分布、流行季节)、临床症状以及病理变化可做出初步诊断,确诊应进行实验室诊断。

1.血清学诊断

免疫荧光抗体技术(IFA)和酶联免疫吸附试验(ELISA)是较为精确的诊断技术。血清效价低于 1∶128 判为阴性,1∶128～1∶256 为弱阳性,1∶256～1∶512 为阳性,1∶512 或更高为强阳性。当有临床症状而血清学检验阴性时,应在 1 个月后再检验,如果血清效价升高说明正被感染。检验关节液中的抗体更有利于确诊。

2.病原分离鉴定

分离伯氏疏螺旋体比较困难,但已有人成功地从野生动物、实验动物及血清学阳性犬的不同组织和体液中分离到该菌。应用 BSK 培养基可以使病原分离工作进一步改善。

此外,聚合酶链反应(PCR)技术在检测菌体抗原上具有灵敏、特异性强等优点。

六、治疗

对有莱姆病症状或者血清学阳性犬应使用抗生素治疗 2～3 周。可选用四环素,按 15～25 mg/kg 体重,每 8 h 给药 1 次;多西环素,按 10 mg/kg 体重,每 12 h 给药 1 次;头孢菌素,按 22 mg/kg 体重,每 8 h 给药 1 次。氨苄西林、红霉素等对伯氏疏螺旋体也有一定的疗效,同时结合对症治疗,可收到良好疗效。

感染宠物用抗生素治疗后很快见效。如果治疗见效,应在 1～3 个月之后再做 1 次血清学检验。如果某种抗生素治疗效果不佳,应考虑选用另一种抗生素或做进一步诊断。

七、防制措施

国外已有犬莱姆病灭活菌苗上市,但疫苗对自然感染及无症状感染犬的保护效果资料较少。另外,亚单位疫苗在医学研究中已取得可喜成果。

在不能完全依靠疫苗进行预防的情况下,应尽可能地控制犬进入自然疫源地。此外,可应用驱蜱药物减少环境中蜱的数量,定期检查宠物身上是否有蜱,并及时清除,以减少感染机会;给犬戴驱杀蜱项圈等。对于受本病威胁的地区,要定期检疫,发现病例及时治疗;对感染宠物的肉应高温处理,杀灭病菌后方可食用。

八、公共卫生

现还没有证据表明伯氏疏螺旋体可以在犬、猫、家畜或者畜主之间直接传播,但犬感染伯氏疏螺旋体的概率比人高,而且犬被蜱叮咬时不易驱除,使得叮咬时间延长。犬还可能是伯氏疏螺旋体的无症状携带者,成为周围人群的感染来源。家养犬、猫还可能将感染蜱带入家庭或社区。犬尿液中可以传播伯氏疏螺旋体,使得其具有潜在的公共卫生学意义。

人感染莱姆病后,大多数病例先是在蜱叮咬部位出现慢性游走性红斑,被咬伤处发生红色小斑疹或丘疹,继而红斑区扩大,中央部位变苍白,有的起疱,甚至坏死。多数患者发热恶寒,头痛,骨骼和肌肉游走性疼痛,关节疼痛,易疲劳,嗜睡,随后出现不同程度的脑炎、脑膜炎、多发性神经炎、心脏活动异常和关节炎等症状。

人发病后可用青霉素、四环素、红霉素、多西环素、头孢菌素等,大剂量使用有较好的效果。预防本病应避免人进入有蜱活动的地方,如进入必须做好防护,防止被蜱叮咬。当发现被蜱叮咬时,应小心拔出,不可用手压碎蜱体,以免引起感染。人被蜱叮咬后给予抗生素,可以起到预防作用。

任务十七　皮肤真菌病

皮肤真菌病是由多种病原性真菌引起的各种皮肤疾病。病菌通常寄生于犬、猫等多种动物的被毛与表皮、趾爪角质蛋白组织中,特征是在皮肤上出现界限明显的脱毛圆斑,皮肤损伤,具有渗出液、鳞屑或痂,患部发痒。本病为人兽共患病,人医简称为"癣",世界各国均有发生。

一、病原

引起犬、猫皮肤真菌病的病原性真菌主要有 2 个属:小孢子菌属和毛癣菌属,前者包括犬小孢子菌和石膏样小孢子菌;后者只有须毛癣菌。犬的皮肤真菌病 70% 由犬小孢子菌引起,20% 由石膏样小孢子菌引起,10% 由须毛癣菌引起。猫皮肤真菌病病原大约 98% 是犬小孢子菌,石膏样小孢子菌和须毛癣菌各自占 1%。

犬小孢子菌镜检时呈圆形、密集成群绕于毛干上,在皮屑上可见菌丝,可见直而有隔的菌丝和中央宽大、两端稍尖、纺锤形的大分生孢子,孢子末端表面粗糙有刺;石膏样小孢子菌镜检时可见大量大分生孢子呈纺锤形,两端稍细,菌丝较少;须毛癣菌镜检时可见到分隔菌丝和多量梨形或棒状的小分生孢子,偶见有结节的菌丝和大分生孢子,也可见到螺旋状、球拍状或结节状的菌丝,小分生孢子呈球形,常呈葡萄串状,有少量大分生孢子。

皮肤真菌在自然界生存力相当强,如犬小孢子菌在干燥环境中能存活 13 个月,有些真菌甚至能存活 5~7 年。石膏样小孢子菌是亲土壤型真菌,它不但能在土壤中长期存活,还能繁殖。由于它们栖息在宠物圈舍附近表层土壤中,宠物和人尤其是幼龄犬、猫和儿童往往接触上述的土壤而被感染发病。

二、流行病学

1.传染源及传播途径
病菌广泛存在于土壤、空气、水及腐败有机物中,遍布世界。污染物、病人和病宠都是传染源,主要是通过直接接触,或接触被其污染的刷子、梳子、剪刀、铺垫物等媒介物而传染的。患病犬、猫能传染给接触它们的其他动物和人,患病的人和其他动物也能传染给犬、猫。

2.易感动物
犬、猫等宠物均可感染,幼小、年老、体弱宠物比成年、健康的宠物易感染。这与成年宠物防御机能发育健全,可通过免疫系统及皮肤局部皮脂腺和汗腺分泌脂肪酸,有效地制止皮肤真菌侵害有着密切的关系。

　　3.流行特点

　　犬、猫皮肤真菌病的流行和发病率受季节、气候、年龄、性成熟和营养状况等影响较大,秋冬季节发病率高,群养比散养的发病率高。但犬小孢子菌能使猫全年感染发病。

　　皮肤真菌病愈后的宠物,对同种和他种病原性真菌再感染具有抵抗力,通常维持几个月到一年半不再被感染。

三、临床症状

　　本病潜伏期为 7~28 d。犬多为显性感染,猫多呈亚临床感染。常在患病犬、猫的面部、耳朵、四肢、趾爪和躯干等部位皮肤局部出现症状。初期红肿、损伤并有渗出液,继而被毛脱落,呈圆形迅速向四周扩展(直径 1~4 cm),皮肤病变除呈圆形外,还有呈椭圆形、无规则的或弥漫状,或覆有断毛、渗出物等痂垢,当细菌混合或继发感染时,甚至有脓疱或脓汁。本病除局部病症外,还有明显痒感,感染严重的可出现全身症状。

　　石膏样小孢子菌和须毛癣菌的慢性感染,有时会出现大面积皮肤损伤。感染皮肤表面伴有鳞屑或呈红斑状隆起;有的形成痂,有痂下继发细菌感染而化脓的,称为“脓癣”。

　　有些皮肤真菌病在发病过程中,皮损区的中央部分真菌死亡,病变皮肤恢复正常。只要毛囊未被继发性感染的细菌破坏,仍能长出新毛。

　　本病急性感染病程为 2~4 周,若不及时治疗转为慢性,往往可持续数月至数年。

四、诊断

　　根据病史、流行病学、临床症状可做出初步诊断,但要做出确诊还需进行实验室检查。注意与螨病、疥螨和圆形皮脂溢病鉴别诊断。

　　1.伍氏灯检查

　　用伍氏灯在暗室里照射病毛、皮屑或宠物皮损区,可见到犬小孢子菌感染而出现的绿黄色荧光,石膏样小孢子菌感染很少看到荧光,须毛癣菌感染无荧光出现。

　　2.涂片镜检

　　从患病皮肤边缘采集被毛或皮屑,放在载玻片上,滴加几滴 10%~20%氢氧化钾溶液,在弱火焰上微热,待其软化透明后,覆以盖玻片,用低倍或高倍镜观察。犬小孢子菌感染,可见到许多呈棱状、厚壁、带刺、多分隔的大分生孢子;石膏样小孢子菌感染,可看到多呈椭圆形,壁薄、带刺、含有达 6 个分隔的大分生孢子;须毛癣菌感染,可看到毛干外呈链状的分生孢子。亲动物型的须毛癣菌产生圆形小分生孢子,它们沿菌丝排列成串状,而大分生孢子呈棒状、壁薄、光滑。有的品系产生螺旋菌丝。

　　3.分离培养

　　先将病料用 70%酒精或 2%石炭酸浸泡 2~3 min,以灭菌生理水洗涤后接种在沙氏葡萄糖琼脂培养基上,在室温条件下培养。犬小孢子菌培养 3~4 d,有白色到浅黄色菌落生长,1~2 周后有羊毛状菌丝形成,表面浅黄色绒毛状,中间有粉末状菌丝,背面呈橘黄色为其特征。石膏样小孢子菌菌落生长快,浅黄色到黄棕色,表面平坦至颗粒状结构,背面呈浅黄色到黄棕色。亲动物型的须毛癣菌菌落呈白色到淡黄色,表面平坦呈粉末状,背面一般呈棕色到黄棕色,也可能为深红色。亲人型的菌落表面为白色棉花样结构。

4.动物接种

选择易感动物兔、猫、犬等。取病料或培养物接种经剃毛、洗净、用细砂纸轻轻擦伤(以不出血为宜)的局部皮肤,使之感染。一般几天后就出现发痒、发炎、脱毛和结痂等病变。

五、治疗

对患病宠物要及时治疗,通常应用 2 种治疗方法。

1.外用药物疗法

可选择刺激性小,对角质浸透力和抑制真菌作用强的药物。目前我国生产的有:皮康霜软膏、克霉唑软膏、硫软膏和癣净等。使用前将患部及其周围剪毛,洗去皮屑和结痂等污物后,再涂软膏,每日 2 次,痊愈为止。也可用 0.5%氯己定每周洗 2 次。

2.内服药物疗法

对慢性和重症的皮肤真菌病,必须内服药物治疗,或内服和外用药物同时治疗。内服灰黄霉素每天 30~40 mg/kg 体重,将药碾碎,1 次或分几次拌食饲喂,连用 4 周以上,妊娠宠物忌用;酮康唑每天 10~30 mg/kg 体重,分 3 次口服,连用 2~8 周,此药在酸性环境条件下较易吸收,故用药期间不宜喝牛奶和饲喂碱性食物,偶有过敏反应。

六、防制措施

①加强营养,饲喂全价平衡商品性犬、猫食品,增强宠物机体对真菌感染的抵抗力。

②注意环境卫生、个体卫生和公共卫生,防止真菌的繁殖、扩散、传染。

③加强检疫,用伍氏灯检查无临床症状的成年猫,凡是阳性者,应隔离治疗。新引进的宠物应进行隔离一段时间(一般为 30 d),用伍氏灯和真菌培养检验呈阴性后,方能解除隔离。

④发现患病犬、猫应马上隔离治疗,并对环境、用具应用氯己定、次氯酸钠等溶液进行严格消毒杀菌。接触患病宠物的人,应特别注意防护。

⑤患有皮肤真菌病的人,应及时治疗,以免散播并传染给犬、猫等宠物。

复习题

1.狂犬病的传播方式是什么? 临床上有何症状? 人被病犬咬伤后如何处理?

2.如何预防破伤风?

3.肉毒梭菌毒素中毒的初步诊断依据及确诊方法有哪些? 如何防制?

4.沙门氏菌病如何防制?

5.结核病如何检疫?

6.为什么在宠物抵抗力低下时易发生巴氏杆菌感染? 其主要危害是什么?

7.如何防制犬、猫的皮肤真菌病?

犬的传染病

【知识目标】

通过本项目的学习,学生应掌握犬的常见传染病的病原、流行病学、临床症状、病理变化、诊断、治疗及防制措施,以便在犬的饲养过程中能够有效地预防和控制这些传染病的发生及流行。

【能力目标】

能够针对每一特定的犬传染病制订出合理的防制措施。

【素质目标】

遵守学习纪律,服从教师指导,严谨认真,操作规范。

任务一　犬　瘟　热

犬瘟热是由犬瘟热病毒(CDV)引起的感染肉食兽中的犬科(尤其是幼犬)、鼬科及一部分浣熊科动物的高度接触性、致死性传染病。病犬初期表现为双相热型、白细胞减少、急性鼻卡他性支气管炎、卡他性肺炎、严重胃肠炎和神经症状,少数病例出现鼻部和脚垫高度角质化。

一、病原

犬瘟热病毒(CDV)属副黏病毒科、麻疹病毒属的一种单股 RNA 病毒,大小为 $100\sim300$ nm。病毒粒子呈圆形或不整形,有时呈长丝状。病毒粒子是由一个直径为 $15\sim17.5$ nm 的螺旋形核衣壳和一个厚 $7.5\sim8.5$ nm 的双层轮廓的膜构成的,上有排列接近对称、长约 1.3 nm 的杆状纤突,只有一个血清型。

犬瘟热病毒与麻疹病毒、牛瘟病毒在抗原性上密切相关,但各自具有完全不同的宿主特异性。犬瘟热病毒可以在原代或继代犬肾细胞、雪貂和犊牛肾细胞,鸡胚成纤维细胞、Vero 细胞和 FL 细胞,以及犬和雪貂的脾、肺、淋巴结等细胞中进行培养,在犬肾细胞上,犬瘟热病毒产生的细胞病变包括细胞颗粒变性和空泡形成,形成巨细胞和合胞体,并在细胞中(偶尔在核内)出现包涵体及星状细胞。

犬瘟热病毒经各种途径接种雪貂、犬和水貂均可使之发病,也可通过实验感染其他动物,脑内接种乳小鼠和乳仓鼠可产生神经症状,猪感染犬瘟热病毒强毒可产生支气管肺炎,兔和大鼠对非肠道接种具有抵抗力,猴和人类非肠道接种可产生不明显的感染。犬瘟热病毒对不同易感动物的致病性有所差异,这种差异的存在与病毒本身的适应性有关。随着病毒对某种动物的适应,对该动物的致病力不断增强,而对其他动物的致病力相应减弱。将犬瘟热病毒接种鸡胚绒毛尿囊膜,传 3～10 代后产生病变,适应于鸡胚 80～100 代的犬瘟热病毒对犬和貂的毒力减弱。

犬瘟热病毒对热和干燥敏感,50～60 ℃经 30 min 即可灭活,在较冷的温度下,犬瘟热病毒可存活较长时间,2～4 ℃可存活数周,−60 ℃可存活 7 年以上,冻干是保存犬瘟热病毒的最好方法。因此,在炎热季节犬瘟热病毒在犬群中不能长期存活,这可能也是犬瘟热多流行于冬春寒冷季节的原因。

犬瘟热病毒对紫外线和有机溶剂(如乙醚和氯仿)敏感。犬瘟热病毒在 pH 4.5～9.0 条件下均可存活,最适合 pH 7.0。常用消毒药有 3％甲醛溶液、5％石炭酸及 0.3％季铵盐类,临床上常用 3％氢氧化钠作为消毒药,效果很好。

二、流行病学

1. 传染源

病犬是本病最重要的传染源,病毒大量存在于鼻汁、唾液中,也见于泪液、血液、脑脊髓液、淋巴结、肝、脾、心包液、胸水和腹水中,并能通过尿液长期排毒,污染周围环境。

2. 传播途径

本病主要传播途径是病犬与健康犬直接接触,通过空气飞沫经呼吸道感染或通过污染的食物经消化道感染。犬瘟热病毒在犬可通过胎盘垂直传播,造成流产和死胎。

3. 易感动物

犬瘟热病毒的自然宿主为犬科动物(犬、狼、丛林狼、豺、狐等)和鼬科动物(貂、雪貂,白鼬、鼬鼠、伶鼬、南美鼬鼠、黄鼠狼、獾、水獭等),在浣熊科中曾在浣熊、蜜熊、白鼻熊和小熊猫中发现。近年来,发现海豹、海狮等也可感染犬瘟热病毒。

三、病理变化

犬瘟热病毒为泛嗜性病毒,对上皮细胞有特殊的亲和力,因此,病变分布非常广泛。新生幼犬感染通常表现胸腺萎缩,成年犬多表现结膜炎、鼻炎、气管炎、支气管炎和卡他性肠炎。表现神经症状的犬通常可见鼻端和脚垫的皮肤角化病。中枢神经系统的大体病变包括脑膜充血、脑室扩张和因脑水肿所致的脑脊液增加。

病毒存在于病犬的很多组织细胞中嗜酸性的细胞质内和核内,呈圆形、椭圆形或多形性,直径 1～2 μm。多存在于淋巴系统、泌尿道、呼吸系统、胆管、大小肠黏膜上皮细胞内,肾上腺髓质、扁桃体和脾脏的某些细胞的细胞质中,以及被覆上皮细胞、腺上皮细胞和神经节细胞的核内包涵体中。

四、诊断

该病病型复杂多样,又易与多条性巴氏杆菌、支气管败血波氏杆菌、沙门氏菌以及犬传染性肝炎病毒、犬细小病毒等病原混合感染或继发感染,所以诊断较为困难。根据临床症状、病理剖检和流行病学资料仅可做出初步诊断,确诊必须进行以下实验室检查。

(一)包涵体检查

病宠生前可在鼻、舌、结膜、瞬膜等处刮取病料,死后则可在膀胱、肾盂、胆囊和胆管等黏膜上刮取,做成涂片,干燥,甲醇固定,用苏木精-伊红染色后,镜检。包涵体嗜酸性,主要在细胞质中,大小为 $1\sim2~\mu m$,呈圆形或椭圆形,红色,偶见细胞核中,1 个细胞中可有 $1\sim10$ 个(平均 $2\sim3$ 个)包涵体。发现包涵体可做为诊断依据。有时仅根据包涵体的存在,可能导致假阳性诊断,最好还要进行病毒的分离鉴定或血清学检查。

(二)病毒分离

若从病料中分离出病毒,则可做出确实的诊断。取病犬的血液或排泄物,接种雪貂,若有病毒存在,则雪貂几乎 100%发病,并于 $10\sim14$ d 死亡。雪貂感染后的特征症状为发热,口唇、下腹部、股部内侧以至全身出现红斑,鼻炎,结膜炎,阴道及肛门充血和浮肿。也可将病料接种 $1\sim2$ 周龄易感幼犬或犬原代细胞、犬肺泡巨噬细胞等进行病毒分离。

(三)血清学诊断

1. 荧光抗体检查

对有明显症状病犬采血分离白细胞层涂片,或在病犬的结膜、瞬膜、扁桃体、阴道黏膜刮取材料制作涂片,用直接荧光法或间接荧光法检查病毒抗原。在细胞质中见有苹果绿色荧光,细胞核清晰可见呈暗黑色,可判为阳性;如细胞质为紫红色或暗黄色无荧光,细胞核不清,可判为阴性。病毒抗原主要存在于细胞质内,有时也出现于细胞核内。一般制作眼结膜涂片标本较为方便,且病毒检出率高。在涂片标本送检时,可冷藏保存和运送。本法具有较高的实用性,比检查包涵体的准确性高,于感染后 $7\sim10$ d 即可检出病毒抗原,检出率最高的是在第 1、2 次发热时。但是,本法在发病后期出现中和抗体时,则不适用。

2. 补体结合试验

用病犬脏器、感染的鸡胚绒毛尿囊膜提取液或感染的培养细胞作为抗原,若补体结合反应阳性,则可证明近期感染了犬瘟热。但补体结合抗体比中和抗体持续时间短。本法的敏感度和特异性都不如病毒抗体检查法和包涵体检查法。

3. 中和试验

本病的感染初期和死亡病犬几乎都测不出中和抗体。本法一般是采用培养细胞或鸡胚绒毛尿囊膜检测中和抗体,从所需要设备和时间来看,临床诊断的实际应用受到限制。通常用本法测定机体的免疫状态和评价疫苗的效果。

4. 其他方法

目前有采用敏感度和特异性都很好的酶联免疫吸附试验(ELISA)等,现已经用于临床诊断。

在现在的许多宠物诊所或医院使用犬瘟热快速诊断试纸,取患犬眼、鼻分泌物,唾液,尿液为检测样品,可在 $5\sim10$ min 内做出诊断。

(四)鉴别诊断

应注意与犬传染性肝炎、狂犬病、副伤寒及钩端螺旋体病相鉴别。

1.犬传染性肝炎

犬传染性肝炎出血后血凝时间延长,剖检有特征性的肝和胆囊病变及体腔血样的渗出液,而犬瘟热无上述变化,可以区别。组织学检查犬传染性肝炎为核内包涵体,而犬瘟热为核内及细胞质内均有包涵体,并以细胞质内包涵体为主。

2.狂犬病

狂犬病病犬对人和其他动物均有攻击性,而犬瘟热病犬对人和其他动物无攻击性。狂犬病毒能凝集鹅红细胞,对其他动物和人的红细胞无凝集性。

3.副伤寒

当犬患副伤寒时,脾脏显著肿大,病原为沙门氏菌。而当犬患犬瘟热时,脾脏正常或轻度肿大,病原为犬瘟热病毒。

4.钩端螺旋体病

钩端螺旋体病无呼吸道和结膜的炎症,但具有明显的黄疸,病原为钩端螺旋体。犬瘟热无上述症状,病原为犬瘟热病毒。

五、治疗

对病犬应在隔离条件下进行治疗,具体治疗方法如下。

1.抗病毒

感染后出现临床症状之前的最初发热期间,可应用特异性犬瘟热病毒单克隆抗体或大剂量高免血清,可使免疫状态增强到足以防止产生临床症状,这种情况仅限于已知感染后刚开始发热的青年犬。当出现神经症状时,使用高免血清则效果不佳,但应用单克隆抗体仍有一定的治疗作用。干扰素、丙种球蛋白或转移因子能诱导宿主细胞产生一种抗病毒蛋白,抑制多种病毒增殖。此外,利巴韦林、吗啉胍以及犬瘟灵(中药制剂),也有一定的抗病毒作用。

2.抗细菌继发感染

选用头孢菌素类抗生素(如头孢唑啉钠、头孢拉定等)、喹诺酮类药物(如氧氟沙星、环丙沙星、恩诺沙星等)、磺胺类药物。病初应用糖皮质激素(如地塞米松、氢化可的松等),具有抗过敏、抗炎和解热作用,可减少死亡,缓解病情。

3.对症治疗

根据病犬的病型和病征表现施以支持和对症疗法,加强饲养管理和注意饮食,是增强机体抗病能力的关键。结合采用强心、补液、解毒、退热、收敛、止痛、镇痛等措施,具有一定的治疗作用。对早期出现消化道症状如呕吐、腹泻、脱水的病犬,要注意补液,同时补充 ATP、辅酶 A 等;对发热的病犬,可给予双黄连、清开灵、柴胡等;对肺功能差和呼吸困难的病犬,应减少输液量以防止医源性水肿,应给予平喘、镇咳药物,如氨茶碱、安定等。同时,可静脉注射犬血白蛋白,以增加营养。

对出现脑神经症状的犬,投以扑米酮 55 mg/kg 体重或口服安定 2.5～20 mg/kg 体重,每日 2 次。对缓解症状有一定效果,但彻底恢复有一定困难。

六、防制措施

犬瘟热传染性强,危害性大,死亡率高(占发病犬 80% 以上)。因此,一旦发生犬瘟热,为防止病原蔓延,必须迅速将病犬严格隔离,用火碱、漂白粉或来苏儿彻底消毒,停止宠物调动和无关人员来往,对尚未发病的假定健康犬和受疫情威胁的其他犬,可考虑用犬瘟热高免血清或小儿麻疹疫苗做紧急预防注射,待疫情稳定后,再注射犬瘟热疫苗。

患犬瘟热的康复犬能产生坚强持久的免疫力。因此,预防本病的合理措施是免疫接种。目前国内广泛使用的是美国、荷兰等国生产的犬瘟热、犬细小病毒感染、犬传染性肝炎、犬腺病毒2型、犬副流感弱毒苗以及灭活的犬钩端螺旋体组成的六联苗和夏咸柱等研制的犬瘟热、犬细小病毒、犬传染性肝炎、犬副流感、狂犬病五联苗。这些疫苗对我国警犬、军犬、实验用犬、宠物犬等病毒性疾病的预防起到了积极的作用。同时要对病犬积极治疗。

任务二　犬细小病毒感染

犬细小病毒感染是近年来发现的犬的一种烈性传染病,是由细小病毒引起的,临床表现以急性出血性肠炎和非化脓性心肌炎为特征。幼犬多发,死亡率为10%~50%。

一、病原

本病的病原为犬细小病毒(CPV),是细小病毒科、细小病毒属的成员。病毒粒子直径为21~24 nm,呈二十面立体对称,无囊膜,病毒核衣壳由32个大小为3~4 nm的壳粒组成。病毒基因组为单股线状DNA。

犬细小病毒在抗原性上与猫泛白细胞减少症病毒(FPV)和水貂肠炎病毒(MEV)密切相关。犬细小病毒在4℃条件下可凝集猪和恒河猴的红细胞,而不凝集其他动物的红细胞。犬细小病毒对猴和猫红细胞,无论是凝集特性还是凝集条件均与FPV不同,由此可与FPV区别。

与多数细小病毒不同,犬细小病毒可在多种细胞培养物中生长。如犬肾细胞和猫胎肾细胞(原代或传代细胞)、原代犬胎肠细胞、MDCK细胞、CRFK细胞以及FK81等细胞上生长。

犬细小病毒对多种理化因素和常用消毒剂具有较强的抵抗力。在4~10℃存活180 d,37℃存活14 d,56℃存活24 h,80℃存活15 min。在室温下保存90 d感染性仅轻度下降,在粪便中可存活数月至数年。甲醛、次氯酸钠、β-丙内酯、羟胺、氧化剂和紫外线均可将其灭活。

二、流行病学

1.传染源

病犬是主要的传染来源,感染后7~14 d病犬通过粪便向外排毒。发病急性期,呕吐物和唾液中也含有病毒。

2.传播途径

本病主要由直接接触和间接接触传染。犬细小病毒从感染犬的粪便、尿液、呕吐物、唾液中排出,污染食物、垫草、食具和周围环境,通过消化道而使易感犬受到感染。无症状的带毒犬也是危险的传染源。有证据表明人、苍蝇和蟑螂等可成为犬细小病毒的机械携带者。

3.易感动物

犬是主要的自然宿主,其他犬科动物,如郊狼、丛林狼、食蟹狐和鬣狗等也可感染。豚鼠、仓鼠、小鼠等实验动物不感染。

犬感染犬细小病毒发病急,死亡率高,常呈暴发性流行。不同年龄、性别、品种的犬均可感染,但以刚断乳至90日龄的幼犬较多发,病情也较严重,尤其是新生幼犬,有时呈现非化脓性心肌炎症状而突然死亡,且以同窝暴发为特征。纯种犬比杂种犬和土种犬易感性高。

4.流行特点

本病的发生无明显的季节性,但以冬春季多发。天气寒冷,气温骤变,饲养密度过高,有并发感染等均可加重病情和提高死亡率。

三、临床症状

犬细小病毒感染在临床上表现各异,但主要可见肠炎和心肌炎 2 种病型。有时某些肠炎型病例也伴有心肌炎变化。

1.肠炎型

此型自然感染的潜伏期为 7~14 d,人工感染 3~4 d。病初 48 h,病犬精神沉郁,厌食,发热(40~41 ℃)和呕吐,呕吐物清亮、胆汁样或带血。随后 6~12 h 开始腹泻。起初粪便呈黄色或灰黄色,覆有多量黏液及伪膜,而后粪便呈番茄汁样,带有血液,发出特殊难闻的腥臭味。胃肠道症状出现后 24~48 h 表现脱水和体重减轻等症状。粪便中含血量较少则表明病情较轻,恢复的可能性较大。病犬因水、电解质严重失调和酸中毒,常于 1~3 d 内死亡。

肠炎型主要表现白细胞减少,小犬可低至$(0.1~0.2)×10^9$ 个/L,多数是$(0.5~2)×10^9$ 个/L;较老的犬只有轻微的降低。

2.心肌炎型

此型对于 24~28 日龄幼犬,常无先兆性症状,或只表现轻度腹泻,继而突然衰弱,呼吸困难,可视黏膜苍白,脉搏快而弱,心脏听诊出现杂音,心电图发生病理性改变,濒死前心电图 R 波降低,ST 波升高。病犬短时间内死亡,致死率为 60% 以上。

四、病理变化

1.肠炎型

此型自然死亡犬极度脱水,消瘦,腹部蜷缩,眼球下陷,可视黏膜苍白。肛门周围附有血样稀便或从肛门流出血便。有的病犬从口、鼻流出乳白色水样黏液。血液黏稠呈暗紫色。小肠以空肠和回肠病变最为严重,内含酱油色恶臭分泌物。肠壁增厚,黏膜下水肿。黏膜弥漫性或局灶性充血,有的呈斑点状或弥漫性出血。大肠内容物稀软,酱油色,恶臭。黏膜肿胀,表面散在针尖大小出血点。结肠肠系膜淋巴结肿胀、充血。肝肿大,色泽红紫,散在淡黄色病灶,切面流出多量暗紫色不凝血液。胆囊高度扩张,充盈大量黄绿色胆汁,黏膜光滑。肾多不肿大,呈灰黄色。脾有的肿大,被膜下有黑紫色出血性梗死灶。心包积液,心肌呈黄红色变性状态。肺呈局灶性肺水肿。咽背、下颌和纵隔淋巴结肿胀、充血。胸腺实质缩小,周围脂肪组织胶样萎缩。膈肌呈现斑点状出血。

2.心肌炎型

此型病犬肺脏严重水肿,局部充血、出血,呈斑驳状。心脏扩张,左侧房室松弛,心肌和心内膜可见非化脓性坏死灶,心肌纤维严重损伤,可见出血性斑纹。损伤的心肌细胞内常看到核内包涵体。

五、诊断

根据流行特点,结合临床症状和病理变化可以做出初步诊断,确诊需进行实验室检查。

1. 病毒分离与鉴定

将病犬粪便材料先离心,再加入高浓度抗生素或过滤除菌后接种猫肾、犬肾等易感细胞。通常可采用免疫荧光试验或血凝试验鉴定新分离病毒。

2. 电镜和免疫电镜观察

病初病犬粪便中即含有大量犬细小病毒粒子,因此可用电镜观察复染犬细小病毒粒子。在病的初期常可见到大小均一、散在的病毒粒子。感染后期的病犬由于肠道内存在肠黏膜分泌性抗体,致使犬细小病毒呈凝集状态。为了与非致病性犬细小病毒和犬腺病毒相区别,可于粪液中加适量犬细小病毒阳性血清,进行免疫电镜观察。

3. 血凝和血凝抑制试验

由于犬细小病毒对猪和恒河猴红细胞具有良好的凝集作用,应用血凝试验可很快测出粪液中的犬细小病毒。

关于犬细小病毒的血清学诊断方法,目前已建立多种,如乳胶凝集试验、酶联免疫吸附试验、免疫荧光试验、对流免疫电泳、中和试验等。可依据各自的实验室条件建立相应的检测方法。

近年来,田克恭等研制成功犬细小病毒酶标诊断试剂盒,可在 30 min 内检出病犬粪便中的犬细小病毒,达到了国外同类产品的水平,目前已在宠物门诊中广泛应用。

在诊断中要注意与犬瘟热、犬传染性肝炎和出血性胃肠炎等疾病进行区别诊断。

六、治疗

犬细小病毒感染发病快,病程短,临床上多采用对症治疗。心肌炎型病例转归不良,只要心电图已发生变化就难免死亡。发现肠炎型病例立即隔离饲养,加强护理,采用对症疗法和支持疗法。

1. 抗病毒及抗细菌继发感染

用抗细小病毒高免血清或犬细小病毒单克隆抗体,肌内或皮下注射,每 48 h 注射 1 次,应用 2～3 次即可。并应用其他抗病毒药物。

抗继发感染可选用喹诺酮类药物或头孢菌素类抗生素,配合应用地塞米松或氢化可的松,效果更佳。同时用 0.1% 高锰酸钾溶液灌肠。

2. 对症治疗

止血可选用酚磺乙胺、维生素 K_3 等止血药,血便不止者可输血;止吐可选用甲氧氯普胺、爱茂尔、654-2 等;脱水输液,应注意先盐后糖,最好静脉注射,先快后慢,有困难时可行腹腔输液。

3. 支持疗法

静脉输入健康犬或康复犬的全血 30～200 mL,也可注射其血清或血浆 30～50 mL,还可以使用维生素 C、肌苷、ATP 等以增强支持疗法的效果。

在护理上要注意病初应禁食 1～2 d,恢复期应控制饮食,给予稀软易消化的食物,少量多次,逐渐恢复到正常饮食。

污染的病犬舍、窝需在彻底消毒并空置 1 个月后方可使用。

七、防制措施

本病发病迅猛,应及时采取综合性防疫措施,及时隔离病犬,对犬舍及用具等用 2%～4%

火碱水或 10％～20％漂白粉液反复消毒。

疫苗免疫接种是预防本病的有效措施。现在国外多倾向使用犬细小病毒灭活苗或弱毒苗。为了减少接种手续,目前多倾向于使用联苗。国内早已研制成功,并由多个生物制品厂生产的单苗、二联苗(犬细小病毒病和传染性肝炎)、三联苗(犬瘟热、犬细小病毒感染和犬传染性肝炎)和五联苗(犬瘟热、犬细小病毒感染、犬传染性肝炎、狂犬病和犬副流感),均在临床上使用。

任务三　犬传染性肝炎

犬传染性肝炎(ICH)是由犬传染性肝炎病毒即犬腺病毒Ⅰ型(CAV-Ⅰ)引起的一种急性、高度接触性、败血性传染病,俗称为犬蓝眼病。临床上以体温升高、黄疸、贫血和角膜混浊为特征;病理上以肝小叶中心坏死、肝实质细胞和皮质细胞内出现包涵体和出血时间延长为特征。主要发生于犬,也可见于其他犬科动物。在犬主要表现肝炎和眼睛疾患,在狐狸则表现为脑炎。而犬腺病毒Ⅱ型(CAV-Ⅱ)主要引起犬的呼吸道疾病和幼犬肠炎。

一、病原

本病的病原为犬传染性肝炎病毒(ICHV),属腺病毒科、哺乳动物腺病毒属。世界各地分离的毒株抗原性相同。形态特征与其他哺乳动物腺病毒相似,呈二十面立体对称,直径为70～80 nm,有衣壳,无囊膜。衣壳内有双股 DNA 组成的病毒核心,直径为 40～50 nm。

本病病毒为犬腺病毒Ⅰ型,与1962年发现的犬腺病毒Ⅱ型在补体结合、血细胞凝集、中和抗原以及致病性方面都不同。应用血凝抑制试验与中和试验可以将二者加以区别。犬腺病毒Ⅱ型是引发犬的传染性喉气管炎的病原,但两者具有 70％的基因亲缘关系,所以在免疫上能交叉保护。

犬传染性肝炎病毒能凝集人"O"型、鼠和鸡的红细胞,不凝集大鼠、小鼠、猪、犬、羊、马、牛、兔的红细胞。利用这种特性可进行血凝抑制试验。犬腺病毒Ⅰ型可在原代犬、猪、雪貂、豚鼠、浣熊的肾和睾丸细胞以及 MDCK 细胞上增殖。细胞病变为增大、变圆、变亮、聚集成葡萄串状。

本病毒易在犬肾和睾丸细胞内增殖,也可在猪、豚鼠和水貂等的肺和肾细胞中有不同程度增殖。感染细胞内常有核内包涵体,核内病毒粒子呈晶格状排列,已感染犬瘟热病毒的细胞,仍可感染和增殖本病毒。

犬传染性肝炎病毒抵抗力相当强,在 pH 3.0～9.0 条件下可存活,最适 pH 6.0～8.5。在 4 ℃可存活 270 d,室温下存活 70～91 d,37 ℃存活 26～29 d,56 ℃经 30 min 仍具有感染性。病犬肝、血清和尿液中的病毒,20 ℃可存活 3 d,冻干后能长期存活。经紫外线照射 2 h 后,病毒已无毒力,但还有免疫原性。对乙醚、氯仿有抵抗力。在室温下能抵抗 75％的酒精达 24 h,如果注射器和针头仅依赖于酒精消毒,仍有可能传播本病。碘酊、苯酚和氢氧化钠可用于本病的消毒。

二、流行病学

1.传染源

犬传染性肝炎的传染来源主要是病犬和康复犬。在病的急性阶段,病毒分布于病犬的全身各组织,通过分泌物和排泄物排出体外,污染周围环境。康复犬尿中排毒可达 180～270 d,

是造成其他犬感染的重要来源。

2.传播途径

本病的传播途径主要是通过直接接触病犬(唾液、呼吸道分泌物、尿、粪)和接触污染的用具经消化道传染给易感宠物,也可发生胎内感染造成新生幼犬死亡。此外,体外寄生虫也有传播本病的可能性。

3.易感动物

犬和狐狸都是自然宿主,对本病的易感性最高。人工接种可使水貂、狼、浣熊和土拨鼠感染。此病毒与人的病毒性肝炎无关。本病也可感染人,但不引起临床症状。

4.流行特点

本病已流行于世界各地,不分季节、性别和品种。虽然各种年龄的犬都有发生,但以1岁以内的幼犬常见,刚断奶的小犬最易发病,其死亡率高达25%~40%。成年犬很少出现临床症状。

三、临床症状

犬传染性肝炎自然感染潜伏期为6~9 d,人工接种潜伏期为2~6 d。病程较犬瘟热短,大约在2周内恢复或死亡。根据临床症状和经过可分为4种病型。

1.最急性型

此型多见于初生仔犬至1岁内的幼犬。病犬突然出现严重腹痛和体温明显升高,有时呕血或血性腹泻,发病后12~24 h内死亡。临床病理呈重症肝炎变化。

2.急性型(重症型)

此型病犬可出现本病的典型症状,多能耐过而康复。病初精神轻度沉郁,食欲减退,患犬怕冷,体温升高(39.4~41.1 ℃),持续2~6 d体温曲线呈"马鞍型"的双相热型。在此期间血液检查可见白细胞减少(常在2 500以下),血糖降低。随后食欲废绝,渴欲增加,流水样鼻汁,畏光流泪,呕吐,腹泻,粪中带血,大多数病例表现为剑突软骨部位的腹痛,扁桃体和全身淋巴结急性发炎并肿大,心脏搏动增强,呼吸加快,很多病例出现蛋白尿。也有步态踉跄、过敏等神经症状。黄染较轻。病犬血凝时间延长,如有出血,往往流血不止,这些病例预后不良。

恢复期的病犬最常见单侧性间质性角膜炎和角膜水肿,甚至呈现蓝白色或角膜翳,有人称之为"蓝眼病",1~2 d可迅速出现混浊,持续2~8 d后逐渐恢复。也有由于角膜损伤造成犬永久视力障碍的。病犬重症期持续4~14 d后,大多在2周内很快治愈或死亡。幼犬在患病时,常于1~2 d突然死亡,如耐过48 h,多能康复。成年犬多能耐过,产生坚强的免疫力。

3.亚急性型(轻症型)

此型症状较轻微,表现咽炎和喉炎,可致扁桃体肿大。颈淋巴结发炎,可致头颈部水肿。可见患犬食欲不振,精神沉郁,水样鼻汁及流泪,体温约39.0 ℃。有的病犬狂躁不安,边叫边跑,可持续2~3 d。

4.隐性型(无症状型)

此型无临床症状,但血清中有特异性抗体。

四、病理变化

肝脏不肿大或仅中度肿大,呈淡棕色至红色,表面呈颗粒状,小叶界限明显,易碎。约有半数病例脾脏表现轻度充血性肿胀。常见皮下水肿。在实质器官、浆膜、黏膜内充满清亮、浅红色的液体,暴露于空气后常可凝固。肠管表面上有纤维蛋白渗出物覆盖,有时肠、胃、胆囊和膈膜可见浆膜出血。胆囊壁水肿增厚,出血,整个胆囊呈黑红色,胆囊浆膜被覆纤维素性渗出物。由于犬的其他疾病很少有胆囊壁增厚,因此胆囊的变化具有诊断意义。肠系膜淋巴结肿大、充血;肾出血、皮质区坏死;中脑和脑干后部可见出血,常呈两侧对称性。

组织学检查,可见肝实质呈现不同程度的变性、坏死,窦状隙内有严重的局限性瘀血和血液瘀滞现象。肝细胞及窦状隙内皮细胞核内有包涵体,且一个核内只有一个包涵体,有包涵体的核膜肥厚、浓染,包涵体和核膜之间存有狭小的轮状透明带。

五、诊断

犬传染性肝炎的早期症状与犬瘟热等疾病相似,有时还与这些疾病混合发生。因此,根据流行病学、临床症状和病理变化仅可做出初步诊断。特异性诊断必须进行病毒分离鉴定和血清学检查。

1.病毒分离鉴定

活病犬可采取血液,用棉棒采取尿液、扁桃体等;死后采取全身各脏器及腹腔液,但以肝或脾最适宜。将病料处理后接种犬肾原代细胞或传代细胞或幼犬眼前房中(角膜混浊,产生包涵体),可出现腺病毒所具有的特征性细胞病变,并可检出核内包涵体。

2.血清学诊断

(1)血凝和血凝抑制试验　急性或亚急性犬传染性肝炎病犬肝脏中含有大量病毒粒子。夏咸柱等(1990)根据 CAV-Ⅰ可凝集人"O"型红细胞,且此种凝集作用既可被 CAV-Ⅰ血清抑制,也可被 CAV-Ⅱ血清增强的原理,建立了犬传染性肝炎的血清学诊断方法。本法既可通过病料中血凝抗原的检测用于急性病例的临床诊断,也可通过血清中血凝抑制抗体检查用于免疫力测定和流行病学调查。

(2)补体结合试验和琼脂扩散试验　主要用于检测感染犬体内的抗体,不能作为早期诊断。但对死亡犬,可用琼脂扩散试验检出感染组织块(一般应用于肝组织块)中的特异性沉淀原。

(3)中和试验　中和抗体约在感染后 1 周内出现,并可长期存在于血液中。因此,中和试验常用于犬群感染率的调查及个体免疫程度的测定,很少用于个体的诊断。用人的"O"型红细胞做血凝抑制试验的结果与中和试验相平行。

(4)荧光抗体技术和酶染色技术　可以直接检测组织切片、触片或感染细胞培养物中的病毒抗原,此法可用于早期诊断。

3.鉴别诊断

本病同犬瘟热、钩端螺旋体病、丙酮苄羟香豆素中毒症状相近,应注意鉴别。

(1)犬瘟热　感染初期的症状与本病相似,但犬瘟热无肝细胞损害的临床和病理变化。

(2)钩端螺旋体　有肾损害的尿沉渣及尿素氮的变化,无白细胞减少和肝功能变化。

(3)丙酮苄羟香豆素中毒　症状与本病非常相似,但无白细胞减少和体温升高的症状。

六、治疗

本病的治疗无特效药物。病毒对肝脏的损害作用在发病 1 周后减退,因此,主要采取对症治疗和加强饲养管理等综合性措施。

发现病犬立即隔离饲养和护理,消毒污染的环境和用具等。在病初发热期,可大量注射抗犬传染性肝炎病毒的高免血清进行治疗以抑制病毒扩散,可有效地缓解临床症状;每天用250~500 mL含5%水解乳蛋白的5%葡萄糖盐水输液,纠正缺水和电解质紊乱,但对最急性病例无效。一旦出现明显的临床症状,由于已经产生广泛的组织病变,即使应用大剂量高免血清也很少有效。

对贫血严重的犬,可输全血,间隔48 h,17 mL/kg体重的量,连续输血3次。为防止并发或继发感染可应用抗生素以及大青叶、板蓝根、抗毒灵、维生素 B_{12} 和维生素C等制剂。

若病宠出现角膜混浊,一般认为是对病原的变态反应,多可自然恢复。若病变发展使前眼房出血时,用3%~5%碘制剂(碘化钾、碘化钠)、水杨酸制剂和钙制剂以3:3:1的比例混合静脉注射,每日1次,每次5~10 mL,3~7日为1个疗程。或肌内注射水杨酸钠,并用抗生素滴眼液。注意防止紫外线刺激,不能使用糖皮质激素。

对于表现肝炎症状的犬,可按急性肝炎进行治疗。葡醛内酯5~8 mg/kg体重,肌内注射,每日1次,辅酶A 50~700 U/次,稀释后静脉滴注。肌苷100~400 mg/次口服,每日2次。核糖核酸6 mg/次,肌内注射,隔日1次,3个月为1个疗程。

七、防制措施

加强饲养管理和环境卫生消毒,防止病原传人。坚持自繁自养,如从外地购入宠物,必须隔离检疫,合格后方可混群。一旦发病,需立即控制疫情发展。应特别注意康复病犬仍可向外排毒,不能与健康犬合群。

关于免疫接种,国外已成功地应用甲醛灭活疫苗和弱毒疫苗进行免疫接种。当前使用的疫苗,几乎都是与犬瘟热、钩端螺旋体病的混合疫苗。一般在幼犬第7周龄时进行第1次免疫接种,第9周龄时再接种1次。成年犬需每隔半年或1年重复进行免疫。

任务四　犬副流感病毒感染

犬副流感病毒感染是由犬副流感病毒(CPIV)引起的犬呼吸道传染病。临床表现突然发热、流涕和咳嗽。病理变化以卡他性鼻炎和支气管炎为特征。

一、病原

本病的病原为犬副流感病毒,是副黏病毒科、副黏病毒属中的一个亚群。核酸型为单股RNA。病毒粒子呈多形性,直径80~300 nm,外有囊膜,内含螺旋对称的核衣壳。犬副流感病毒粒子表面有特征性突起,含有血凝素和神经氨酸。病毒在细胞质中复制,成熟后在细胞膜上出芽、释放。

本病毒只有一个血清型,但毒力有所差异。在4℃和24℃条件下可凝集人"O"型、鸡、豚鼠、大鼠、兔、犬、猫和羊的红细胞。犬副流感病毒可在原代和传代犬肾、猴肾细胞培养物中良好增殖并产生CPE,在感染细胞的细胞质内形成嗜酸性包涵体。病毒可在鸡胚羊膜腔中增殖,鸡胚不死亡。在鸡胚尿囊腔接种,病毒不增殖。羊膜腔和尿囊液中均含有病毒,血凝效价可达1:128。

本病毒对理化因素的抵抗力不强,将其悬浮于无蛋白的基质中,室温或4℃经2~4 h,感染力丧失 90％以上。在 pH 3 和 37 ℃下迅速灭活，即使在 0 ℃以下，活力也易下降。

二、流行病学

1.传染源及传播途径

犬副流感病毒在军犬和实验犬中具有很高的传染性。急性期病犬是最主要的传染来源。感染犬的鼻液和咽喉拭子可分离到病毒。自然感染途径主要是呼吸道，犬通过吸入飞沫感染。

2.易感动物

犬副流感病毒可感染玩赏犬，实验犬和军、警犬，在军犬中常发生呼吸道病，在实验犬中产生犬瘟热样症状。成年犬和幼龄犬均可发生，但幼龄犬在体弱时及处于应激状态时易发生，且病情较重，病程 1 周至数周不等，死亡率为 60％。

三、临床症状

本病的潜伏期较短，一般为 5～6 d。临床症状为突然暴发，发热，大量黏液性、不透明鼻分泌物，咳嗽，呼吸困难。当与支原体或支气管败血波氏杆菌混合感染时，病情加重，成窝犬咳嗽，肺炎，病程 3 周以上。

有的犬感染后可表现后躯麻痹和运动失调等症状。病犬后肢可支撑躯体，但不能行走。膝关节、腓肠肌腱反射和自体感觉不敏感。随后从病犬脑脊液中分离到犬副流感病毒。

四、病理变化

感染犬的肺脏有少量出血点。呼吸道及其周围淋巴结呈炎性变化，剖检可见鼻孔周围有黏性脓性分泌物，结膜炎，扁桃体炎，支气管、气管内可见游走的白细胞和细胞崩解物贮积及黏膜上皮细胞增厚和肺炎病变。荧光抗体检查发现，鼻黏膜、气管、支气管、毛细支气管周围的腺体有病毒存在。神经型主要表现为急性脑脊髓炎和脑内积水，整个中枢神经系统和脊髓均有病变，脑前叶灰质最为严重。

五、诊断

根据流行病学、临诊症状和病理变化可做出初步诊断。本病与犬呼吸道传染病的临床表现非常相似，不易区别。确诊需进行病毒分离鉴定和血清学检查。

1.血清学检查

主要用血凝抑制试验或补体结合试验测定抗体的滴度上升情况。

2.病毒分离鉴定

从病犬体内分离犬副流感病毒，在许多细胞培养中，初次分离即能生长良好，并可产生细胞病变。细胞病变开始比较轻微，传代后逐渐明显。接种后 3～4 d 细胞质内出现包涵体和合胞体。也可用豚鼠红细胞做血细胞吸附试验或血细胞吸附抑制试验加以证实和鉴定。猴肾细胞培养适于做蚀斑检查。另一显著特点是犬副流感病毒具有吸附红细胞作用，可用于鉴定。因此，细胞培养是分离和鉴定病毒的最好方法。另外，利用血清中和试验和血凝抑制试验检查双份血清的抗体效价是否上升，也可进行回顾性诊断。

本病的症状和临床病理与犬瘟热、腺病毒Ⅱ型感染、呼肠孤病毒感染、疱疹病毒感染、支气管败血症菌感染、支原体感染等的表现相似,应注意加以鉴别。

六、治疗

用犬五联血清 2 mL/kg 体重,皮下注射,每日 1 次,连用 3 d。利巴韦林 50～100 mg/次,口服,每日 2 次,连用 5 d。当犬感染副流感病毒时,常常继发感染支气管败血波氏杆菌、支原体等。防止继发感染和对症治疗,可选用头孢菌素类抗生素或喹诺酮类药物,可减轻病情,促使病犬早日恢复。常合并使用氨茶碱 10 mg/kg 体重、地塞米松 0.5～2.0 mg/kg 体重等,肌内注射。咳嗽时使用镇咳药。

七、防制措施

预防本病主要是加强饲养管理,减少诱发因素,特别是犬舍周围环境卫生。

任务五　犬疱疹病毒感染

犬疱疹病毒感染是由犬疱疹病毒(CHV)引起犬的一种接触性传染病。本病毒感染可引起多种病型。新生幼犬多呈致死性感染;大于 21 日龄的犬主要表现为上呼吸道症状。同时可造成母犬不育、流产和死胎,以及公犬的阴茎炎和包皮炎。

一、病原

本病的病原为犬疱疹病毒,属于疱疹病毒科、甲型疱疹病毒亚科、水痘病毒属,是 DNA 型病毒。具有疱疹病毒所共有的形态特征。位于细胞核内,未成熟无囊膜的病毒粒子直径为 90～100 nm,胞内成熟带囊膜的病毒粒子直径为 115～175 nm。

犬疱疹病毒只有 1 个血清型,但从不同地区、不同病型分离的毒株可能存在毒力的差异。犬疱疹病毒与其他疱疹病毒,如牛鼻气管病毒、马鼻肺炎病毒、猫鼻气管炎病毒和鸡喉气管炎病毒等及犬肝炎病毒和犬瘟热病毒无抗原相关性。但与人单纯疱疹病毒之间存在轻度的交叉抗原关系。

本病毒可在犬源组织培养细胞中良好增殖,其中以犬胎肾和新生犬肾细胞最为易感。犬肺和子宫组织细胞也易感,35～37 ℃条件下迅速增殖,感染后 12～16 h 即可出现 CPE,初期呈局灶性的细胞萎缩、变暗,逐渐向周围扩展,随后由病灶中心部细胞开始脱落。

犬疱疹病毒的增殖温度为 33.5～37 ℃。当温度达到 39 ℃以上时,病毒的增殖受到影响。3 周龄以下幼犬的体温偏低,恰好处于病毒增殖的最适温度,这是 3 周龄以下仔犬易发生疱疹病毒感染的主要原因。随着仔犬的发育,体温调节机能逐渐完善,3 周龄以后的仔犬及成犬的正常体温为 39 ℃,这时犬对疱疹病毒的感染性显著减弱,5 周龄以上的幼犬和成犬在感染时基本不表现出临床症状。但偶尔表现轻微的上呼吸道炎症,也有结膜炎、阴道炎等。

本病毒对温热的抵抗力较弱。56 ℃经 4 min、37 ℃经 22 h 或 4 ℃经 1 d 均可灭活,37 ℃经 5 h 感染病毒滴度下降 50%,在 -70 ℃可保存数月。冻干毒种保存数年毒价无明显变化。在 pH 6.5～7.6 条件下稳定,但在 pH 4.5 以下 30 min 即失去感染性。病毒对脂溶剂、胰蛋白酶、酸性和碱性磷酸酶等敏感。犬疱疹病毒囊膜表面无血凝素,不凝集人和动物的红细胞。

二、流行病学

1.传染源及传播途径

患病仔犬和康复犬是主要传染源,仔犬主要通过分娩过程中与带毒母犬阴道接触或出生后吸入母犬含毒的飞沫感染。此外,仔犬间也能互相传播。康复犬长期带毒,潜伏感染是本病的又一特征。犬疱疹病毒主要通过唾液、鼻液、尿液向外排毒,传播途径为呼吸道、消化道和生殖道。病毒还可以通过胎盘感染胎儿,但母源抗体滴度的高低可影响仔犬临床症状的严重程度。

2.易感动物

犬疱疹病毒只能感染犬,小于14日龄幼犬的体温偏低,易感性最高,常可造成致死性感染,死亡率可达80%。

三、临床症状

本病自然感染的潜伏期为4～6 d,人工感染的潜伏期为3～8 d,小于21日龄的新生幼犬可引起致死性感染。病程多为4～7 d,有的仔犬取急性经过,外观健康活泼,1～2 d内突然死亡。

初期病犬精神沉郁,厌食,呕吐,流涎,软弱无力,有的流浆液性鼻汁,鼻黏膜表面广泛性斑点状出血,呼吸困难以及肺炎等呼吸系统症状,压迫腹部有痛感,腹泻,排黄绿色或绿色稀粪,有时恶臭。后期病犬的粪便呈水样,停止吮乳后,1～3 d内发出持续的嘶叫声,随即死亡。皮肤病变以红色丘疹为特征,主要见于腹股沟,母犬的阴门和阴道以及公犬的口腔和包皮。病犬最终丧失知觉,角弓反张,癫痫。康复犬有的表现永久性神经症状,如运动失调、向一侧做圆周运动或失明等。

21～35日龄犬常呈轻度的鼻炎和咽炎症状,主要表现流鼻涕、打喷嚏、干咳等上呼吸道症状,大约持续14 d,症状减轻,可以自愈。如发生混合感染,则可引起致死性肺炎。

母犬的生殖道感染以阴道黏膜弥漫性小泡状病变为特征。母犬出现繁殖障碍,可造成流产、死胎、弱仔或屡配不孕,本身无明显症状。公犬可见阴茎炎和包皮炎,分泌物增多。

四、病理变化

1.剖检变化

死亡仔犬的典型剖检变化为实质脏器表面散在多量粟粒大小的灰白色坏死灶和小出血点,以肾和肺的变化更为显著。胸腹腔内可见浆液黏液性渗出。肾脏被膜下以出血点和坏死灶为中心形成出血斑,肾脏断面的皮质与髓质交界处形成楔形出血灶,这是本病特征性肉眼变化。此外,肺充血、水肿,支气管内有黏性分泌物,肺门淋巴结肿大,脾脏充血肿大,肠黏膜表面有点状出血。偶尔可见黄疸和非化脓性脑炎。

2.组织学变化

本病主要表现为肝、肾、脾、小肠和脑组织内有轻度细胞浸润,血管周围有散在坏死灶。上皮细胞损伤,变性。在肝和肾坏死区临近的细胞内可见嗜酸性核内包涵体。妊娠母犬体内胎儿表面和子宫内膜出现多发性坏死。少数病犬有化脓性脑膜脑炎变化,可见神经胶质细胞凝集。急性病例的坏死灶一般无炎性细胞浸润,病程长的组织有单核细胞浸润。

五、诊断

本病无特征性的临床症状,仅凭临床表现不能确诊,但出生后 3 周龄以内仔犬出现上述症状并突然死亡的,可疑似本病。确诊必须依靠实验室检查。

1. 病毒抗原检测

采取症状明显幼龄犬肾、脾、肝和肾上腺,或用棉拭子蘸取成年犬或康复犬口腔、上呼吸道和阴道黏膜,制成切片或组织涂片,用荧光抗体染色检测,可发现大量病毒特异性抗原,是一种既准确又快速的诊断方法。一般用家兔提供生产制备荧光抗体的高免血清。

2. 病毒分离鉴定

采用上述方法采样,无菌处理后接种犬肾细胞,最适培养温度为 35～37 ℃,逐日观察有无 CPE。感染细胞变圆脱落,蚀斑形成明显,蚀斑变小表明毒力减弱。

3. 血清学试验

包括血清中和试验和蚀斑减数试验,用于检测本病血清抗体。

4. 鉴别诊断

本病各实质脏器有坏死灶和出血点特征性病变,应与犬传染性肝炎和犬瘟热等鉴别。

六、治疗

发病仔犬很难治愈,可进行补液,使用广谱抗生素,以防止继发感染。试用抗病毒类药物,如吗啉胍 10 mg/kg 体重,口服,每日 1 次,静脉注射 5％葡萄糖液,防止脱水,改善症状。当发现有病犬时立即隔离。提高环境温度对病犬有利,病犬应放入保温箱中,保温箱以温度 35 ℃、湿度 50％为宜。同时皮下或腹腔注射康复母犬的血清或犬 γ-球蛋白制剂 2 mL,可减少死亡。对新生幼犬急性、全身性感染治疗无效。在流行期间给幼犬腹腔注射 1～2 mL 高免血清,可减少死亡。

七、防制措施

由于犬疱疹病毒感染率低,且免疫原性较差,因此,疫苗研制进展不快。加强饲养管理、定期消毒、防止与外来病犬接触,是预防本病的有效方法。有试验证明,多次接种加佐剂的灭活疫苗,能产生一定水平的抗体。病犬应及时治疗。

任务六　犬冠状病毒感染

犬冠状病毒感染又称为犬冠状病毒性腹泻,是由犬冠状病毒(CCV)引起的一种急性肠道传染病。可使犬产生轻重不一的肠炎症状,以频繁地呕吐、腹泻、沉郁、厌食及易复发等为特性。是当前危害养犬业较大的一种传染病。

一、病原

本病的病原为犬冠状病毒,属冠状病毒科、冠状病毒属。核酸类型为单股 RNA。病毒粒子形态多样,多呈圆形或椭圆形,长径 80～100 nm,宽径 75～80 nm,表面有一层厚的囊膜,其上被覆有长约 20 nm、呈花瓣样的纤突,冻融极易脱落,失去感染性。核衣壳呈螺旋状,病毒在

CsCl 中的浮密度为 $1.15\sim1.16\ \text{g/cm}^3$。

犬冠状病毒存在于感染犬的粪便、肠内容物和肠上皮细胞内,在肠系膜淋巴结及其他组织中也可发现病毒。本病毒与猪传染性胃肠炎病毒、猫传染性腹泻病毒和人冠状病毒 229E 株有相关抗原,但至今犬冠状病毒只有一个血清型,存在毒力不同的毒株。本病毒与水貂、貉、狐冠状病毒是否存在抗原相关性尚不清楚。

犬冠状病毒可在多种犬的原代和继代细胞上增殖并产生 CPE,包括犬肾、胸腺、滑膜细胞和 A-72 细胞系。一般由病料初代分离病毒比较困难。病毒在细胞质内复制,在内质网和细胞质空泡膜上出芽成熟。

犬冠状病毒对乙醚、氯仿、脱氧胆酸盐敏感。对热敏感,甲醛、紫外线等可使其灭活,但对酸和胰蛋白酶有较强的抵抗力,pH 3.0、$20\sim22\ ℃$ 条件下不能灭活,这是病毒经胃后仍有感染活性的原因。

二、流行病学

1. 传染源及传播途径

本病的传染来源主要是病犬和带毒犬,病犬排毒时间为 14 d,保持接触性传染能力的时间长。病犬经呼吸道、消化道随口涎、鼻液和粪便向外排毒,污染饲料、饮水、笼具和周围环境,直接或间接地传给健康犬及其他易感动物。犬冠状病毒在粪便中可存活 $6\sim9$ d,在水中也可保持数日的传染性,因此一旦发病,则很难控制其传播流行。

2. 易感动物

犬冠状病毒仅感染犬科动物,犬、貂、狐均有易感性,不同年龄、性别、品种均可感染,但幼犬最易感,发病率几乎 100%,死亡率约 50%。尚未见人感染犬冠状病毒的报道,病犬管理人员体内也未检出犬冠状病毒抗体。

3. 流行特点

本病一年四季均可发生,但冬季多发,可能与犬冠状病毒对热敏感,对低温有相对的抵抗力有关。犬群密度大,饲养卫生条件差,断乳、分窝、调运等饲养管理条件突然改变,气温骤变、长途运输等都会提高感染和临床发病的概率。

三、临床症状

本病自然感染的潜伏期一般为 $1\sim3$ d,人工感染的潜伏期为 $24\sim28$ h。本病传播迅速,数日内即可蔓延全群。病犬突然发病,嗜睡、衰弱、厌食或食欲废绝,多数无体温变化。最初可见持续数天的呕吐,随后开始腹泻,排出的粪便恶臭,呈粥样或水样,黄绿色或橘红色,混有数量不等的黏液,偶尔可在其中看到少量血液。病犬迅速脱水,体重减轻,多数病犬在 $7\sim10$ d 恢复,但有些病犬,特别是幼犬,在发病后 $1\sim2$ d 内死亡。成年犬的症状多轻微,几乎无死亡。临床上很难与犬细小病毒区别,只是犬冠状病毒感染时间更长,且具有间歇性,可反复发作。

四、病理变化

剖检病变主要是不同程度的胃肠炎变化。尸体严重脱水,腹部增大,腹壁松弛,胃及肠管扩张,肠壁薄,肠内充满白色或黄绿色液体,肠黏膜充血、出血,肠系膜淋巴结肿大,胆囊肿大,肠黏膜脱落是该病较典型的特征。胃黏膜脱、落出血,胃内有黏液,病犬易发生肠套叠。组织学检查主要见小肠绒毛变短、融合，隐窝变深，绒毛长度与隐窝深度之比发生明显变化。上皮细胞变性，细胞质内出现空泡，黏膜固有层水肿，炎性细胞浸润，上皮细胞变平，杯状细胞的内容物排空。

五、诊断

根据流行特点、临床症状、病理剖检变化可怀疑本病，但由于缺乏特征性病变，在血液学和生物化学方面也没有特征性指标，因此，确诊必须依靠病毒分离鉴定、电镜检查和血清学检验。

1. 病毒分离鉴定

取典型病犬新鲜粪便，经常规处理后，接种于 A-72 细胞或犬肾原代细胞上培养，本病毒感染的第 2 天即出现 CPE，取培养物与已知标准阳性血清进行中和试验，鉴定本病毒。为提高病毒分离率，粪样要新鲜，避免反复冻结，最好先将病料感染健康幼犬，取典型发病犬腹泻粪便作为样品分离病毒。也可试用濒死期幼犬肾脏直接进行细胞培养以分离病毒。病毒分离最好使用 A-72 细胞，从粪便和小肠内容物分离病毒成功率最高。

2. 电镜检查

取粪便用氯仿处理后，低速离心，取上清液，滴于铜网上，经磷钨酸负染后，用电镜观察病毒，多呈圆形或椭圆形，长径 80～100 nm，宽径 75～80 nm，表面有一层厚的囊膜，其上被覆有长约 20 nm、呈花瓣样纤突，这些是冠状病毒的典型形态。进行电镜检查是检测犬冠状病毒最迅速的方法。

3. 血清学检验

中和试验、ELISA、免疫荧光试验等方法也可用于诊断本病和检测血清抗体。

六、治疗

本病主要采取对症治疗，如止吐、止泻、补液，用抗生素防止继发感染等。乳酸林格液和氨苄西林 10～20 mg/kg 体重，静脉滴注，同时投以肠黏膜保护剂。

七、防制措施

本病主要采取综合性防制措施。加强一般的兽医卫生防疫措施，减少各种诱因，对犬舍用具和工作服坚持定期消毒，禁止外人参观。由于病犬粪便中含有大量的传染性病毒粒子，因此，对病犬的严格隔离和保持良好的卫生条件尤为重要。一旦有该病发生，如不进行粪便处理和适当消毒，就会在犬群中迅速传播。1∶30 浓度的漂白粉水溶液或 0.1%～1% 的甲醛是经济有效的消毒剂。

任务七　犬轮状病毒感染

犬轮状病毒感染是主要侵害新生幼犬、以腹泻症状为特征的急性、接触性、胃肠道传染病。成年犬多呈亚临床感染。

一、病原

本病的病原为犬轮状病毒（CRV），属呼肠孤病毒科、轮状病毒属，双股 RNA 病毒。病毒粒子呈圆形,直径为 68～83 nm,二十面体立体对称,病毒衣壳呈双层结构,内层衣壳壳粒呈柱形,向外呈放射状排列,如车轮的辐条,其外由外壳膜包围,如同轮胎。病毒的内衣壳具有各种轮状病毒共有的属抗原(共同抗原),外衣壳的糖蛋白抗原则具有特异性。

犬轮状病毒可在大肾传代细胞上增殖,并可产生细胞病变。犬轮状病毒对乙醚、氯仿和去氧胆酸钠有抵抗力,对酸和胰酶稳定,56 ℃经 30 min 其感染力可降低 2 个对数,粪便中的病毒在 18～20 ℃室温中,经 7 个月仍有感染性。在温度 4 ℃和 37 ℃,犬轮状病毒对猪和人红细胞(O 型、AB 型)具有较好的凝集作用,并可被相应的犬轮状病毒抗血清抑制。

二、流行病学

1.传染源及传播途径

病犬和隐性带毒犬都是重要的传染源。病毒存在于肠道,随粪便排出体外,含毒粪便污染用具和周围环境,经消化道传播而使健康犬发生感染。

2.易感动物

犬轮状病毒通常引起幼犬严重感染,成年犬多呈亚临床感染。

3.流行特点

轮状病毒有一定的交互感染作用,可以从人或犬传给另一种动物,只要病毒在人或一种动物中持续存在,就有可能造成本病在自然界中长期传播。本病多发生于晚冬至早春的寒冷季节。卫生条件不良或腺病毒等合并感染,可使病情加剧,死亡率增高。

三、临床症状

1 周龄以内的仔犬常发,突然发生腹泻,病犬排黄绿色稀便,夹杂有中等量黏液,重病例粪便中混有少量血液。病犬被毛粗乱,肛门周围皮肤被粪便污染,轻度脱水。因脱水和酸碱平衡失调,病犬心跳加快,皮温和体温降低。脱水严重者,常因衰竭而死亡。

从腹泻死亡仔犬中分离的轮状病毒,人工感染新生幼犬,20～24 h 后发生中度腹泻,并可持续 6～7 d。采集 12～15 h 的粪便能分离出病毒。还有一些无临床症状的健康犬粪便中,也可分离出轮状病毒。

四、病理变化

人工感染后 12～18 h 死亡,幼犬无明显异常。病程较长的死亡犬被毛粗乱,病变主要集中在小肠。特别是下 2/3 的空肠和回肠部。轻型病例,肠管轻度扩张,肠壁变薄,肠内容物中等、黄绿色;严重病例,小肠绒毛萎缩,柱状上皮细胞肿胀、坏死、脱落,造成水分吸收障碍,引起腹泻,有的肠段慢性出血,肠内容物中混有血液。同时,脱水可使红细胞容积增高至 50% 以上,病后期血清尿素氮超过 50 mg/100 mL。其他脏器无异常。

经间接免疫荧光试验证实,犬轮状病毒主要存在于小肠黏膜上皮细胞,在肠系膜淋巴结皮质和副皮质区的网状细胞内也可见到犬轮状病毒。电镜观察,犬轮状病毒在肠黏膜上皮细胞的细胞质中复制,通过细胞质内质网膜出芽成熟。犬轮状病毒主要侵害肠线毛上 1/3 处的上皮细胞。

五、诊断

由于导致犬腹泻的病原有很多,因此,依据流行病学、临床症状和病理变化只能做出初步诊断。确诊尚需进行实验室检查。

1. 电镜及免疫电镜

由于病毒主要存在于肠道,可直接采取腹泻粪便,高速离心,取上清液滤过后镜检。也可加入特异性抗体,进行免疫电镜观察,可见到病毒集聚现象。

2. 病毒分离鉴定

可将病犬粪便材料经水解蛋白酶或胰蛋白酶处理后,接种犬肾传代细胞或犬胎肺细胞,因犬轮状病毒的细胞病变不甚明显,可负染后电镜观察病毒粒子形态,也可采用间接免疫荧光试验和血凝抑制试验确认犬轮状病毒的存在。

3. 血清学诊断

(1)特异性荧光抗体检查　以腹泻粪汁或小肠柱状上皮制成涂片,37 ℃干燥 20 min,冷丙酮固定 10 min,之后用荧光素标记的特异抗体于室温染色 3 min 后,彻底清洗,荧光显微镜检查。一般于接种后 16～24 h 最易检出带阳性荧光的细胞,此后减少,接种 180～240 h 就很难找到了。

(2)补体结合试验　只能检验出各种动物轮状病毒的共同抗原,故只能用于初步鉴定。

(3)中和试验　可鉴别轮状病毒的种属特异性,也就是识别其动物来源。近年来主要采用酶联免疫技术检测粪便抗原,方法简便、精确,特异性强,可区分各种动物的轮状病毒。

血清学检测方法还包括放射免疫测定法、对流免疫电泳、血凝和血抑制试验等,可用于病毒鉴定和流行病学调查。

六、治疗

腹泻犬的水和电解质大量丧失,小肠营养吸收障碍,因此,重症犬必须输液。根据皮肤弹性和眼球下陷的情况,以及测定红细胞容积和血清总蛋白量来确定脱水的程度,以乳酸林格液和 5% 葡萄糖以 1∶2 的比例混合输液为好。

为防止细菌继发感染,可投以抗生素、免疫增强剂等。

七、防制措施

预防本病应加强饲养管理,提高机体的抗病能力,认真执行综合性防疫措施,彻底消毒,消除病原。发病宠物以对症治疗为主,目的是减少发病率和防止疫情扩散。犬轮状病的免疫,不论是来自初乳(对幼犬而言),还是自身局部产生(对成年犬而言),都取决于小肠黏膜表面的抗体分泌情况。因此,应保证幼犬能摄食足量的初乳或给予采自成年犬的血清,使其获得免疫保护。

关于犬轮状病毒的疫苗研究,倾向于弱毒活苗,目前正处于研究阶段,尚未在临床上应用。

任务八　犬传染性气管支气管炎

犬传染性气管支气管炎(ITB)通常称为犬咳或犬窝咳症,是具有突然发作、突发性咳嗽、不定期吐痰、眼鼻分泌物增多等特征的一种高度传染性呼吸道疾病。

一、病原

本病是由多种病毒(犬副流感 SV-5 病毒、腺病毒Ⅱ型、疱疹病毒、呼肠孤病毒等)、细菌

（可能为条件性致病菌）、支原体（虽不单独致病但可加重病毒性呼吸系统感染）单一或混合感染所致。

犬副流感 SV-5 病毒是通过空气传播的，对犬有高度的传染性。接种该病毒的实验犬，第 8 天便可散播病毒。到目前为止，还未得到此病毒在犬体内长期生存的证据，因为在感染犬的血液中查出了特异性的中和抗体。

腺病毒Ⅱ型的抗原性虽然与犬传染性肝炎病毒相近，但二者也有区别。腺病毒Ⅱ型对犬有很强的传染力，在呼吸道组织内可持续数日。该病毒不引起肝炎和眼的病变，也不长期存在于肾中。

犬疱疹病毒和呼肠孤病毒虽可引起犬的致死性感染，但远不如副流感 SV-5 病毒和腺病毒Ⅱ型感染性强。

二、流行病学

1. 传染源及传播途径

犬感染本病后可长期带毒，病犬、病狐及其带毒者是本病的传染源，有资料认为人也可能与本病的传播有关。该病呈高度接触性传染，通过空气、经呼吸道传染是其主要传播途径。在密集饲养的犬群中一旦有犬发病，便可迅速流行，并不易根除，幼犬可整窝发病。

2. 易感动物

本病只感染犬和狐狸。各种年龄的犬都可感染发病，4 月龄以下的幼犬发病率较高，尤其是刚断奶不久的幼犬最易发病，且可能引起死亡。

3. 流行特点

本病发生无季节性，但寒冷季节发生较多。

三、临床症状

本病的潜伏期为 5～10 d。主要呈现喉炎、气管炎、支气管炎、扁桃体炎和肺炎症状，临床表现轻重不一，幼犬的症状表现通常比较严重。病犬常突然出现阵发性干咳，接着出现干呕或作呕，严重的可出现鼻漏，随呼吸向外流出较多鼻液，扁桃体肿大，厌食。有的犬表现阵发性呼吸困难、呕吐或腹泻等。病程延长，病犬精神萎靡、食欲减退、肌肉震颤，最后可发展成肺炎，呼吸迫促，可视黏膜发绀，容易导致死亡。

临床检查诱咳明显，气管听诊有啰音，体温并不一定升高，早期可能正常，当继发有细菌感染或发展成肺炎时，体温常中度升高（39.5 ℃左右）。特别是与犬瘟热、副流感、疱疹病毒病等混合感染，这时症状复杂而严重，死亡率很高。

四、病理变化

剖检病死犬，主要见肺炎和支气管炎病变。肺充血、实变、膨胀不全；支气管淋巴结充血、出血，支气管黏膜充血、变脆或见增厚，管腔有大量分泌物。有时可见到增生性腺瘤病灶。

五、诊断

根据与病犬有接触的病史，临床上根据阵发性干咳和疾病明显局限于气管和支气管，可初步诊断为传染性气管支气管炎，但最后确诊必须依靠病毒分离和血清学检查，病料采取呼吸道分泌物和呼吸器官组织。混合感染严重的犬，X射线摄影可见病变肺部纹理增强。

六、治疗

本病的治疗可用抗血清及对症和支持疗法。首先使用镇咳祛痰剂，可投以蛇胆川贝液、氨茶碱等，也可用对支气管有扩张和镇静作用的盐酸苯海拉明、马来酸、氯苯那敏等。例如，可待因，每3h服1茶匙，或10％～20％乙酰半胱氨酸液（痰易净），气管内滴注或雾化给药。为了缓解和减轻临床症状，可用硝基呋喃妥因4 mg/kg体重，口服，每8h1次，连续7～14 d。或地塞米松，每天0.125～1 mg，口服或肌内注射。或用泼尼松2.5 mg，每天2次，连服3 d；然后改为1.25 mg，每天2次，连服3 d；后再改为1 mg，每天2次，连服1周。为了控制支原体和细菌感染，通过分离菌种及细菌耐药性试验，选择有效的抗生素。通常使用的抗生素有红霉素、头孢唑啉、卡那霉素、氨苄西林、庆大霉素等。轻症病犬预后良好，经2～3 d或数周可自然恢复，但应注意避免转为支气管肺炎。

七、防制措施

为防止病毒性病原体的感染，犬出生后，必须定期免疫接种。此外，要加强饲养管理，犬舍区要经常消毒，可用3％～5％福尔马林喷雾消毒，也可用紫外线消毒犬舍。

任务九　犬呼肠病毒病

犬呼肠病毒病是由犬呼肠病毒引起的一种人畜共患直接接触性传染病。临床表现发热、咳嗽和上呼吸道炎症。多数情况下症状轻微，采取合理的对症治疗措施，病犬可以康复。

一、病原

本病的病原为犬呼肠病毒，属呼肠孤病毒科、呼肠病毒属。含有双股RNA病毒，病毒粒子直径为60～75 nm，外壳呈大致的六角形。应用血清中和试验及血凝抑制试验，可将哺乳动物犬呼肠病毒分为3个血清型。在犬主要是犬呼肠-1型病毒感染，犬呼肠-2型病毒感染较少，血清流行病学调查证实犬群中存在犬呼肠-3型病毒抗体。在4～37 ℃条件下，3个血清型都能凝集人的O型红细胞。56 ℃加热则可使呼肠病毒迅速丧失血凝特性。犬呼肠病毒在pH 2.0～9.0的条件下稳定，对热相对稳定，对脱氧胆酸盐、乙醚、氯仿具有很强抵抗力。在室温条件下，能耐1％ H_2O_2、0.3％甲醛、5％来苏儿和1％石炭酸1 h，过碘酸盐可迅速杀死犬呼肠病毒。

二、流行病学

1. 传染源及传播途径

犬呼肠病毒已从多种脊椎动物体内分离到，包括人、猩猩、猴、猪、牛、绵羊、马、犬、猫、貂、袋鼠和禽类。犬主要感染犬呼肠-1型病毒。感染宠物的粪、尿、鼻分泌物中含有病毒，可污染周围环境，通过消化道、呼吸道等途径使健康动物感染。

2. 易感动物

纯种犬比杂种犬易感性高。呼肠病毒对成年宠物一般不引起明显的疾病，但在某些呼吸道及消化道疾病的发生上呈现一定的辅助或促进作用。

3.流行特点

本病发生具有一定的季节性,冬春季发病率和死亡率较高。

三、临床症状

犬呼肠病毒可引起犬发热、咳嗽、浆液性鼻漏、流涎等症状。感染犬病初可见持续性咳嗽,24 h后表现黏液性鼻漏、脓性结膜炎、喉气管炎和肺炎,随后50%病犬表现腹泻症状。成年犬多呈隐性感染。在人工感染时,发生间质性肺炎,抗体效价上升。

四、诊断

1.病毒分离

本病可在多种细胞培养中增殖,包括原代猴肾细胞、KB细胞、人羊膜细胞及L细胞等,可从粪便、呼吸道分泌物或其他组织中分离病毒。并于7~14 d产生病变,形成胞浆内包涵体。

2.血清学试验

以补体结合反应检测犬群特异性抗原,再用中和试验或血凝抑制试验来确定特异性抗原。采双份血清做抗体检测,根据特异性抗体的升高情况可诊断本病。

五、治疗

加强护理和适当的对症治疗,多数病犬可在7~14 d内康复。

六、防制措施

目前无有效疫苗可供使用,应采取综合性预防措施。

任务十 毛霉菌病

毛霉菌病原称藻状菌病,是犬的一种条件性真菌病。临床上以皮下组织肉芽肿病变为特征。

一、病原

本病的病原性真菌为毛霉属的总状毛霉,犁头霉属的分枝犁头霉和根霉属、虫霉属以及蛙粪霉属的某种真菌。毛霉菌菌丝粗大,直径为6~50 μm,菌丝内不分隔。外形不规则,分枝常呈直角。在组织切片中菌丝用苏木伊红、PAS染色可着染。在一般培养基25~37 ℃生长迅速;在SGA(加氯霉素)培养基上28 ℃经1~3 d可产生此菌。

二、流行病学

该菌广泛分布于自然界,通过空气、尘埃和饮食等散布。在腐败植物、污水和含有机质的土壤中均可发现。犬外伤和免疫力降低是毛霉菌病的诱发因素,因此患糖尿病、白血病、淋巴瘤、营养不良、肝肾疾病、烧伤、尿毒症及长期应用免疫抑制剂、抗生素及皮质激素等的患犬易感染本病。该菌主要通过消化道、呼吸道、皮肤黏膜交界处及破损皮肤进入犬体。

三、临床症状及病理变化

本病常在慢性消化道疾病的基础上发生,侵害的主要器官是消化道的淋巴结和胃肠黏膜,常见症状有持续性呕吐、腹痛、腹泻或血便。患犬皮下出现小结节,皮下组织形成肉芽肿、脓肿或形成瘘管排脓。胃、肠黏膜可有浅表溃疡。脑、肝、肺、肾和妊娠子宫可发生溃疡,但以胃肠发病多见。

四、诊断

根据临床症状、诱发因素、霉菌检查及病理组织切片血管壁内有菌丝即可确诊。由于这些条件致病菌需要大量葡萄糖和强酸性培养基才能生长,因此,一般葡萄糖蛋白胨琼脂培养阳性者仅约10%。为提高培养阳性率,可在葡萄糖蛋白胨培养基内加面包片。

在组织切片上,本病须与念珠菌病相鉴别,二者在组织内都表现为菌丝型。本病菌丝粗,不分隔,分枝呈直角,有血栓引起的组织梗死和坏死。念珠菌极少或不侵害血管,引起炎症或肉芽肿改变,分隔又分枝,菌丝细,有时可见芽孢。

五、防制措施

预防本病首先应控制原发病,特别是糖尿病、白血病和淋巴瘤等,以及免疫抑制剂药物的合理应用。一旦确诊就应积极治疗。两性霉素 B 0.5 mg/kg 体重,用 5% 葡萄糖 20～30 mL 稀释,静脉注射。对皮肤病变可涂克霉唑软膏或用碘伏液洗浴。皮下肉芽肿或脓肿,需手术摘除。

任务十一　犬鼻孢子菌病

犬鼻孢子菌病是由西伯立鼻孢子菌侵害犬鼻、眼黏膜引起犬慢性息肉性鼻炎和眼炎的一种浅在性真菌病。本病分布于世界各地,我国也存在。

一、病原

本病的病原为西伯立鼻孢子菌,直径 7～9 μm,其孢子丝内生孢子呈球状,由大型孢子囊扩大、成熟、破裂而释放出来。孢子能直接感染动物器官组织,也能循环自身的生长发育周期。

二、流行病学

本病的自然发病、流行还不十分清楚。有些学者认为病的传播是通过尘埃、污水等媒介间接传播。通常认为本病的发生、流行是由于病菌经损伤黏膜侵害鼻和眼。本病四季均可发生,犬舍潮湿不洁,在本病的发生上也起到很大作用。本病一般无年龄、性别的差异。在兽医临床上,本病主要侵害犬、牛、马、驴,人可自然感染。

三、临床症状及病理变化

临床上病犬初期表现为鼻、眼黏膜红肿或浮肿,发痒,流泪,流出黏性鼻液。继而出现黏膜增生,在眼部呈小颗粒状增生物,在鼻腔则形成大大小小的鼻息肉,呈乳头状瘤或菜花样,质软,淡红色,易出血。鼻息肉有蒂或无蒂,表面和切开后可见灰白色的孢子囊。

四、诊断

根据病的症状可以做出初步诊断,但要确诊或与恶性肿瘤相鉴别,就要做实验室检查。通常采用取病灶病料涂片直接镜检,或者取病变组织做病理切片按常规染色进行镜检,可见到鼻孢子菌的孢子囊与内生孢子。

五、防制措施

在发现鼻息肉后立即进行手术切除,也可向病灶部注射两性霉素 B,或者静脉注射锑制剂进行治疗。同时注意加强犬舍、场地和环境的清洁卫生管理,防止外伤特别是头部黏膜的损伤发生。

任务十二　犬埃里希氏体病

犬埃里希氏体病是由犬埃里希氏体引起的一种犬败血性传染病。特征为发热,出血,消瘦,多数脏器浆细胞浸润,血液中血细胞和血小板减少。

一、病原

本病的病原为埃里希氏体,属于立克次体目、埃里希氏体属。呈圆形、椭圆形、杆状或球状,直径为 $0.2 \sim 0.5\ \mu m$,杆状为 $(0.3 \sim 0.55)\ \mu m \times (0.3 \sim 2.0)\ \mu m$,革兰氏染色阴性。用 Romanovsky 染色埃里希氏体被染成蓝色或紫色,用吉姆萨染色则被染成蓝色。

埃里希氏体为专性细胞内寄生菌,以单个或多个形式寄生于单核细胞内和中性粒细胞的胞质内膜空泡内,也存在于宿主循环血液中的白细胞和血小板中。在宿主吞噬细胞胞质的空泡中以二分裂方式生长繁殖,多个菌体聚在一起形成光镜下可见的桑椹状包涵体。犬埃里希氏体和里氏埃里希氏体主要侵害单核细胞,马埃里希氏体多侵害中性粒细胞,扁平埃甲希氏体仅侵害血小板。

本菌繁殖类似于衣原体,分为原体、始体和桑椹状包涵体 3 个阶段,原体通过吞噬作用进入宿主细胞内,开始以二分裂进行繁殖,形成始体,始体发育成熟为包涵体。在每个包涵体内含有数量不等的原体。当感染细胞破裂时,成熟的包涵体释放出原体,即完成 1 个繁殖周期。

本病对理化因素抵抗力较弱,56 ℃经 10 min 或在普通消毒液中短时间内就死亡。金霉素和四环素等广谱抗生素能抑制其繁殖。

二、流行病学

1.传染源及传播途径

本病主要发生于热带和亚热带地区,犬埃里希氏体和扁平埃里希氏体主要靠血红扇头蜱作为传播媒介。通常情况下,蜱因摄食感染犬的白细胞而感染,尤其是在犬感染的前 2~3 周最易发生犬—蜱传播。埃里希氏体在感染蜱体内可存活 155 d 以上,因此,越冬的蜱可在来年感染易感犬。这种蜱是本病年复一年传播的主要保存宿主。除家犬外,野犬、山犬、胡狼、狐等亦可感染该病。急性期过后的病犬可带菌 29 个月,临床上在用这些犬的血液给其他犬进行输血疗法时,可将埃里希氏体病传给易感犬。这也是一条重要的传播途径。在一种非洲豺的体内曾发现埃里希氏体可存活 112 d。

马埃里希氏体和里氏埃里希氏体在犬中的自然媒介、宿主及传播方式目前不甚清楚。

2.易感动物

家犬、野犬和啮齿类动物是本病的宿主。不同性别、年龄和品种的犬均可感染本病。

3.流行特点

本病多为散发,也可呈流行性发生。有季节性,多在夏末秋初发生,夏季有蜱生活的季节较其他季节多发。

三、临床症状

本病的潜伏期为 1～2 周。根据犬的年龄、品种、免疫状况及病原不同,有不同表现。疾病的发展一般经过 3 个阶段:急性期、亚临床期和慢性期。

1.急性期

该期持续 2～4 周,此阶段病菌繁殖并遍及全身。主要特征为病宠高热,食欲下降,精神沉郁,口鼻流出黏液脓性分泌物,呼吸困难,体重减轻。结膜炎、淋巴结炎、肺炎,四肢及阴囊水肿。偶见呕吐、腹泻及呼出气体恶臭。严重感染病犬,还表现贫血和低血压性休克,有 30%～50%病例可见鼻腔出血,部分病犬腹腔黏膜、生殖道黏膜和口腔黏膜亦可见出血。遇有黏膜苍白、虚弱、黑粪及眼前房积血时,就怀疑有内出血的可能性。当本病与犬梨形虫混合感染时,还可出现黄疸症状。另外,在急性期病犬体表往往能够找到蜱。实验室检验可见轻度贫血、血小板减少及白细胞计数变化不定。

2.亚临床期

大部分病例在急性期症状 1～2 周后逐渐消失而进入亚临床阶段,在此阶段犬体重和体温恢复正常,病犬临床症状不明显,但实验室检验仍然异常,如轻度血小板减少和高球蛋白血症。亚临床阶段可持续 40～120 d,然后进入慢性期。

3.慢性期

该期可持续数月或数年。病犬又可出现急性症状,如消瘦,精神沉郁。特征为各类血细胞减少,贫血、出血和骨髓发育不良。鼻出血,粪便带血,外伤出血不止。疾病发展及严重程度与感染菌株、犬的品种、年龄、免疫状态及是否并发感染有关。幼犬致死率一般较成年犬高。血液学检验,疾病早期可见病犬单核细胞增多,嗜酸性粒细胞几乎消失。随着病程的发展,贫血症状明显,血细胞比容为 10%～20%,白细胞低于 6×10^{10} 个/L,血小板少于 5×10^{10} 个/L。血红蛋白和红细胞总数下降。

四、病理变化

剖检可见贫血变化,骨髓增生,肝脏、脾脏和淋巴结肿大,肺脏有淤血点。四肢水肿,有的见有黄疸。还可见肠道出血、溃疡,胸腔和腹腔积液,肺脏水肿。

组织学检查,可见骨髓组织受损,表现为严重的巨核细胞发育不良和缺失,正常窦状隙结构消失。白细胞、红细胞、血小板、血色素减少。多数器官尤其是脑膜、肾和淋巴组织的血管周围有很多浆细胞浸润。

五、诊断

在临床症状、剖检变化和流行病学做出初步诊断的基础上，结合血液学检验、病原分离鉴定、血清学试验等可做出确诊。

1. 血液涂片检查

取病犬初期或高热期血液涂片，吉姆萨染色，镜检，在单核细胞和中性粒细胞中可见犬埃里希氏体和膜样包裹的包涵体。

2. 病原分离鉴定

取病犬急性期或发热期血液，分离白细胞，接种于犬单核细胞，培养后用荧光抗体检查病原体。用 PCR 技术和核酸探针技术检测，敏感性和特异性更高。聚合酶链式反应（PCR）基因扩增技术是目前埃里希氏体病原学诊断最有效的方法之一。根据埃里希氏体 16S rRNA 基因的特异性碱基序列设计的引物扩增其特异性片段，可以大大提高检测的敏感性。也有的学者应用犬腹腔内巨噬细胞培养技术进行犬埃里希氏体病病原分离和诊断，已获得成功。

3. 血清学检查

病犬感染后 7 d 产生抗体，2～3 周达到高峰。间接荧光抗体技术和 ELISA 法可用于检测抗体。

4. 鉴别诊断

本病的诊断过程中，要注意与犬布鲁氏菌病、霉菌感染、淋巴肉瘤及免疫介导性疾病相区别，尤其血小板减少症也可出现免疫介导性血小板减少性紫斑，应予以鉴别。

六、治疗

及时隔离病犬，及时治疗。常选用四环素类抗生素治疗，可按 22 mg/kg 体重，口服，每日 3 次。应注意用药持续时间，如果治疗见效，至少应持续 3～4 周。对慢性病例，可能要持续 8 周。重度贫血的患犬，可使用维生素 B_{12} 0.1～0.2 mg，肌内注射，人造补血浆 10～20 mL，口服，有条件的可输血，并给予高营养的食物。除了用抗生素治疗以外，应配合一定的支持疗法，尤其是慢性病例。

七、防制措施

病愈犬往往能抵抗犬埃里希氏体再次感染。有人认为间接荧光抗体的滴度与保护性有着直接关系。

由于目前还缺乏有效的疫苗可供应用，预防本病主要依靠兽医卫生监测工作，定期消灭其传播宿主血红扇头蜱，切断传染链。但由于血红扇头蜱宿主范围太广，故将其完全消灭尚有一定困难。在疫区，犬口服四环素 6.6 mg/kg 体重，每日 1 次，在血红扇头蜱的生活周期内连续用药，即可预防感染。

此外，可定期用荧光抗体技术检测犬群，发现病犬，严格隔离，抓紧治疗。直到检验阴性才能混群饲养。每隔 6～9 个月做 1 次血清学检验，这样才能很好地控制本病。另外，应该注意，临床治疗中作为供血用犬应是血清学反应阴性的犬。

八、公共卫生

目前犬埃里希氏体病主要发生于美国，男性比女性更易感染，大多数人在出现症状前 4

周有过被蜱叮咬史,主要临床特征有急性发热,头痛,厌食,肌肉痛,恶寒,恶心或呕吐,体重减轻。

 复习题

1.犬瘟热的鉴别诊断及临床治疗方法有哪些?

2.犬细小病毒感染的综合治疗方法是什么?

3.犬冠状病毒感染的临床症状有哪些?

4.犬传染性肝炎的临床症状有哪些?

5.如何防制犬传染性气管支气管炎?

项目六

猫的传染病

任务一　猫泛白细胞减少症

猫泛白细胞减少症又称猫瘟热、猫传染性肠炎或猫运动失调症,主要是由猫泛白细胞减少症病毒(FPV)引起幼龄猫的一种高度接触性、致死性传染病。临床上以患猫突发高热、呕吐、腹泻、脱水及循环血流中白细胞减少为特征。本病广泛存在于世界各地,我国近年来已蔓延到多数地区,成为猫重要的传染病之一。

一、病原

本病的病原为猫泛白细胞减少症病毒,属于细小病毒科、细小病毒属。电镜下观察病毒的直径为 20~40 nm,病毒粒子呈二十面立体对称,核衣壳由 32 个壳粒组成,每个壳粒 3~4 nm。核酸类型为单股 DNA。本病毒可在猫的肾细胞中培养复制,但要在细胞形成单层之前接种,能产生明显的 CPE,在感染的细胞核内有包涵体。

猫泛白细胞减少症病毒仅有 1 个血清型,且该病毒与水貂肠炎病毒(MEV)、犬细小病毒(CPV)具有抗原相关性。但与其他种类的细小病毒无相关性。血凝性较弱,仅能在 4 ℃和 37 ℃条件下凝集猴和猪的红细胞。

因病毒粒子无囊膜、结构比较致密,故对外界环境的抵抗力极强,对乙醚、氯仿等有机溶剂,胰蛋白酶,0.5% 石炭酸及 pH 3.0 的酸性环境具有一定抵抗力。加热 50 ℃经 1 h 即可将其灭活。含毒组织中的病毒在低温下或 50％甘油缓冲液内能长期保持感染性,病毒能引起白细胞数明显减少,从而降低机体的抵抗力。有机物内的病毒,在室温下可存活 1 年。该病毒对常用消毒剂敏感,如 2％烧碱、10％生石灰、5％来苏儿等消毒剂均可在 5～10 min 使其失活。

二、流行病学

1. 传染源及传播途径

病猫和康复的猫是本病主要的传染源。本病在自然条件下可通过直接接触及间接接触传播。病毒通过粪便、唾液、尿液、呕吐物等排出,污染食物、用具及周围环境,使易感猫接触而感染,其病毒主要由消化系统和呼吸道侵入。康复猫和水貂几周内甚至 1 年以上在粪尿中还带有病毒。除水平传播外,妊娠母猫还可通过胎盘垂直传播给胎儿。在猫发病的急性期,跳蚤和吸血昆虫也可成为传播媒介。

2. 易感动物

本病常见于猫和其他猫科动物(虎、野猫、猞猁、猎豹和豹)及鼬科(貂、雪貂)和浣熊科动物(长吻浣熊、浣熊)。各种年龄的猫均可感染发病,但主要发生于 1 岁以内的小猫,尤其是 2～5 月龄的幼猫最为易感。母源抗体通过初乳可使初生小猫受到保护。在多数情况下,1 岁以下的幼猫感染率可达 80％,死亡率为 50％～60％,最高达 90％。成年猫也可感染,但临床症状不明显。

3. 流行特点

本病一年四季均可发生,但以冬末至春季多发,尤其以每年的 3 月份发病率最高。因长途运输、饲养条件急剧改变以及来源不同的猫混群饲养等不良因素影响,可能导致本病急性暴发性流行。

三、临床症状

本病的潜伏期为 2～9 d,临床症状与年龄及病毒毒力有关。几个月的幼猫多呈急性发病,不表现临床症状而立即倒毙,往往误认为中毒,24 h 内死亡。6 个月以上的猫大多呈亚急性型,病程 7 d 左右,第 1 次发热体温升高至 40 ℃以上,持续 24 h 左右常下降至正常体温,食欲减退以至废绝,但经 2～3 d 后又可上升,呈明显的双相热。病猫倦怠,顽固性剧烈呕吐是该病的主要特征,每天呕吐数十次。多数猫在 24～48 h 内发生腹泻,后期粪便恶臭带血,呈咖啡色,严重脱水,体重迅速下降,此时病猫精神高度沉郁,对主人的呼唤和周围环境漠不关心,通常在体温第 2 次升高达高峰后不久就死亡,年龄较大的猫感染后,症状轻微,体温轻度上升,食欲不振,病猫眼球震颤,白细胞总数明显减少。当体温升到高峰时,白细胞可降至 8×10^6 个/L以下(正常时血液白细胞 1.5×10^7 个/L～2.0×10^7 个/L),且以淋巴细胞和中性粒细胞减少为主,严重者血液涂片中很难找到白细胞,故称猫泛白细胞减少症。一般认为,血液白细胞减少程度标志着疾病的严重程度。血液白细胞数目降至 5×10^6 个/L 以下时表示重症,降至 2×10^6 个/L 以下时往往预后不良。

妊娠母猫感染,可发生流产和产死胎。由于猫泛白细胞减少症病毒对处于分裂旺盛期的细胞具有亲和性,可严重侵害胎猫的脑组织,因此,所生胎儿可能小脑发育不全,呈小脑性共济失调、旋转等症状。

四、病理变化

剖检可见病猫消瘦,脱水,小肠有出血性炎症,黏膜肿胀。内脏广泛出血,尤其是十二指肠和空肠最严重。胃肠道空虚,整个胃肠道的黏膜面均有程度不同的充血、出血、水肿及被纤维素性渗出物覆盖,肠壁严重充血、出血及水肿,肠壁增厚似乳胶管样,肠腔内有灰红色或黄绿色的纤维素性坏死性假膜或纤维素条索。肠系膜淋巴结肿胀出血,切面湿润,呈红白相间的大理石样花纹,或呈一致的鲜红色或暗红色。肝肿大呈红褐色,胆囊内充满黏稠胆汁。脾脏出血,肺充血、出血和水肿。长骨红骨髓变成脂状,呈胶冻样,完全失去正常硬度。

组织学检查发现肠绒毛上皮细胞变性,其内可见有核内包涵体。肝细胞、肾小管上皮细胞变性,其内也见有核内包涵体。

五、诊断

根据流行病学,临诊症状,骨髓呈脂状、胶冻样,小肠黏膜上皮内的病毒包涵体等病理变化以及血液学检查发现白细胞大量减少,可以做出初步诊断。确诊需进行实验室检查。

1. 病毒的分离鉴定

急性病例生前宜采取患病猫的血液、睾丸或排泄物;死后则采其脾、小肠和胸腺等病料,处理后接种于断奶仔猫或猫肾、肺原代细胞培养或 F 细胞系细胞。以观察接种动物发病部位、眼观组织学病变或接种细胞的 CPE 和核内包涵体以及用其细胞培养,结合与猪红细胞凝集试验结果,做出肯定或否定的判断。

病毒的鉴定可采用免疫荧光试验,对患病宠物组织脏器的冰冻切片或接毒的细胞培养物进行检查,也可用已知标准毒株的免疫血清进行病毒中和试验。如有可能,还可应用免疫电镜对病猫粪便进行检查,检出病毒抗原即可确诊。

2. 血清学诊断

血清中和试验、血凝抑制试验是最常用的方法。采取猫粪便、感染细胞等,用猪红细胞做血凝试验,以检测病毒抗原。此外,也可用中和试验、免疫荧光试验和对流免疫电泳(出现明显的沉淀线,简便易行)进行诊断。

六、治疗

本病目前尚无有效的治疗方法,可用抗生素或磺胺类药物结合对症疗法进行综合治疗,对防止细菌继发感染,降低死亡率有一定效果。近些年,应用高效价的猫瘟热高免血清进行特异性治疗,同时配合对症治疗,取得了较好的治疗效果。

1. 血清疗法

有条件的可采用猫瘟热抗病血清肌内注射,使用越早越好,使用剂量为按 1~2 mL/kg 体重,每天或隔日 1 次,连续注射 2~3 次。同时肌内注射聚肌胞 1~2 mg/次,隔日 1 次,连用 3 次以上。若无猫瘟热血清,也可采用人医用转移因子 1~3 单位/次,每日 1 次,连用 3 d 以上。

2. 抗病毒、抗感染

治疗本病可应用利巴韦林 50~100 mg,氨苄西林 30 mg/kg 体重,地塞米松 2~5 mg,肌内注射,每日 1~2 次,连用 4 d 以上。

3.对症治疗

呕吐严重的患猫应用肌内注射爱茂尔 1～2 mL、654-2(即山莨菪碱-2)0.5 mg/kg 体重，每天 1～2 次。腹泻严重的患猫肌内注射止泻灵 0.2 mL/kg 体重。食欲废绝的患猫肌内注射维生素 $B_1$1～2 mL、复合维生素 B 1～2 mL。脱水严重的患猫静脉滴注复方生理盐水 50～80 mL/kg 体重、氢化可的松 10～15 mg、ATP 10～20 mg、CoA 25～50 单位。有酸中毒症状另外静脉滴注适量 5% 碳酸氢钠。

七、防制措施

预防本病的主要措施是及时给猫进行预防接种，由于猫泛白细胞减少症病毒仅有 1 个血清型，故所用疫苗均具有长期有效的免疫力。有 3 种疫苗可供选择：甲醛灭活的同种组织苗、灭活的细胞苗、弱毒疫苗。应用最多的是后 2 种。弱毒疫苗的免疫程序是对出生 40～60 日龄的幼猫进行第 1 次免疫接种，4～5 月龄时进行第 2 次免疫接种；灭活疫苗的免疫程序是对 6～8 周龄断奶幼猫进行第 1 次免疫，9～12 周龄第 2 次免疫，以后每年进行 2 次免疫。

对于未吃初乳的幼猫，28 日龄以下不宜应用活苗接种，可先接种高免血清（2 mL/kg 体重），间隔一定时间后再按上述免疫程序进行预防接种。由于猫泛白细胞减少症病毒可通过胎盘垂直传播，弱毒活疫苗可能会对胎儿造成危害，故建议妊娠猫使用灭活疫苗。国外进口的猫采用三联疫苗，预防猫泛白细胞减少症、猫病毒性鼻气管炎、猫杯状病毒病，幼猫 9 周龄注射 1 次，间隔 3～4 周再注射 1 次，以后每年注射 1 次。免疫的猫可不受病毒的侵害。

除进行免疫接种预防本病外，平时要加强饲养管理，注意环境卫生，增强猫的体质和抵抗能力。不到疫区引进新猫，对于新引进的猫，必须经免疫接种并观察 60 d 后，方可混群饲养。

未免疫的猫群一旦发病，立即隔离病猫。早期病猫可用抗血清以及对症、支持疗法和使用抗生素防止并发症等综合性措施进行抢救。在中后期病猫要扑杀，并对病死猫深埋。污染的饲料、水、用具和环境用 1% 福尔马林彻底消毒。

任务二　猫传染性鼻气管炎

猫传染性鼻气管炎又称为猫病毒性鼻气管炎，是由猫疱疹病毒 1 型(FHV-1)引起的猫的一种急性、高度接触性上呼吸道疾病，以发热，频频打喷嚏，精神沉郁和鼻、眼流出分泌物为特征。病毒主要侵害仔猫，发病率可达 100%，死亡率约 50%。在我国许多猫场、家猫及实验猫均有本病存在。

一、病原

本病的病原为猫疱疹病毒 1 型(FHV-1)，属于疱疹病毒科、甲型疱疹病毒亚科，具有疱疹病毒的一般特征。病毒粒子中心致密，具有囊膜。该病毒的核酸类型为双股 DNA。立体对称的核衣壳上分布有 162 个壳粒。

该病毒在感染猫的鼻、咽、喉、气管、黏膜、舌的上皮细胞内定位增殖，从而引起急性的上呼吸道炎症，有的甚至可扩展到全身。病毒可在猫肾源细胞、肺及睾丸细胞和兔肾细胞内增殖。细胞接种病毒后，24～28 h 内出现细胞内病变，表现为单层细胞呈灶状圆缩、变暗，甚至全部脱落，有时出现多核巨细胞或合胞体细胞。

本病毒只有 1 个血清型,病毒可吸附和凝集猫红细胞,可用红细胞凝集试验及红细胞凝集抑制试验检测病毒抗原和抗体,为临床诊断提供依据。病毒具有高度的种属特异性,目前仅从家猫分离到了该病毒,但有时也能引起猫科其他动物发生感染,对猫科动物以外的其他异种动物及鸡胚不致病。

该病毒虽具有囊膜,但对外界环境抵抗力较弱,对酸、热、乙醚和氯仿较敏感。加热至 50 ℃经 4～5 min 即可灭活。在−60 ℃条件下可存活 180 d,甲醛和酚易将其杀灭。在干燥条件下,12 h 以内病毒即可灭活。

二、流行病学

1. 传染源及传播途径

病猫和带毒猫是主要的传染源。病毒主要通过接触传染,经鼻、眼、咽的分泌物排出,易感猫通过鼻与鼻的直接接触及吸入含病毒的飞沫经呼吸道感染。自然康复或人工接种的耐过猫,能长期带毒和排毒,成为危险的传染源。发病初期的猫通过分泌物可大量排出病毒并能持续 14 d。首次感染的猫带毒时间稍长,孕猫感染后可能发生垂直感染并致死胎儿。

2. 易感动物

本病主要感染猫,尤其是侵害仔猫,发病率可达 100%。

三、临床症状

本病的潜伏期为 2～6 d,仔猫较成年猫易感且症状严重。病初患猫体温升高,可达 40 ℃以上。精神沉郁,食欲减退,体重下降,中性粒细胞减少。上呼吸道感染症状明显,表现为突然发作,阵发性喷嚏和咳嗽,畏光流泪,鼻腔分泌物增多,鼻液和泪液初期透明,后变为黏脓性。结膜炎,结膜充血、水肿,角膜上血管呈树枝状充血。仔猫患病后可发生死亡,当继发细菌感染时,则死亡率会更高。

急性病程通常持续 10～15 d,成年猫感染后一般舌、硬腭、软腭发生溃疡,眼、鼻有典型的炎性反应,个别表现角膜炎甚至角膜溃疡,严重的造成失明。但成年猫死亡率较低,仔猫可达 20%～30%。带毒母猫所产新生仔猫出现体衰、嗜睡、腹式呼吸或无症状死亡。耐过病猫 7 d 后症状逐渐缓和并痊愈。部分病猫则转为慢性,表现持续咳嗽、呼吸困难和鼻窦炎等症状。个别的病例有肺炎,肺、肝坏死及阴道炎的症状。

四、病理变化

本病主要病变在上呼吸道。轻型病例的鼻腔、鼻甲骨、喉头和气管黏膜呈弥漫性充血。较严重病猫的鼻腔、鼻甲骨黏膜坏死,扁桃体肿大,眼结膜、会厌软骨、喉头、气管、支气管以及细支气管的部分黏膜上皮也发生局灶性坏死,坏死区上皮细胞中可见大量的嗜酸性核内包涵体,若继发细菌感染,可见肺炎病变。全身性感染的仔猫,血管周围局部坏死区域的细胞也可见嗜酸性核内包涵体。慢性病例可见鼻窦炎。表现下呼吸道症状的病猫,可见间质性肺炎及支气管和细支气管周围组织坏死,有时可见气管炎及细支气管炎的病变,还有的猫鼻甲骨吸收、骨质溶解。

五、诊断

从临床症状看,猫疱疹病毒 1 型(FHV-1)所致疾病与猫杯状病毒(FCV)感染、猫瘟热病毒(FPV)感染和猫肺炎(衣原体感染)很难区分,只有靠特异性的血清学反应或病原分离才能做出准确诊断。最可靠的诊断是病毒分离鉴定。

1.包涵体检查

取病猫上呼吸道黏膜上皮细胞进行包涵体染色,可见典型的嗜酸性核内包涵体,具有一定的诊断价值。

2.病毒分离鉴定

病毒分离鉴定是本病最可靠的诊断方法。在急性发热期,用棉拭子从病猫眼结膜和上呼吸道黏膜取样,除菌处理后接种于猫肺、睾丸或胎肾原代细胞上培养,37 ℃吸附 2 h,更换新维持液,逐日观察有无细胞病变,盲传 3 代,再用标准抗血清做中和试验鉴定病毒。

3.血清学试验

荧光抗体检查,取病猫结膜和上呼吸道黏膜做成涂片或切片标本,特异荧光抗体染色镜检,该法准确快速。中和试验及血凝抑制试验对该病也具有诊断意义。

在诊断时,要与猫流感、猫杯状病毒感染、猫泛白细胞减少症和猫衣原体感染相鉴别。

六、治疗

目前本病尚无特效药治疗,主要采用对症治疗和防止继发感染。

对于病猫,应用广谱抗生素可有效地防止细菌继发感染,防止后遗症的发生。同时大量应用维生素 B 和维生素 C、补液等可提高机体的抵抗力。5-碘脱氢尿嘧啶核苷可治疗猫传染性鼻气管炎病毒感染引起的溃疡性角膜炎。鼻炎症状严重的病猫,用麻黄素 1 mL、氢化可的松 2 mL、青霉素 80 万 IU 混合滴鼻,每天滴 4～6 次。口腔损害和病程长的病猫,可口服或肌内注射维生素 A。出现结膜炎的病例,可每天每次用 10%磺胺醋酰钠、0.5%新霉素眼膏涂擦,但不宜使用含皮质类固醇的眼膏。

患病猫应早期隔离,加强护理,给予易消化并且富含营养的食物,隔离舍保持恒温,最好为 21 ℃左右。如有脱水,可口服或皮下注射等渗葡萄糖盐水,每日 50～100 mL,每日 2 次,直到开始正常进食。为增进食欲,可给予少量香味食物,如鱼、肝、瘦肉等,有利于患猫康复。

七、防制措施

有些研究者认为,猫传染性鼻气管炎病毒免疫性不强,持续时间较短。现在也有人认为,尽管某些病猫发病 21 d 后仍缺乏中和抗体,但康复后的患猫 150 d 仍具有部分免疫力,此时接种病毒,仅表现轻微临床症状。

目前美国已有猫传染性鼻气管炎病毒弱毒苗可供应用。猫 60～84 日龄时首免,肌内注射,以后每隔半年免疫 1 次。该疫苗可单独应用或与猫杯状病毒感染弱毒苗联合应用,均有良好的预防效果。有时,也与猫泛白细胞减少症及猫肺炎(衣原体感染)疫苗联合应用。

带毒猫不能留作种用,因为分娩常是促使带毒母猫排出病毒的应激因素之一,从而造成新生仔猫感染。但应注意,并非所有表现慢性呼吸道症状的猫都是疱疹病毒带毒者。

平时加强饲养管理是预防本病的根本措施。应尽量减少应激因素,将猫饲养于通风良好的环境中,减少每个猫群的数量和饲养密度,做好猫舍的环境卫生及饲养人员的个人卫生。对新引进的种猫或仔猫应严格检疫,隔离观察 14 d,确无本病方能混群饲养。

发病后及时隔离治疗,尸体深埋处理,对污染的环境及用具进行彻底消毒。

任务三　猫呼吸道病毒病

猫呼吸道病毒病是病毒或支原体引起的猫的一类呼吸道传染病,包括猫的病毒性鼻腔气管炎和猫科动物肺炎等。各年龄猫都能感染发病,幼龄猫的感染性比成年猫高。

一、病原

猫呼吸道病毒病类似于人和其他动物的上呼吸道疾病,但它的病原有猫科动物病毒性鼻气管炎疱疹病毒、猫科动物肺炎支原体等多种。还有人证明犬的副流感病毒也能感染猫,所以并不能称其为"猫流感"。

二、流行病学

1.传染源及传播途径

病猫及带菌猫可成为本病的传染源。长期带菌猫可在感染初期后通过口咽部散布病毒达数周至数年,对易感幼猫及成年猫构成很大威胁。本病一般是病毒先侵害呼吸道,然后细菌继发侵入而引起的。猫呼吸道综合征及寒冷、过劳是本病的诱因。可通过接触传染,病毒经过鼻、口腔等的分泌物排出,易感猫接触或吸入含有病毒的飞沫经呼吸道传播。

2.易感动物

猫科动物均可感染本病,各种不同年龄的猫都能发病,幼猫更易感染本病。

三、临床症状

猫呼吸道病毒病类似于人的流行性感冒,病初猫表现为间断性频繁地打喷嚏,随后出现连续地流大量的眼泪和鼻涕。初期分泌物性状呈浆性,而后逐渐变成黏性至脓性。病猫精神沉郁,食欲减退,体温升高。在病的最后阶段,食欲、饮水下降,出现脱水,如果不补液纠正,有可能引起死亡。病猫的鼻黏膜血管扩张,黏膜肿胀以及有多量分泌物,鼻、眼分泌物增多。猫的上呼吸道疾病也常出现口腔溃疡的症状,口腔黏膜、舌与齿龈黏膜出现玫瑰红色烂斑,口腔分泌液增加。临床症状常因猫的年龄、营养状况、环境、感染途径和病原体数量不同而异。

四、诊断

因为引起猫发生呼吸道疾病的病原体种类太多,症状也很相似,一般从临床症状很难区分,只能做出初步诊断。除临床症状以外,主要依靠病原学诊断。对于本病,血清学诊断价值不大。

五、治疗

本病在治疗方面,要针对不同的病原体选择药物,常采用抗菌消炎的药物,目的是预防继发感染,如可用庆大霉素每日1万～1.5万IU/kg体重,分3～4次口服,或用复方新诺明每日2次,每次1/4片口服。当病猫进食量太少或有脱水症状时,应及时补液,进行支持治疗。

六、防制措施

接种弱毒疫苗是预防本病的主要措施。应对 9～12 周龄幼猫免疫接种。目前已有注射疫苗和局部免疫疫苗。临床上主要使用注射疫苗,但局部免疫可以更快激活免疫系统,并且不会扰乱口、鼻黏膜上的母源抗体。但局部免疫疫苗只有规定允许使用口、鼻接种时,才能在该部位接种。部分幼猫接种后会出现一些不良反应,一般 3～5 d 可自然缓解,反应严重的,需要维持性治疗。对于超过 1 岁的猫,建议 3 年加强免疫 1 次。

平时要加强饲养管理,搞好卫生消毒工作,增强猫的抗病能力。对引进的猫必须进行隔离饲养,经检查证明健康后才可混群喂养。认真执行各种疫病的检疫工作,及时发现各种疫病。要严密注意周围地区的疫病情况,防止传人。

任务四　猫杯状病毒感染

猫杯状病毒(FCV)感染又称为猫传染性鼻-结膜炎或猫小 RNA 病毒感染,是一种由猫杯状病毒引起的猫的上呼吸道疾病。具有发病率高、死亡率低的特点。临床主要表现为上呼吸道症状,即浆液性和黏液性鼻漏、结膜炎、口腔炎、支气管炎及精神高度沉郁等症状,并伴双相发热。有的病猫听诊时有呼吸啰音。

一、病原

本病的病原为猫杯状病毒,属于杯状病毒科、杯状病毒属。病毒粒子呈二十面立体对称,无囊膜,直径 35～40 nm,衣壳由 32 个中央凹陷的杯状壳粒组成,衣壳在化学成分上只含有 1 种肽。病毒的基因组为线状,单股正链 RNA,不分节段。病毒在胞质内增殖,有时呈结晶状或串珠状排列。

猫杯状病毒的抗原很容易变异,即使同一猫群分离出的 2 个毒株也不一定完全相同,但在中和试验中,所有猫杯状病毒分离株之间的抗原性广泛交叉。所以,一般认为猫杯状病毒只有 1 个血清型,各种不同毒株都是该单一血清型的变异株。不同毒株用琼脂扩散试验即可区别。猫杯状病毒无血凝性,不能凝集各种动物的红细胞。猫杯状病毒可在猫的肾、口腔、鼻腔、呼吸道上皮细胞和胎儿肺等原代细胞上生长,也可以在二倍体猫舌细胞以及胸腺细胞系细胞上生长,通常在 48 h 内细胞出现明显的病变。

猫杯状病毒对脂溶剂(如乙醚、氯仿和脱氧胆酸盐)具有一定的抵抗力;病毒对酸性环境(pH≤3)敏感,对 pH 的敏感性介于肠道病毒和鼻病毒之间,在 pH 3 时失去活力,在 pH 4～5时稳定;加热 50 ℃经 30 min 便可使病毒灭活,常用消毒药如 2%NaOH、5%来苏儿等,均可在短时间内将其杀死。

二、流行病学

1.传染源及传播途径

病猫和带毒猫是本病主要的传染源。病猫在急性期可由唾液、眼泪、尿液、鼻腔分泌物和排泄物排出大量病毒,病毒散播在外界环境中,污染笼具、垫料、猫床、地面和周围环境等,也可通过直接接触传给易感猫。病毒可在扁桃体中持续存在。带毒猫一般是由急性病例转归而来,虽然没有明显的临床症状,但可以长期排出病毒,仍然是最重要和最危险的传染源。康复猫或成为持续感染的带毒猫,可在数月内不断排出病毒,特别是当遇到应激或与其他疾病混合感染时,可在数月甚至数年后再排毒。常见在幼龄时受到感染的母猫同样又感染其仔猫的病例。

2.易感动物

猫的这种病毒性上呼吸道疾病,在自然条件下,除猫感染外,猫科动物如野猫、虎、豹等也易感,1～12周龄的猫均可感染发病,但常发于8～12周龄的猫。

3.流行特点

宠物商店、宠物医院、后备种群、养猫较集中的地区常多发,气候越冷或骤变条件下越易发病。具有发病率高、死亡率低的特点。

三、临床症状

本病一般感染的潜伏期为2～3 d,自然病程为7～10 d。不继发感染时常自行耐过。发病初期,体温升高达39.5～40.5 ℃。病猫精神沉郁,食欲不佳,打喷嚏,口腔和鼻、眼分泌物增多,随后出现口腔溃疡,口腔溃疡是常见和具有特征性的症状,且有时是唯一的症状。口腔溃疡常见于舌和硬腭部,尤其是腭中裂周围。有时鼻腔黏膜上也会出现大小不等的溃疡面。舌部水疱破溃后形成溃疡,有时鼻黏膜也可出现溃疡病变。有时还会出现流涎和角膜炎。鼻、眼分泌物初呈浆液性、灰色,后呈黏液性,4～5 d后眼鼻分泌物呈黏脓性,有时可见病猫下痢和白细胞减少的症状。严重病例,可发生支气管炎,甚至出现肺炎,而表现呼吸困难等症状。小于12周的猫常可因此致死,致死率高达30%以上。当发生混合感染时,则呼吸道炎症更为严重,病死率提高。某些毒株仅能引起发热和肌肉疼痛而不见有呼吸道症状。

四、病理变化

临床上表现为上呼吸道症状的猫,可见结膜炎、角膜炎、鼻炎、舌炎及气管炎。舌、腭部初为水疱,后期水疱破溃形成溃疡。

病理组织学观察可见溃疡的边缘及基底有大量中性粒细胞浸润。病猫肺部可见纤维素性肺炎及间质性肺炎,后者可见肺泡内蛋白性渗出物及肺泡巨噬细胞聚积,肺泡及其间隔可见单核细胞浸润。支气管及细支气管内常有大量蛋白性渗出物、单核细胞及脱落的上皮细胞。若继发细菌感染,则可呈现典型的化脓性支气管肺炎的变化。表现全身症状的仔猫,其大脑和小脑的石蜡切片可见中等程度的局灶性神经胶质细胞增生及血管套出现。

五、诊断

猫呼吸道症状是由多种病原引起的,且症状非常相似,因此,确诊本病较为困难。一般根据特征性的口腔溃疡可考虑发生本病的可能性,需要确诊,可刮取眼结膜组织进行荧光抗体染色,以检测抗原的存在,也可应用荧光抗体染色法检查扁桃体活组织。

在本病的急性期,可刮取眼结膜、鼻腔和咽部分泌物及溃疡组织,用猫源细胞培养,进行病毒分离鉴定。病毒的鉴定可用补体结合试验、免疫扩散试验及免疫荧光试验进行。

六、治疗

本病无特异性疗法。采取对症治疗,发生结膜炎的病猫,可用消炎眼药滴眼;口腔溃疡严重的病猫,可用冰硼散涂患部,也可用棉签涂擦碘甘油或结晶紫;鼻炎症状明显的病猫,可用麻黄素、氢化可的松和庆大霉素混合滴鼻;有结膜炎的病猫,可用硼酸洗眼,再用青霉素、利巴韦林和普鲁卡因混合后点眼;疾病急性期,可应用广谱抗生素防止继发感染。

七、防制措施

该病康复猫带毒可达 7 周左右,故应对其严格隔离,防止病毒扩散。国外广泛应用灭活疫苗和弱毒疫苗进行免疫接种。弱毒疫苗都来源于 F9 株,该毒株是自然弱毒,仅引起温和的呼吸道症状。F9 株经进一步致弱和筛选,选育出注射和滴鼻 2 种弱毒疫苗,也可与猫疱疹病毒 1 型或猫泛白细胞减少症病毒制成二联苗或三联苗。幼猫 21 日龄以后即可接种疫苗,每年重复免疫 1 次。猫杯状病毒疫苗只能保护动物不发病而不能抵抗感染,免疫后的猫可能成为带毒者,有时也可造成暴发,因此有人建议只用灭活苗。由于猫杯状病毒具有抗原漂移现象,应尽快研制新流行株疫苗。平时应搞好猫舍清洁卫生,对新引进猫应隔离观察,至少 2 周内无呼吸道疾病,方可混群饲养。

任务五 猫 白 血 病

猫白血病是由猫白血病病毒(FLV)引起的一种恶性淋巴瘤病。其主要特征是骨髓造血器官破坏性贫血,免疫系统极度抑制和全身淋巴系统恶性肿瘤。

本病毒是一种外源性 C 型反转录病毒,感染猫产生 2 类疾病:一类是白血病,表现为淋巴瘤,成红细胞性或成髓细胞性白血病。另一类主要是免疫缺陷疾病,这类疾病与前一类的细胞异常增殖相反,主要是以细胞损害和细胞发育障碍为主,表现为胸腺萎缩,淋巴细胞减少,中性粒细胞减少,骨髓红细胞系发育障碍而引起的贫血。后一类疾病免疫反应低下,易继发感染,近年来已将其与猫免疫缺陷病毒(FIV)引起的疾病统称为猫获得性免疫缺陷综合征,即猫艾滋病(FAIDS)。

目前,该病毒在世界许多国家的猫中发生感染,发病率和死亡率都很高,是猫的一种重要的传染病,已引起各国的高度重视。

一、病原

本病的病原为猫白血病病毒,属于反转录病毒科、肿瘤病毒亚科、C 型肿瘤病毒属、哺乳动物 C 型肿瘤病毒亚属。在电子显微镜下观察病毒粒子切面呈圆形或椭圆形,由单股 RNA 及核心蛋白构成的类核体位于病毒粒子中央,内含有反转录酶,类核体被衣壳包围,最外层为囊膜,其上有许多由糖蛋白构成的纤突。当病毒进入机体复制时,囊膜表面的抗原成分可刺激机体产生中和抗体。

与猫白血病病毒及所感染细胞有关的抗原有 3 类,即囊膜抗原、病毒粒子内部抗原和肿瘤病毒相关细胞膜抗原(FOCMA),根据囊膜抗原的不同,将猫白血病病毒分为 A、B、C 3 个亚群或血清型。猫白血病病毒 A 和猫白血病病毒 B 易从猫体分离到,猫白血病病毒 C 则不常见。在自然界,3 个亚群常以混合状态存在,常见猫白血病病毒 A 和猫白血病病毒 B 混合存在。猫白血病病毒 A 致病作用很弱,但能建立持久的病毒血症,猫白血病病毒 B 不易建立病毒血症,但致病作用最强,可能是诱导恶性病变和 FAIDS 的直接病原。猫白血病病毒 C 不多见,约占 1%。

猫白血病病毒 C 主要引起骨髓红细胞系发育不全而导致贫血。

猫白血病病毒对乙醚和脱氧胆酸盐敏感,56 ℃经 30 min 即可使之灭活。常用消毒剂及酸性环境(pH 5 以下)也能使之灭活。在 37 ℃半衰期为 150～360 s。对紫外线有一定的抵抗力。在 22 ℃潮湿的室温下,病毒能存活数天。但在病猫的粪便中尚未检出病毒。

二、流行病学

1.传染源及传播途径

病猫和带毒猫是本病的传染源。在自然条件下,消化道传播比呼吸道传播更易进行。在潜伏期感染的猫可通过唾液和尿液排出高滴度的病毒,每毫升唾液可含 10^4～10^6 个病毒粒子。因此,健康猫与病猫直接接触后,病毒在猫气管、鼻腔、口腔上皮细胞和唾液腺上皮细胞内复制。除水平传播外,也可垂直传播,有病的母猫经乳和子宫将病毒传染给幼猫和胎儿。此外,猫血液中含有病毒,所以吸血昆虫如猫蚤也可作为传播媒介。污染的食物、饮水、用具等也可能传播本病。

2.易感动物

猫白血病病毒主要引起猫的感染,不同性别和品种的猫均易感染,90％以上的感染猫终身带毒,4 月龄以内的幼猫易感,随着年龄的增长其易感性降低。据报道,约 33％死于肿瘤的猫是由于感染了该病毒。该病毒除感染猫外,没有其贮存宿主。所以猫白血病病毒不传染给人,不会对人类健康构成威胁。

3.流行特点

本病无季节性,四季均发,多呈散发。单养猫的感染率大约 3％,而流浪猫则高达 11％,群养猫及自由游走的家猫中感染率可高达 70％,城市猫比农村猫感染率明显高。83％的感染猫会在 3～5 年内死亡。

三、临床症状

本病的潜伏期约 2 个月,本病属慢性消耗性疾病。通常表现为精神沉郁,食欲减退,体重下降,黏膜苍白等临床症状,其他临床症状随肿瘤存在部位不同而表现出多种病型。

1.消化器官型

本型最为多发,约占全部病例的 30％。主要以消化道淋巴组织或肠系膜淋巴结出现 B 细胞性淋巴瘤为特征,在腹部触诊时,可触摸到肠段、肠系膜淋巴结以及肝、肾等处的肿瘤块。临床上表现为食欲减退,体重减轻,黏膜苍白,贫血,有时有呕吐或腹泻等症状。

2.弥散型

本型病例约占全部病例的 20％,其主要症状是全身多处淋巴结肿大,身体浅表的病变淋巴结常可用手触摸到(颌下、肩前、腋下及腹股沟等)。病猫临床表现消瘦、精神沉郁等。

3.胸型

该型常发生于青年猫。瘤细胞常具有 T 细胞的特征,严重者整个胸腺组织被肿瘤组织代替。有的波及纵隔前部和纵隔淋巴结,由于肿瘤形成,压迫胸腔形成胸腔积液,进而压迫心脏及肺,常可引起严重呼吸和吞咽困难,心力也随之衰竭。

4.白血病型

此型的典型症状为骨髓细胞的异常增生。由于白细胞引起脾脏红髓扩张,会导致恶性病变细胞的扩散及脾脏肿大,肝肿大,淋巴结轻度至中度肿胀。临床上出现间歇热,食欲下降,机体消瘦,黏膜苍白,黏膜和皮肤上出现出血点,血液学检验可见白细胞总数增多。

四、病理变化

由于本病症状多种多样,病理变化也较复杂。猫白血病以淋巴结发生肿瘤为主,常可在病理切片中看到正常淋巴组织被大量含有核仁的淋巴细胞代替。当病变波及骨髓、外周血液时,也可见到大量成熟淋巴细胞浸润。当发生胸腺淋巴瘤时,由于胸腔渗出,剖检可见胸腔有大量积液,涂片检查,可见到大量未成熟的淋巴细胞,肝、脾和淋巴结肿大,在相应脏器上可见到肿瘤。

五、诊断

根据临床症状和病理变化,结合实验室检验可以做出初步诊断。若病猫持续性腹泻,胸腺出现病理性萎缩,血液及淋巴组织中淋巴细胞减少,经淋巴细胞转化试验证明其细胞免疫功能降低即可怀疑本病。确诊需进行血清学和病毒学检验。

猫白血病病毒的分离可采用病猫淋巴组织或血液淋巴细胞与猫的淋巴细胞系或成纤维细胞系共同培养的方法进行。随后检测培养液中反转录酶的活性,电镜观察病毒粒子的形态结构,并采用免疫学方法进一步鉴定。

实验室诊断中最简便、快速的方法是用病猫的血液涂片做免疫荧光抗体技术检查,可检出感染细胞中的抗原。此外也可采用酶联免疫吸附试验、免疫荧光技术、中和试验、放射免疫测定法等方法检测病猫组织中猫白血病病毒抗原及血清中的抗体水平而进行猫白血病病毒的诊断和分型。

六、治疗

临床上可通过血清学疗法治疗猫白血病。在治疗时,可大剂量注射正常猫的全血或血清,可使患猫的淋巴肉瘤完全消退;小剂量输注含有高滴度 FOCMA 抗体的血清、利用放射性疗法,可抑制胸腺淋巴肉瘤的生长,对于全身性淋巴结肉瘤也具有一定疗效。采用免疫吸收疗法,即将淋巴肉瘤患猫的血液通过金黄色葡萄球菌 A 蛋白柱除去免疫复合物,消除与抗体结合的病毒和病毒抗原。经此治疗的病猫淋巴肉瘤完全消退。同时,病情严重的猫可进行对症治疗。呕吐、下痢导致脱水的猫进行补液,同时还可进行止吐、止痢,用苯海拉明、碱式硝酸铋、鞣酸蛋白、活性炭等。贫血者可使用硫酸亚铁、维生素 B_{12}、叶酸等治疗。

由于治疗不易彻底,且患猫在治疗期及表面症状消失后具有散毒危险。因此,也有学者建议一旦发生典型临床症状,应进行捕杀,做无害化处理。

七、防制措施

加强饲养管理,搞好环境卫生。猫舍及时清扫,尤其是地面上的粪便应及时清理,定期消毒地面、用具。对全群猫进行检疫,剔除阳性猫。猫白血病的自然传播是经水平方式传染发生的,因此有必要用琼脂免疫扩散试验或免疫荧光抗体等方法定期检查,培养无白血病健康猫群。引进猫需隔离检疫,每隔 3 个月检疫 1 次,直至连续 2 次皆为阴性后,视为健康。

任务六　猫传染性腹膜炎

猫传染性腹膜炎又称猫冠状病毒病,是由猫传染性腹膜炎病毒(FIPV)引起的猫及猫科动物的一种慢性病毒性传染病。主要特征为腹膜炎、大量腹水聚积、腹膜膨胀和致死率较高。

一、病原

本病的病原为猫传染性腹膜炎病毒,属于冠状病毒科、冠状病毒属。病毒核酸为单股RNA。在电子显微镜下观察病毒粒子呈多形性,螺旋状对称。有囊膜,囊膜表面有长 15～20 nm 的花瓣状或梨状的突起物。病毒在细胞质内增殖。

猫传染性腹膜炎病毒与猪传染性胃肠炎病毒(TGEV)、犬冠状病毒(CCV)和人冠状病毒229E 株在致病性及抗原结构上均有不同程度的相似性。

本病毒对乙醚等脂溶剂敏感,病毒不稳定,对外界环境抵抗力较弱,室温下 1 d 失去活性,一般常用消毒剂可将其杀死。但对酚、低温和酸性环境抵抗力较强。

二、流行病学

1. 传染源及传播途径

病猫和带毒猫是本病的主要传染源。本病以消化道感染为主,猫的粪尿可排出病毒,也可经媒介传播和胎盘垂直传播,其中昆虫是主要的传播媒介。

2. 易感动物

本病主要感染猫,不同品种、性别的猫对本病都有易感性,但纯种猫发病率高于一般家猫,以 1～2 岁的猫及老龄猫(大于 11 岁)易感。猫科动物中的美洲狮和美洲豹等也可感染发病。

3. 流行特点

本病呈地方性流行,首次发病的猫群发病率可达 25%,但从整体看,发病率较低。

三、临床症状

病猫除临床表现少食或拒食、精神沉郁、体重下降、体温升高达 39 ℃以上、血液中白细胞数量增多、并可持续 14 d 以上的共性症状外,其他症状比较复杂,但可将其症状分为湿型(渗出型)和干型(非渗出型) 2 种。

1. 湿型

湿型病例腹水积聚,可见腹部鼓胀。母猫在发病时,常被误认为是妊娠。病猫的病程可持续 2 周到 2 个月。腹部触诊一般无痛感,但似有积液。病猫出现呼吸困难,逐渐衰弱,并可能表现贫血症状,有些病猫则很快死亡。约 20%的病猫还可见胸腔积液及心包液增多,从而导致呼吸困难。某些湿性病例(尤其疾病晚期)可发生黄疸。

2. 干型

干型病例不出现腹水症状,主要侵害眼、中枢神经、肝和肾等组织器官。当发生腹腔病变时,虽可触及腹腔内的肿胀物,但临床症状不明显。当发生眼部病变时,临床特征有虹膜、睫状体血管周围有坏死和脓性肉芽肿性炎症,角膜上有沉淀物,虹膜睫状体发炎,眼房液变红,患病初期多见有火焰状网膜出血。当中枢神经受损时,表现为后躯运动障碍,共济失调,痉挛,背部感觉过敏。肝脏侵害的病例,可能发生黄疸。当发生肾脏侵害时,常能在腹壁触诊到肾脏肿大,病猫出现进行性肾功能衰竭等症状,有时还有脑水肿的症状。

实际上某些病例无法严格区分,有的以湿型为主而有器官病变,有的以干型为主而腹腔中有少量渗出液。但以渗出型较多见,常为非渗出型的2～3倍。

四、病理变化

湿型病例,病猫腹腔中大量积液,腹水清亮或混浊,呈黄色或琥珀色,一旦与空气接触很快发生凝固,腹水量为25～700 mL。胸、腹腔浆膜面无光泽、粗糙、覆有纤维蛋白样渗出物,在肝、脾、肾等器官表面也见有纤维蛋白附着。肝表面还可见直径1～3 mm的小白色坏死灶,切面可见坏死深入肝实质中。少数病例还伴有胸腔积液增加的现象。

剖检干型病例,除可见眼部病变外,肝脏也可出现坏死,肾脏表面凹凸不平,有肉芽肿样变化,有时还有脑水肿的病变。

五、诊断

根据流行病学特点、临床症状和病理变化可做出初步诊断。湿型病例很容易确诊,检查腹腔或胸腔是否有液体便可,有时候液体也积聚于心包膜或阴囊;对于干型病例,由于常常缺乏必要的诊断依据,应结合实验室检查进行确诊。

1.渗出液检验

腹腔渗出液早期多呈无色透明或淡黄色,有黏性,含有纤维蛋白凝块,暴露空气中即发生凝固,比重一般较高,蛋白质含量较高(32～118 g/L),并含有大量巨噬细胞、间质细胞和中性粒细胞。

2.血清学检查

常用的有中和试验、免疫荧光试验。血清学检查比较常用,但是存在争议。兽医用的血清检查只限于检测冠状病毒抗体,还不能分辨是否是有毒性的猫传染性腹膜炎病毒。

3.病原分离鉴定

目前还没有适用于猫传染性腹膜炎病毒增殖的组织培养细胞。有人试用腹水细胞及猫肺细胞进行培养取得了一定成效。

4.诊断鉴别

本病的诊断要注意与弓形虫病、猫白血病病毒感染相鉴别。

六、治疗

目前尚无有效的特异性治疗药物,一般抗生素无效。只能采用支持疗法,应用具有抑制免疫和抗炎作用的药物,如联合应用猫干扰素和糖皮质激素,并给予补充性的输液以纠正脱水,也可单独用泼尼松或环磷酰胺等免疫调节化合物。使用抗生素防止继发感染,同时使用抗病毒药物,胸腔穿刺以缓解呼吸道症状,但这些治疗方式只能延长病猫的生命,不能治愈。对6岁以上的猫效果明显。一些猫在支持治疗下能存活数月至数年,但没有抗病毒药物,因此猫预后不良,出现临床症状的猫多数死亡。

七、防制措施

到目前为止,尚无有效的预防本病的疫苗,使用常规疫苗和重组疫苗效果不佳。近年来发现,由血清Ⅱ型 DF2 株制备的温度敏感突变株,通过鼻内接种,能诱导很强的局部黏膜免疫和细胞免疫,对预防本病的发生有一定的效果,建议在 4 月龄以上的猫应用。随着致病机理的进一步阐明及该病毒分离技术的成熟,可望研制出有效的疫苗。

预防还应注重加强饲养管理,搞好猫舍的环境卫生,消灭猫舍的吸血昆虫及啮齿类动物。发现病猫后应隔离,对于污染的猫舍应用 0.2% 甲醛、0.5 g/L 氯己定或其他消毒剂彻底消毒。死猫要深埋,从而降低本病的发病率。有人认为,本病的发生与猫白血病病毒在猫群中存在有关,因此,净化猫白血病病毒将有助于控制本病。

任务七　猫肠道冠状病毒感染

猫肠道冠状病毒感染是由猫肠道冠状病毒(FECV)引起的猫的一种新的肠道传染病,主要引起 6~12 周龄幼猫患肠炎。临床上主要以呕吐、腹泻和中性粒细胞减少为特征。

一、病原

本病的病原为猫肠道冠状病毒(FECV),属于冠状病毒科、冠状病毒属。在电子显微镜下观察病毒粒子呈多形性,有囊膜,囊膜表面有许多放射状排列的纤突,具有典型冠状病毒的形态。当用间接荧光抗体法检查时,该病毒与猫传染性腹膜炎病毒(FIPV)、犬冠状病毒(CCV)和猪传染性胃肠炎病毒(TGEV)具有交叉反应。FECV 对外界理化因素抵抗力弱,大多数消毒剂可使其灭活。

二、流行病学

患猫、带毒猫是本病的主要传染源。由于母猫初乳中特异性抗体的作用,故 35 日龄以下仔猫很少发病。本病主要感染 6~12 周龄幼猫,感染时常表现为肠炎症状。成年猫则呈隐性感染,若感染严重者也可出现死亡。康复猫体内虽仍可带毒,但 90~120 d 不会引起发病。迄今未见猫肠道冠状病毒感染人的报道。

三、临床症状

本病常使断乳仔猫发病。人工接种猫肠道冠状病毒 3 d 后,仔猫体温升高,精神沉郁,食欲减退,甚至废绝。而后发生呕吐,肠蠕动加快,出现中等程度的腹泻,肛门肿胀。较严重的病例可见脱水症状。无继发感染的猫多能自愈,死亡率一般较低。疾病急性期,血液中中性粒细胞降至 50% 以下。感染 10~14 d 后,免疫荧光抗体滴度可达 1∶32~1∶1 024。

四、病理变化

本病尸体剖检常无明显损伤,自然感染的青年猫可见肠系膜淋巴结肿胀,肠壁水肿,粪便中有脱落的肠黏膜。除特别严重的病例外,几乎整个肠道损伤均可恢复。

五、诊断

根据临床症状和流行病学可以建立初步诊断,确诊较困难。

应注意与猫传染性腹膜炎病毒(FIPV)感染的区别。这 2 种病毒的致病性不同,猫肠道冠状病毒引起 6～12 周龄幼猫肠炎,猫传染性腹膜炎病毒(FIPV)导致 0.5～5 岁猫致死性腹膜炎;猫肠道冠状病毒的靶组织是十二指肠中段至盲肠末端的柱状上皮,尤其亲嗜空肠和回肠。当机体产生免疫反应时,猫肠道冠状病毒并不逃逸到其他部位;而猫传染性腹膜炎病毒(FIPV)亲嗜部位很多,当机体产生免疫反应时,可从淋巴组织逃逸到小静脉、肝、腹膜、胸膜、眼结膜、脑膜等靶组织,引起广泛的组织损伤。

目前的诊断方法是电镜下观察病猫粪便中有无猫肠道冠状病毒粒子。组织培养和病毒分离鉴定较难取得成功。

荧光抗体检测病料冷冻切片,病毒主要存在于小肠和肠系膜淋巴结中,扁桃体及胸腺中较少,肺、脾、肝和肾中则看不到病毒。

在进行血检时,急性期血中的中性粒细胞下降到 50% 以下,应注意与猫瘟热的鉴别诊断。

六、防制措施

本病没有特效的治疗方法。除非脱水严重的病例需要补液,一般情况下不需治疗。有学者认为,猫肠道冠状病毒可能广泛分布于猫群中,许多无临床症状的猫可能为带毒者。血清学阳性的猫可通过粪便排毒,因此,该病的预防较为困难。平时应加强猫舍卫生,各年龄猫分群饲养,断乳仔猫由于很快失去母源抗体的保护作用,需加强护理,以减少发病率。

任务八　猫免疫缺陷病毒感染

猫免疫缺陷病毒感染是由猫免疫缺陷病毒(FIV)引起的危害猫类的慢性接触性传染病,也称为猫艾滋病(FAIDS)。临床表现以免疫功能缺陷、继发性和机会性感染、神经系统紊乱和发生恶性肿瘤为特征。

本病呈地方性流行,遍及美国和欧洲,在加拿大、英国、日本、南非、新西兰、澳大利亚等国家也有流行。

一、病原

本病的病原为猫免疫缺陷病毒,属于反转录病毒科、慢病毒亚科、免疫抑制群。病毒粒子由囊膜、衣壳及核芯组成,内含反转录酶。核酸为单股 RNA,在细胞膜上呈半月形,以出芽的方式成熟和释放。囊膜纤突很短。该病毒可抵抗抗体中和作用,故尽管血清中存在抗体,也可以引起病毒血症。猫免疫缺陷病毒能在原代猫血液单核细胞、胸腺细胞、脾细胞和猫 T-淋巴母细胞系如 LSA-1 和 FL-74 细胞上生长繁殖。但不能在非淋巴结细胞系如猫黏连细胞系 Fc-wf4 和 Fc9 细胞上生长繁殖。在非猫源细胞如 Raji 细胞、人血液单核细胞、犬血液单核细胞、BALB/c 小鼠脾细胞、小鼠 IL-2 依赖 HT2cT 淋巴母细胞及绵羊正常成纤维细胞上观察不到猫免疫缺陷病毒增殖现象。

二、流行病学

1.传染源及传播途径

猫免疫缺陷病毒主要经被咬伤的伤口感染。散养猫由于活动自由,相互接触频繁,因此,较笼养猫的感染率高。在猫两性间的互舐中,通过唾液也能传染本病。猫免疫缺陷病毒是否能通过精液传染尚未得到证实,母子间可相互传染。

2.易感动物

病毒主要存在于受感染猫的血液、唾液、脑脊髓液中。各种年龄、性别的猫均可感染发病,由于猫免疫缺陷病毒感染的潜伏期较长,因此受感染的多为5岁以上的猫。公猫的感染率比母猫高2倍多,尤其是未经去势的公猫患病更多。因此,认为猫患FAIDS与其性行为有直接关系。

3.流行特点

本病呈世界范围性分布,在流行地区的猫群中,猫免疫缺陷病毒阳性率在高危猫群中高达15%~30%。猫群密度越大,患FAIDS的猫越多。

三、临床症状

本病的潜伏期长短因猫而异。人工感染猫免疫缺陷病毒3~4周后,从血液中可分离到猫免疫缺陷病毒,5~6周后表现淋巴结肿、齿龈发红、腹泻等症状。发病初期,表现发热,精神不振,中性粒细胞、淋巴细胞和血小板减少,淋巴结肿等非特异性症状。随后50%以上的病猫表现慢性口腔炎、齿龈红肿、口臭、流涎,严重者因疼痛而不能进食。约25%的猫出现慢性鼻炎和蓄脓症。病猫常打喷嚏,流鼻涕,长年不愈,鼻腔内储有大量脓样鼻液。由于猫免疫缺陷病毒破坏了猫的正常免疫功能,肠道菌群失调,常表现菌痢或肠炎。约10%猫的主要症状为慢性腹泻,约5%表现神经紊乱症状。发病后期常出现弓形虫病、隐球菌病、全身蠕形螨病和耳痒螨病及血液巴尔通氏体病等。有些病猫因免疫力下降,对病原微生物的抵抗力减弱,稍有外伤,即会发生菌血症而死亡.猫发病到死亡多为3年,尚未发现数月内死亡的病例。

四、病理变化

根据临床症状表现不同,其病理变化也不相同。在盲肠和结肠可见肉芽肿,结肠可见亚急性多发性溃疡病灶,空肠可见浅表炎症。淋巴小结增生,发育异常呈不对称状,并渗入周围皮质区,副皮质区明显萎缩。脾脏红髓、肝窦、肺泡、肾及脑组织可见大量未成熟单核细胞浸润。在自然和人工感染猫的胸部,常有神经胶质瘤和神经胶质结节。

五、诊断

根据本病的流行特点、临床症状及病理变化,可做出初步诊断。确诊则需进行实验室检查。

1.病毒分离鉴定

将猫外周血淋巴细胞经刀豆素A(5 μg/mL)处理后培养于含有白细胞介素-Ⅱ(100 μg/mL)的RPMI培养液中,然后加入用被检病猫血液样品制备的血沉棕黄色层,37 ℃培养,14 d后培养细胞出现细胞病变,取细胞病变阳性培养物电镜观察,免疫转印分析。

2.血清学试验

猫感染病毒14 d后出现血清抗体。抗体产生与病毒感染具有较好的相关性。免疫荧光试验、酶联免疫吸附试验等可用于抗体测定。

由于受感染母猫可将抗体经初乳传给幼猫,因此,很难评估6月龄以下小猫的阳性抗体水平。猫免疫缺陷病毒抗体阳性反应的幼猫应在 6 月龄时再做测试,如第 2 次是阳性,应以蛋白印迹鉴定法进行确认。

六、治疗

本病目前尚无特效治疗方法,应采取综合措施。对患病猫只采取对症治疗和营养疗法以延长生命。特异性抗病毒药物叠氮胸腺嘧啶虽已成功地试用于人艾滋病治疗,但尚未在猫免疫缺陷病毒感染中试用。使用核苷类药物能降低病毒血症和提高 CD4$^+$ 细胞的数量,但副作用较大。人类的重组性 α-干扰素也被广泛应用于治疗本病,治疗费用不高而且有一定的效果,但是它们都不能使猫免疫缺陷病毒阳性转为阴性。

使用皮质类固醇、醋酸甲地孕酮有助于缓解全身症状。另外,可采用对症治疗,使用铁剂、维生素 B$_{12}$ 等,以促进造血。多数动物经上述方法治疗 2~4 d,可明显好转。

七、防制措施

最好的预防措施是改善饲养管理和饲养方式,改散养为笼养。猫的住处和饮食器具要经常消毒,保持清洁,公猫施行阉割去势术,限制户外活动,减少因领土之争而发生咬伤;对受污染的猫群实行定期检疫,每年 4 次,凡检出阳性者应隔离或淘汰;病(死)猫要集中处理,彻底消毒,以消灭传染源,逐步建立无猫免疫缺陷病毒猫群;减少各种应激因素,如高密度饲养、引入新猫、改换主人等。

任务九　猫　抓　病

猫抓病是由汉赛巴尔通体经猫抓、咬人后而引起的人猫共患传染病。临床表现多变,但以局部皮肤损伤及引起淋巴结肿大为主要特征。病程呈自限性,而在免疫功能低下者可发生严重的全身性病变。

一、病原

本病的主要病原为汉赛巴尔通体,属于立克次体目、巴尔通体科、巴尔通体属。曾用名为汉赛罗卡利马体,属于立克次体目、立克次体科、罗卡利马体属。本病原革兰氏染色阴性,为细小微弯曲杆状,大小为 1 μm×1.5 μm 左右。

巴尔通体对营养要求苛刻,对血红素具有高度的依赖性,生长缓慢,在大多数营养丰富的含血培养基上需要 5~15 d,甚至 45 d 才能形成可见的菌落。培养巴尔通体的传统方法是采用含有新鲜兔血(也可用绵羊血或马血)的半固体培养基。初次分离培养可形成白色、干燥的粗糙型菌落,菌落常陷于培养基中。

二、流行病学

1. 传染源及传播途径

本病的传染源主要是猫,尤其是幼猫和新领养的猫,其他尚有犬、猴等感染本病的报道。传播途径中 90% 以上的患者与猫或犬有接触史,75% 的病例有被猫或犬抓伤、咬伤的病史。人被猫抓伤、咬伤或舔过,猫口腔和咽部的病原体经伤口或通过污染的毛皮、脚爪侵入而感染,个别病例可能由接触松鼠而引起。

2．易感动物

猫是本病的易感动物,犬也可感染。本病易感人群多发生于学龄前儿童及青少年,占90％。男性略多于女性。

3．流行特点

本病的发病率,包括亚临床感染、轻症感染、未被明确的病例等在内,可能是较高的。猫抓病主要为散发,分布于全球,温带地区秋冬季发病者较多,热带地区则无季节性变化。

三、临床症状

本病呈多样性,轻症病例占较大比例。

1．原发皮肤损伤

在被猫抓、咬后 3～10 d,局部出现 1 至数个红斑性丘疹,疼痛不显著;少数丘疹转为水疱或脓疱,偶可穿破形成小溃疡,经 1～3 周留下短暂色素沉着或结痂而愈。皮肤损伤多见于手、前臂、足、小腿、颜面、眼部等处,可因症状轻微而被忽视。

2．局部淋巴结肿大

抓伤感染后 1～2 周,90％以上的病变区淋巴结呈现肿大,以头颈部、腋窝、腹股沟等处常见。初期质地较坚实,有轻触痛,直径 1～8 cm。25％的患者淋巴结化脓,偶可穿破形成窦道或瘘管。肿大淋巴结一般在 2～4 个月内自行消退,少数持续 6～24 个月。邻近的或全身淋巴结也见肿大。

3．全身症状

患猫的全身症状大多轻微,32％～60％有发热(>38.3 ℃)、疲乏、厌食、恶心、呕吐、腹痛等胃肠道反应,伴体重减轻;头痛、脾肿大、咽喉痛和结膜炎,伴耳前淋巴结肿大。

4．不常见的临床表现及并发症

临床少见的病例及并发症有脑病、慢性严重的脏器损害(肝肉芽肿、骨髓炎等)、关节病(关节痛、关节炎等)、结节性红斑等。也有短暂性丘疹、红斑、血小板减少性紫癜、腮腺肿大、多发性血管瘤和内脏紫癜(多见于 HIV 感染者)等,均属偶见。

脑病在临床上常表现为脑炎或脑膜脑炎,发生于淋巴结肿大后 1～6 周,病情一般较轻,很快恢复。脑脊液中淋巴细胞及蛋白质正常或轻度增加。重症患者的症状常持续数周,可伴昏迷及抽搐,但多数于 1～6 个月完全恢复,偶有致残或致死病例。

四、诊断

本病可根据与猫接触、抓咬史,染色法、皮肤试验、血清试验检测出汉赛巴尔通体确诊。

1．病原体培养和分离

从患者血液、淋巴结脓液和原发皮肤损害处可分离培养出汉赛巴尔通体,则诊断确定。

2．免疫学检查

(1)间接免疫荧光抗体试验(IFA)　测定患者血清中的汉赛巴尔通体特异性抗体,其效价≥1∶64 为阳性。病程早期及 4～6 周以上 2 份血清效价有 4 倍以上增长,对诊断也有意义。本试验简便、快速、灵敏且特异性较好,是确诊猫汉赛巴尔通体病最易推广应用的方法。

（2）酶联免疫吸附试验（ELISA-IgM）　检测抗汉赛巴尔通体 IgM 抗体，敏感性强，特异性较好，有临床诊断价值。ELISA-IgG 抗体敏感性较低，不能作为实验室诊断标准。

（3）皮肤试验　采取患猫淋巴结穿刺液，经加热杀菌后作为抗原，取抗原 0.1 mL，给健猫前臂掌侧皮内注射，48 h 出现直径≥5 mm 的硬结者为阳性，周围有 30～40 mm 水肿红晕，此红晕一般存在 48 h，硬结可持续 5～6 d 或 4 周。皮肤试验为迟发型变态反应，较灵敏与特异，其假阳性约为 5%。间隔 4 周反复 2 次尚阴性可排除猫抓病诊断。感染后皮肤试验阳性反应可保持 10 年以上。

3. 分子生物学检测

近年来采用 PCR、巢式 PCR 或 PCR 原位杂交技术，从淋巴结活检标本、脓液中检出汉赛巴尔通体 DNA，阳性率可达 96%。但这种特异性及敏感性高的方法对实验条件要求较高，难以作为临床常规检查。

4. 血常规检查

病程早期白细胞总数减少，淋巴结化脓时白细胞计数轻度升高，中性粒细胞计数增多，血沉加快。

5. 鉴别诊断

主要需与各种病因如 EB 病毒感染、分枝杆菌属感染、葡萄球菌属感染、β-溶血性链球菌感染、性病（梅毒、软下疳、性病性淋巴肉芽肿等）、弓形虫病、坏疽、兔热病、鼠咬热、恙虫病、孢子丝菌病、结节病、布鲁氏菌病、恶性或良性淋巴瘤、川崎病等所致的淋巴结肿大或（和）化脓相鉴别，有眼部损害伴耳前淋巴结肿大常提示猫抓病。

五、治疗

本病多为自限性，一般 2～4 个月内自愈，治疗以对症疗法为主。淋巴结化脓时可穿刺吸脓以减轻症状，必要时 2～3 d 后重复进行，不宜切开引流。淋巴结肿大 1 年以上未见缩小者可考虑进行手术摘除。

目前口服效果最好的 3 种药物是利福平、环丙沙星和复方新诺明。有人用庆大霉素治疗成年人全身性猫抓病获得成功，用量是每日 5 mg/kg 体重，静脉滴注，5 d 为 1 个疗程。多数病例淋巴结肿大可自行消退。

一般认为，免疫功能正常的患者可不予抗生素治疗。对重症病例，为提高疗效、降低复发，抗生素治疗时间应在 2 周以上，对免疫功能损害者治疗时间更长。

六、防制措施

预防本病，主要应和宠物保持一定距离，不玩弄猫、犬，一旦被它们抓伤，要立即用碘酊处理伤口，及时就医。

任务十　猫衣原体病

猫衣原体病又称猫肺炎，是由鹦鹉热衣原体引起的猫的一种高度接触性传染病。临床上主要以结膜炎、鼻炎和肺炎为特征。鹦鹉热衣原体可引起多种动物和人的多种疾病，已在我国许多地区发生。

一、病原

本病的病原为鹦鹉热衣原体猫变种,属于衣原体目、衣原体科、衣原体属、鹦鹉热衣原体种,介于病毒和立克次体之间。吉姆萨染色呈紫色,麦氏染色呈红色,革兰氏染色阴性,为严格的寄生性菌。鹦鹉热衣原体在抗原性和致病性上有明显的株特异性。猫型毒株对眼结膜、鼻黏膜、气管和细支气管黏膜上皮细胞有亲和性,并在细胞内繁殖致病。

衣原体对高温的抵抗力不强,加热 37 ℃经 48 h、56 ℃经 5 min 即可死亡,而在低温下可以存活较长时间,如 4 ℃可存活 5 d,0 ℃存活数周。衣原体可在 6～8 日龄鸡胚卵黄囊中生长繁殖,在感染的鸡胚卵黄囊中−20 ℃可存活多年,并可使小鼠感染。一般的消毒药就可将其杀死,对磺胺类药物、四环素类药物敏感,0.1%福尔马林、0.5%石炭酸在 24 h 内,70%酒精经数分钟、3%过氧化氢片刻,均能将其杀灭。

二、流行病学

1. 传染源及传播途径

病猫和带毒猫是本病主要的传染源。易感猫主要通过接触具有感染性的眼分泌物或污物而发生水平传播,还可通过鼻腔分泌物而发生气溶胶传播,但较少见。还可通过眼及呼吸道分泌物大量排菌,扩散传播,污染的空气、尘埃、飞沫、饲料等经黏膜感染。

有报道鹦鹉热衣原体猫变种还可感染人,人与带菌猫或污染物接触,或通过空气、食物的传染而发病,可使猫主人发生滤泡性结膜炎,也可使牛犊发生猫衣原体性肺炎。

2. 易感动物

猫对鹦鹉热衣原体猫变种非常敏感,不同品种、年龄的猫都可感染。正常猫也可分离到鹦鹉热衣原体,所以该病原有可能作为结膜和呼吸道上皮的栖身菌群。

三、临床症状

最常表现为结膜炎。易感猫感染鹦鹉热衣原体后,经过 3～14 d 的潜伏期后表现明显的临床症状,而人工感染发病较快,潜伏期为 3～5 d。新生猫可能发生新生儿眼炎,即生理性睑缘粘连尚未消退之前出现渗出性结膜炎,结果引起闭合的眼睑突出及脓性坏死性结膜炎。推测可能是被感染母猫在分娩时经产道将鹦鹉热衣原体传染给仔猫,病原经鼻泪管上行至新生猫睑间隙附近的结膜基底层所致。

5 周龄以内的幼猫感染率通常比 5 周龄以上的猫低。急性感染初期,出现急性结膜水肿、睑结膜充血和睑痉挛,眼部有大量浆液性分泌物。结膜起初暗粉色,表面闪光。单眼或双眼同时感染,如果先发生单眼感染,一般在 1～2 周后,另一只眼也会感染。当并发其他条件性病原菌感染时,随着炎性细胞进入被感染组织,浆液性分泌物可转变为黏液性或脓性分泌物。急性感染猫可能表现轻度发热,但在自然感染病例中并不常见。

患衣原体结膜炎的猫很少表现上呼吸道症状,即使发生,也是多发生于 5 周龄至 9 月龄。患有结膜炎并打喷嚏者往往以疱疹病毒 1 型(FEW-1)阳性猫居多。对猫来说,如果没有结膜炎症状,一般不会考虑鹦鹉热衣原体感染。

四、病理变化

本病的典型病变在眼、鼻、肺脏等器官。剖检可见结膜充血、肿胀,明显的中性粒细胞、淋巴细胞、组织细胞浸润性变性坏死,淋巴滤泡肿大。有的可见化脓性鼻炎,鼻腔内有脓汁,黏膜充血、出血、溃疡,肺脏间质性肺炎病变。

五、诊断

根据临床症状和病理剖检变化能做出初步诊断,但确诊尚需实验室检查。实验室检查包括涂片镜检、病理组织切片等。

1.病理组织学检查

取病灶组织病料做切片,进行常规染色和吉姆萨染色,镜检可见眼结膜、鼻腔黏膜上皮细胞内有大量的衣原体,肺泡内巨噬细胞浸润,间质内白细胞浸润及肺泡上皮细胞增生。

2.涂片镜检

取新鲜的分泌物、渗出物和病灶组织病料做涂片,吉姆萨染色后镜检,可见到细胞质内小的亮红点或紫红色、球形或卵圆形的衣原体。

此外,还可采用病原分离培养、动物接种和血清学检查等方法。

六、治疗

衣原体对四环素类和一些新的大环内酯类抗生素敏感。由于衣原体是散布的,所以建议局部和系统同时治疗。故在发病时,可应用多西环素治疗(5 mg/kg 体重,隔 12 h 口服 1 次),21 d 可迅速改善临床症状。对妊娠母猫和幼猫应避免使用四环素,因为该药物可使牙釉质变黄。

对猫鹦鹉热衣原体也可间隔 6 h 用四环素眼药膏,但猫外用含四环素的眼药膏制剂常发生过敏性反应,主要表现为结膜充血和眼睑痉挛加重,有些发展为睑缘炎。一旦出现过敏反应,应立即停止使用该药。

七、防制措施

预防措施重点在于加强卫生检疫、改善饲养管理。幼猫可以从初乳中获得抗鹦鹉热衣原体的母源抗体,母源抗体对幼猫的保护作用可持续 9～12 周龄。免疫接种不能阻止人工感染衣原体在黏膜表面定殖和排菌。

由于本病主要是易感猫与感染猫直接接触传播,预防本病的重要措施是将感染猫隔离,并进行合理的治疗。

尽管现在有包括灭活苗和弱毒苗的多种疫苗,但在接触衣原体前 7～10 d 进行免疫并不都是有效的。目前,所有用于预防猫衣原体的疫苗都不经消化道给予。只建议用于已知或疑似接触过病原体的猫,不推荐应用于所有的猫。

任务十一　猫血巴尔通体病

猫血巴尔通体病又称为猫传染性贫血,是由一种在血液中增殖的微生物引起的猫的急性和慢性疾病。临床特征以贫血、脾肿大为主。

一、病原

本病的病原为猫血巴尔通体,属于立克次体目、血巴尔通体属,是介于细菌和立克次体之间的微生物。巴尔通体可分巴尔通体层、格雷汉体层、血液巴尔通体层和附红细胞体层 4 个层。猫血液巴尔通体病在体内的病原体是猫血液巴尔通体层和猫附红细胞体层,它们寄生在猫的红细胞内,其形态呈小颗粒状或杆状,大小不一,球状直径为 $0.1\sim0.2\ \mu m$,杆状长度为 $3\ \mu m$。用瑞氏染色或吉姆萨染色的血涂片,可见到菌体呈蓝黑色或深紫色。

本病原对外界环境抵抗力弱。不耐干燥,一般消毒剂均可将其杀灭。56 ℃时经 10 min 即死亡,在低温下可长期保存,对广谱抗生素敏感。该微生物一般存在于红细胞表面,数量不一,有时游离于血浆中,形成寄生体病症。毒力强的菌株感染后发生重病症,有明显的症状,毒力弱的菌株感染后多为无明显症状。

二、流行病学

1. 传染源及传播途径

本病可经咬伤、抓伤感染,也可通过子宫垂直感染。猫多数呈隐性感染,也是最危险的传染源,但在各种应激因素作用下可引起恶化乃至暴发流行。

吸血的节肢动物(蚤、虱等)是重要的传播媒介,它们不仅是载体,而且病原能在其肠壁上皮细胞、唾液腺、生殖器等特定细胞内增殖而不引起死亡,成为自然宿主。同样,吸血节肢动物通过叮咬病母猫传递给新生子代。犬、鼠不感染本病。另外,在兽医临床上,如输血、注射器械等污染传递也存在,这在我国目前对该病未足够重视的状况下更加危险。实验证明,用小剂量的病猫血液经腹腔、静脉注射和口服途径均能使健康猫感染发病。

2. 易感动物

猫对不同菌株的感染性也有差别,1～3 岁猫的易感性和发病率均较高,尤以公猫更高,犬、鼠不感染本病。

三、临床症状

本病的潜伏期一般为 8～15 d,可取急性和慢性经过。

1. 急性型

患猫体温升高,可达到 40～41 ℃,精神沉郁,食欲废绝,身体虚弱,体重急剧下降,脉搏和呼吸频繁,呼吸加快。血液中出现血液巴尔通体,在红细胞内大量繁殖,引起红细胞数和血红蛋白含量降低,出现巨红细胞溶血性贫血的症状,轻度黄疸以及血红蛋白尿,可视黏膜苍白、黄染。脾脏肿大。也有的病猫出现呼吸困难,且与贫血程度有关。

2. 慢性型

患猫症状发展缓慢,体温正常或偏低,机体营养不良,精神沉郁,消瘦,食欲减少,呼吸无力,贫血,血红蛋白减少,眼结膜发白,心跳快。

病猫血液白细胞总数及分类值均增高,大多数病例单核细胞绝对数增高,并且发生变形,单核细胞和巨噬细胞有吞噬红细胞现象。血细胞压积(PCV)通常在 20% 以下,出现临床症状前的病猫的血细胞压积在 10% 以下。典型的再生性贫血变化是本病血液学特征之一。

四、病理变化

感染的猫会发生长期的菌血症,初次感染往往造成一过性淋巴结病变和低热,一般菌血期持续时间不长。可视黏膜、浆膜黄染,血液稀薄,脾脏明显肿大,肠系膜淋巴结肿胀多汁,骨髓出现再生现象。

五、诊断

根据流行特点、临床症状和剖检特征可以做出初步诊断,确诊有赖于实验室检查。血液学检查是诊断此病的主要手段。

1.血液学检查

按常规进行血液学检查,红细胞总数减少,白细胞总数增加,多数病例单核细胞绝对数增加;血红蛋白值降至 7 g/mg 以下;血细胞压积常在 20% 以下,严重的病猫在症状出现前降到 10% 以下。

2.血片检查

该病原体能在储存时从红细胞中分离出来,因此,应在采血后立即制作血涂片。取血液涂片用吉姆萨染色液染色,然后镜检,可见血细胞出现典型的再生性贫血,即呈现大量的弥散性嗜碱性粒细胞、有核红细胞、大小不一的红细胞以及豪威尔-周立氏小体和网状细胞数增多。在观察时需要注意不要把其他嗜血性病原和物质误认为是该病原。

3.病原体检查

可连续数天采取血液做涂片染色镜检,可见到着色的猫血巴尔通体。取血液做涂片,用吉姆萨染色液染色,镜检可见寄生或附着于红细胞的紫蓝色菌体;如用吖啶橙染色,在显微镜下可见到受害红细胞上的小体;用马基维罗氏染色液染色,镜检可见红色菌体。白细胞数和血小板数都正常。急性期感染猫只有 50% 能从血涂片中检出病原体。

六、治疗

输血疗法对本病的治疗最有效,对急性病猫更佳,但应选择在早期,即在发现溶血现象或血细胞压积在 15% 以下时,每隔 2～3 d 输给 30～80 mL 全血。这对于出现急性贫血症状的猫特别重要。使用抗生素也有一定的疗效,口服四环素(85～110 mg/kg 体重)、土霉素(35～45 mg/kg 体重),每日 2 次投给,持续 10～20 d,均有效果。此外,静脉注射硫乙胂胺钠也有效。同时要进行全身治疗,补糖、补液、维持胶体渗透压。

在治疗中约有 1/3 的急性病猫仍预后不良,即使临床治愈猫也可成为带菌者,呈隐性感染,在应激因素作用下仍有可能复发。

七、防制措施

本病尚无有效的预防方法。目前还没有针对此病的疫苗,仍要采取综合性预防措施。首先是防止猫的打斗、抓咬和灭鼠,控制跳蚤是预防本病的最有效手段;其次是定期消毒,保持卫生环境;再次是清除患病的、隐性感染的猫,以消灭传染源;最后是选择一次性医疗器械,特别是输血器械、注射器,要严加注意供血猫的检疫,消除临床上人为的传播途径。

复习题

1. 猫泛白细胞减少症的防制措施有哪些？

2. 猫传染性鼻气管炎是如何发生的？

3. 猫呼吸道病毒病的临床症状有哪些？

4. 猫白血病的临床症状有哪些？

5. 如何预防和治疗猫抓病？

其他宠物传染病

任务一　观赏鸟类的传染病

一、鸽瘟

鸽瘟又称为鸽新城疫或鸽Ⅰ型副黏病毒病,是鸽的一种高度接触传染性、高致死性传染病。其临床特征是下痢、震颤、单侧或双侧性腿麻痹,在慢性及流行性后期,往往可见到扭头和歪颈等神经症状。病理剖检则以黏膜和浆膜下的广泛性充血和出血为特征。

(一)病原

本病的病原为鸽Ⅰ型副黏病毒,属于副黏病毒科、副黏病毒属。成熟的病毒粒子近圆形,多数呈蝌蚪状。具有囊膜,含有一长螺旋状核衣壳,内含有单链核糖核酸(RNA)。该病毒具有凝集多种禽类红细胞的特性,目前研究已证实,引起鸡、鸽、鹅、鸭发病的Ⅰ型副黏病毒,均属于鸡新城疫病毒的不同基因型,各基因型病毒具有高度的交叉免疫原性,一般的新城疫病毒可引起鸽发病,但鸽Ⅰ型副黏病毒一般不引起鸡发病。

本病毒对外界环境的抵抗力不强,阳光直射或 60 ℃经 30 min 可失去活性,100 ℃经 1 min 即失去活性,紫外线能使病毒灭活。但病毒对低温抵抗力较强,在 −20 ℃能生存 10 年以上,pH 2～12 范围内不被破坏,这种对酸碱的稳定性可区别于禽流感病毒。本病常用的消毒剂如 2％火碱溶液、3％来苏儿、10％碘酒、75％酒精等,均可在 20 min 内将其杀死。

(二)流行病学

1.传染源

病鸽、带毒鸽以及病死鸽是本病的主要传染源,新城疫病鸡和带毒鸡及其他鸟类也是不可忽视的传染源。病毒通过活鸽或鸽类产品的运输,有关人员和养鸽器械的接触,空气流动,饲料和饮水的污染而传播。

2.传播途径

易感鸽通过与病鸽(鸡)或带毒鸽(鸡、野鸟等)的直接接触而被感染,也可由被污染的饲料、饮水和用具等,经消化道、呼吸道、泌尿生殖道、眼结膜以及损伤的皮肤黏膜而感染。

3.易感动物

不同年龄、品种的鸽对本病均易感,幼鸽比成年鸽更易感染,而且传播非常快。发病率高达 80％～90％,死亡率因不同年龄和不同的饲养条件而有差异,一般在 20％～80％,乳鸽的病死率多在 60％以上。鸡也可感染,但通常不表现明显的临床症状。

4.流行特点

本病一年四季都可发生,但以春秋季节多发。本病在新疫区来势凶猛,发病率 100％,死亡率在 80％以上。而在老疫区流行缓慢,发病率、死亡率逐渐降低,出现散发性、病程延缓和部分死亡,特别是进行过人工免疫的鸽场,成年鸽并不表现临床症状,只是乳鸽、幼鸽,尤以断乳前后的幼鸽易发病和死亡。

(三)临床症状

鸽受感染后潜伏期为 1～10 d,通常是 1～5 d。

临床上以严重拉稀、呼吸困难和神经症状为特征,主要症状表现为体温升高,食欲减少或废绝,渴欲增加。大量水泻,早期病鸽排白色稀便,继而排草绿色粪便,随着病情发展,部分病鸽出现神经症状,精神委顿、嗜饮、扭头歪颈,翅膀下垂,转圈运动,共济失调。闭目缩颈、摇头、鸡冠、肉髯呈暗紫色,口鼻腔分泌多量黏液,甩头,张口伸颈,嗉囊积液,充满黏液,倒提时常有酸臭液体从口腔流出。飞翔、行走困难,进食障碍。双腿麻痹,卧地不起,有的出现瘫痪、肌肉震颤、头颈扭曲、歪斜、旋转或转脖等神经受损的症状,死亡率较高。

(四)病理变化

从病鸽的剖检中,发病初期急性死亡的病理变化不明显,个别鸽颈部皮下、脑、腺胃、十二指肠等处有不同程度的出血。中后期死亡的鸽,各组织器官充血、出血较为典型,尤其是腺胃乳头呈现弥漫性出血,肌胃角质膜下有斑状充血或出血。泄殖腔黏膜充血、出血。气管黏膜充血严重,少数出血。肺有时可见淤血或水肿,心冠脂肪有针尖大小出血点,肝肿大。有出血点和出血斑,脾肿大,肾苍白、肿大。胰腺有充血斑及色泽不均的大理石状纹。结膜发炎、充血、出血,并有分泌物。当免疫过的鸽群发病时,病变不很典型,仅见黏膜卡他性炎症、喉头和气管黏膜充血,少见腺胃乳头出血,多见直肠黏膜和盲肠扁桃体出血。

(五)诊断

根据临床症状和剖检结果,患鸽出现腹泻,神经症状以及皮下、黏膜、浆膜广泛性出血,即可做出初步诊断。但确诊,必须进行病原的分离与鉴定。此外还可用鸽血清进行红细胞凝集抑制试验,此法已成为检查本病和抗体监测的一种有效手段。

(六)治疗

本病目前仍没有有效的治疗药物,对于出现腹泻症状的病鸽,选用 0.2%～0.3% 利高霉素饮水治疗;对有呼吸道症状的病鸽,可用 0.04%～0.2% 盐酸土霉素拌料或 0.01% 浓度饮水,也可用 0.01%～0.02% 多西环素拌料内服,效果较好。

治疗本病可使用中药银翘解毒片,1 次半片至 1 片,每日 2 次,连喂 3～5 d。也可用黄芩 100 g、桔梗 70 g、半夏 70 g、桑白皮 80 g、枇杷叶 80 g、陈皮 30 g、甘草 30 g、薄荷 30 g,煎水供 100 只鸽饮用 1 d,连用 3 d。此外还可用金银花、板蓝根、大青叶各 20 g,煎水饮服或灌服,每只鸽每次 5 mL,日服 2 次。

(七)防制措施

1.制订严格的兽医卫生防疫制度

严把引种关,严禁从疫区或发病鸽场购买种禽;购进种鸽后,必须严格检疫,并且严密隔离观察饲养,隔离期至少 2～3 周。定期对饲养鸽群进行检疫,做好日常的清洁卫生消毒工作,定期杀虫、灭鼠、驱鸟,及时扑杀处理可疑病鸽。

2.加强饲养管理工作

鸽场必须加强鸽群的饲养管理,喂以营养充足的饲料,以提高鸽的体质和抗病能力。注意通风换气,保证合理的饲养密度,以减少应激因素。

3.做好平时的疫苗免疫工作

对易感鸽群进行疫苗免疫接种,是预防和控制本病最有效的方法。由于本病既可由鸽(禽)Ⅰ型副黏病毒引起,也可由鸡新城疫病毒感染所致,因此,疫苗的选用应顾及这 2 方面。推荐的免疫程序是:2 周龄时用新城疫Ⅳ系弱毒苗点眼、滴鼻或饮水免疫;在离窝转为青年鸽饲养时,同时接种鸡新城疫Ⅳ系弱毒苗和鸽Ⅰ型副黏病毒蜂胶佐剂灭活疫苗;配对上笼前,以鸡新城疫Ⅳ系弱毒苗和鸽Ⅰ型副黏病毒蜂胶佐剂(或油佐剂)灭活疫苗加强免疫 1 次,以后每半年或 1 年接种鸡新城疫Ⅳ系弱毒苗和鸽Ⅰ型副黏病毒蜂胶佐剂(或油佐剂)灭活疫苗 1 次。

4.疫情发生时的应急措施

疫情发生后,首先应尽快实行隔离、封锁,禁止鸽及鸽产品、相关人员、车辆用具等物品的外出流动,深埋或焚烧销毁病死鸽,粪便、饲料残渣和垫草应彻底清扫,并集中堆放做无害化处理,以扑灭传染源。对鸽舍、用具和环境等进行严格彻底的清洁和消毒,以切断感染途径。常用的消毒剂有烧碱、过氧乙酸、百毒杀等。

对易感鸽群采取紧急预防接种。在疫情初期或对受威胁的鸽场,可采用被动抗体预防,这种预防有迅速控制疫情的作用,但抗体有效持续期不长,仅 7～14 d,因此,同时要接种疫苗,常用鸽Ⅰ型副黏病毒灭活苗或新城疫弱毒苗进行紧急免疫,可很快控制疫情,对于雏禽可选用Ⅳ系苗、克隆 30、Ⅱ系苗 20 倍稀释点眼、滴鼻免疫,以增强易感群特异抗病力。

二、鸽流感

鸽流感又称为鸽流行性感冒,是由 A 型流感病毒引起的接触性传染病,除鸽之外其他多种家禽及野鸟亦可感染发病。由于病毒的毒力不同，可从无症状感染到比较高的死亡率，临床症状、病理变化与鸽新城疫相似。

(一)病原

本病的病原为正黏病毒科中的 A 型流感病毒，根据流感病毒核蛋白(NP)和基质蛋白(MS)抗原性的不同，可将流感病毒分为 A、B 和 C 3 个血清型。A 型流感病毒能感染人和多种动物，包括人、禽、猪、马、海豹等；B 型和 C 型主要感染人。根据流感病毒血凝素(HA)和神经氨酸酶(NA)的抗原性差异，可将 A 型流感病毒分为不同的亚型，如 H_5N_1、H_7N_5 等。据报道，现已发现的流感病毒亚型有 80 多种，其中绝大多数属非致病性或低致病性，高致病性亚型主要是含 H_5 和 H_7 的毒株。A 型流感病毒的变异频度要远比 B 型和 C 型流感病毒高，故新的血清型也将不断出现，这样无形中增加了禽流感的防控难度。

鸽流感病毒对外界环境的抵抗力不强，对高温、紫外线、各种消毒药敏感，容易被杀死。56 ℃加热 30 min、60 ℃加热 20 min，65～70 ℃加热数分钟即丧失活性，但存在于有机物如粪便、鼻液、泪水、唾液、尸体中的病毒能存活很长时间。病毒对低温抵抗力较强，在有甘油保护的情况下，可保持活力 1 年以上。在 −70 ℃稳定，冻干可保存数年。该病毒对冻融作用较稳定，但反复冻融，最终会使病毒灭活。

(二)流行病学

1.传染源及传播途径

鸽流感病毒可通过直接接触和间接接触感染，主要经消化道传染。病毒通过病鸽的分泌物、排泄物(特别是粪便)和尸体等污染许多物体，饲养管理用具、运输工具、受精工具、饲料、饮水、垫草、饲养人员衣物等都能成为病原的机械性传播媒介。昆虫、野鸟、鼠等出入鸽舍的动物也都是本病的传播者。通过空气经呼吸道的感染危害性更大，发病更快。人工感染途径包括颅内、结膜、口腔、鼻内、气管、气囊、腹腔、皮下、肌肉、静脉、泄殖腔等。此外，人员的流动与消毒不严，在疾病的传播方面起着非常重要的作用。

2.易感动物

A 型流感病毒在家禽中以鸡和火鸡的易感性最高，其次是珍珠鸡、野鸡和孔雀，鸭、鹅、鸽、鹧鸪也能感染。在人工感染试验中，A 型流感病毒还能感染猪、猫、雪貂、水貂、猴和人类。

3.流行特点

鸽流感一年四季均可发生，尤其是气候变化剧烈的冬春季节发生较多，夏秋季节零星发生。阴雨、潮湿、寒冷、贼风、运输、拥挤、营养不良和内外寄生虫侵袭等诱因，均可促使本病的发生、发展和流行。

(三)临床症状

鸽流感潜伏期从几小时到几天不等，其长短与病毒的致病性、感染病毒的剂量、感染途径和被感染禽的品种有关。

病鸽精神委顿，不活动，羽毛松乱，食欲差，逐渐消瘦。表现为咳嗽、打喷嚏、呼吸急促和大量流泪。严重时则引起支气管炎，流鼻液，鼻液污染羽毛，两眼肿胀流泪，眼睑被浆液性分泌物黏附。头部和脸部水肿，神经紊乱和腹泻。母鸽产蛋量下降。这些症状中的任何一种都可能单独或以不同的组合出现。有时疾病暴发很迅速,在没有明显症状时就已出现死亡病例。急性死亡鸽通常营养状况良好;亚急性或慢性病死鸽,瘦弱、脱水,皮肤及皮下干燥。眼、鼻有分泌物,有的可见颜面、头部肿大,鸽冠及肉髯发紫或见水肿。

(四)病理变化

本病的病理变化主要表现为机体缺水、发绀、水肿,广泛的皮下胶冻样,鳞片呈紫色,出血,气囊可见卡他性、黏液性炎症,有干酪样物。鼻腔、气管有黏液,或见眶下窦内积有黏液或干酪样物,肺淤血。喉头、气管黏膜充血、出血,内脏浆膜出血,肠道脂肪有出血点,脾充血、水肿。肌胃出血、坏死,心包膜增厚,心外膜、冠状沟脂肪及心外膜出血,心尖部有深红色出血斑,有时还见心肌条状或点状坏死。有的可见胰腺出血和有淡黄色斑点状坏死点。肾脏常见肿大及肾小管中尿酸盐沉积,有时充血、水肿。十二指肠及小肠黏膜红肿,有程度不等的出血点或出血斑。空肠充血出血,盲肠扁桃体肿大、出血。直肠黏膜及泄殖腔黏膜出血。生殖道病变也较明显,可见卵泡充血、出血,呈紫红色至紫黑色,有的卵泡变形、破裂,卵黄液流入腹腔,形成卵黄性腹膜炎。

(五)诊断

根据临床症状、病理变化结合流行病学可进行初步诊断,确诊需要进行实验室检查。常用的方法有病毒的分离鉴定、血凝和血凝抑制试验、琼脂扩散试验、ELISA 以及聚合酶链式反应(PCR)。

(六)防制措施

预防本病主要防止从国外引入,一旦发生,采取严密的隔离封锁措施,淘汰全群鸽,控制产品流动。首先,要注意卫生消毒工作,包括笼舍、饲槽等的定时消毒。其次,免疫接种是一个有效的预防途径。对种鸽和后备鸽接种疫苗,减少垂直传播的可能,以彻底消灭鸽流感。实行全进全出制。

本病无特效药物治疗。在流行过程中一般不主张治疗,以免疫情扩大。利巴韦林和金刚烷胺有一定的疗效。使用抗病毒药的同时,应配合应用一些抗生素来防治细菌的继发感染,目前可以从病鸽体内快速分离病毒,并研制出相应的疫苗,进行紧急免疫接种,效果理想,但周期较长。虽然血清不易储存,价格昂贵,但由于效果明显,为此应用广泛。对症治疗对本病能起到很好的效果。

平时加强饲养管理对预防本病是至关重要的,给予全价饲料,如饮水中加高锰酸钾,以减少病原扩散;其次每隔 3～4 d 于饮水中加硫酸镁(1 L 水中加 1 药匙),起到净化鸽群消化系统的作用。饲料和饮水中添加维生素 C、维生素 A 及其他微量元素,以增强机体的抵抗力。添加环丙沙星等抗生素来防止细菌继发感染,同时尽量避免一些应激因素,如寒冷刺激等。

三、鸽传染性鼻炎

本病是由鸽副嗜血杆菌引起的慢性上呼吸道病。主要症状为鼻腔和鼻窦的炎症,表现流涕,面部水肿和结膜炎。

本病分布于全世界,尤以赛鸽多发。发病率很低,死亡率也低,且一般接受治疗后都能迅速痊愈。

（一）病原

鸽副嗜血杆菌呈多形性，幼龄时为一种革兰氏阴性的小球杆菌，不形成芽孢，无鞭毛，不能运动。本菌为兼性厌氧，在 5%～10% CO_2 的环境中易生长。本菌的致病力与菌体脂多糖（引起中毒症状）、多糖（引起心包积液）及含有透明质酸的荚膜（引起鼻炎）有关。

本菌的抵抗力很弱，离开鸽体很快死亡。常用的消毒药均可在短期内将其杀死。培养基上的细菌在 4 ℃时能存活 2 周，卵黄囊内菌体－20 ℃每月继代 1 次。对热很敏感，在 45～55 ℃的温度下 2～10 min 可致死。在冻干条件下可保存 10 年，因此，多采用真空、冷冻干燥的方法长期保存菌种。本菌对结晶紫和杆菌肽有一定的抵抗力。

（二）流行病学

1. 传染源及传播途径

已经发病的病鸽和隐性带菌鸽是本病的主要传染源，主要是经呼吸道感染，通过飞沫进行传播，此外，消化道感染也有可能，可由被病菌污染的饮水和饲料、啄石等，经口进入健康鸽的消化道而引起。

2. 易感动物

鸽不论年龄大小都能感染，老龄鸽感染较为严重，但在自然的情况下，大幼鸽和老龄鸽最易得病，最早在 25 日龄就出现临床症状。

3. 流行特点

本病有明显的季节性，多发于秋冬季节，流行高峰期在每年 12 月份至次年 2 月份。鸽子生活在通风不良、日照不足和密集饲养的恶劣条件下，加上体质虚弱，维生素缺乏，特别是在患寄生虫（球虫和毛滴虫等）病时更易暴发本病。

（三）临床症状

本病的潜伏期很短，为 1～2 d。幼鸽生长发育受阻，种鸽性欲下降。临床表现为结膜炎，眼、鼻、口有黏液性分泌物，头部肿胀、脸部水肿，眶下窦肿胀，打喷嚏，厌食，腹泻，有时伴有气管和气囊炎症，引起呼吸困难。

成年鸽发病初期厌食，闭目，嗜睡，不愿走动。在中后期，病鸽眼睑和肉垂浮肿，鼻腔内有脓性分泌物。严重时肉髯、脸部乃至整个头部肿大，头如猫头鹰状，眼、鼻出现卡他性炎症。鼻液分泌急剧增加，初期是清液，继而转为脓浆样黏液，有时有呼吸道啰音，病鸽精神委顿，厌食，排绿色稀粪，消瘦。常打喷嚏，眼陷于肿胀的眼眶内，有个别鸽肿胀延至颈部。产蛋母鸽产蛋率显著下降。本病的死亡率不高且易痊愈，但若并发鸽的其他严重疾病，致死情况也会发生。

霉形体感染是最常见的并发症，并可继发为严重呼吸道病变，如果鸽子营养状况不良，病鸽体质下降，最终虚脱致死。

（四）病理变化

本病的病理变化相当明显且常见于鸽子脸部，表现为脸部及肉髯皮下水肿，颜面肿胀，鼻腔和窦黏膜呈急性卡他性炎症，鼻分泌物剧增。黏膜充血肿胀，表面覆盖大量黏液，窦内有渗出性凝块，后成为干酪样坏死物。常见卡他性结膜炎，结膜充血肿胀，出现的典型症状是：眼睑粘连,结膜囊积聚干酪样渗出污物,进一步发展会并发气管炎、慢性肺炎和气囊炎。卵泡变性、坏死和萎缩。

(五)诊断

本病的症状相当典型,可凭借典型的病史和症状做出初步诊断。确诊可通过镜检、病原分离鉴定、动物接种试验,也可通过检验血清中的嗜血杆菌凝集素进行。

(六)防制措施

预防本病应加强饲养管理,搞好卫生消毒工作,降低鸽舍的饲养密度,注意控制鸽舍温度、湿度,并保持通风,严防病原菌传入。保证饲料和饮水清洁,定期灭鼠、灭虫。发病鸽场要进行整群清理,分群饲养,隔离治疗。对病鸽和带菌鸽最好做淘汰处理,病鸽舍经彻底清扫消毒后,空闲1~2周后再引进新鸽。有人认为用 A 型或 C 型鸡副嗜血杆菌生产的鸡用疫苗,对鸽能起到预防作用。

治疗本病可选用下列药物:链霉素 100 mg/kg 体重或庆大霉素 1 万 IU/kg 体重,肌内注射,每日 2 次,连用 2~3 d;磺胺噻唑或磺胺二甲基嘧啶 0.5% 拌料,连喂 5~7 d;还可应用土霉素、红霉素、泰乐菌素进行治疗。在整个治疗过程中应避免应激。

四、鸽溃疡性肠炎

溃疡性肠炎又名鹌鹑病,是由肠梭菌(又名鹌鹑状芽孢杆菌)引起的一种多种鸟类共患的急性传染病。临床上,以肝、脾坏死,肠道出血、溃疡和下痢为主要特征。

(一)病原

本病的病原为肠梭菌,是革兰氏染色阳性的杆菌,呈直杆状或稍弯曲,两端钝圆。大多具有周鞭毛,能运动。该菌不形成荚膜,于菌体近端可见芽孢,芽孢位于菌体的亚极位,呈圆筒形,两端钝圆。人工培养生长条件要求苛刻,需营养丰富,严格厌氧。

本菌接种鸡胚卵黄囊可在 48~72 h 致死鸡胚。本菌对外界抵抗力极强,芽孢广泛存在于污染的土壤、空气尘埃、场地、用具,以及人和动物肠道及粪便等环境中。该菌在 −20 ℃ 可存活 15 年以上,70 ℃ 经 3 h、80 ℃ 经 1 h、100 ℃ 经 3 min 才能将其杀死。

(二)流行病学

1.传染源
病鸽(禽)和带菌鸽(禽)是主要的传染源。由于肠梭菌可形成芽孢,故发病后细菌长期污染环境。

2.传播途径
病鸽(禽)和带菌鸽(禽)体内的肠梭菌随粪便排出,污染饲料、垫料、饮水和环境等,经消化道传染给健康鸽,苍蝇是本病传播的主要媒介。

3.易感动物
在自然条件下,鹌鹑的易感性最高,鸡、野鸡、火鸡、鹧鸪、鸽等多种野禽均可自然感染。本病多发于幼鸽,而青年鸽及成年鸽则很少发生。

4.流行特点

本病一年四季均可发生,尤其在气候湿热的夏秋季节发病率较高,南方地区在3—6月份的梅雨季节、潮湿天气多发。常突然发病,病死率很高。该菌广泛存在于环境中,当鸽舍卫生条件差、过分拥挤、通风不良、潮湿且饲料营养缺乏时,造成鸽只机体抵抗力降低,容易诱发本病。本病常与球虫病、沙门氏菌病等并发或继发感染,因此,若防治不及时、不合理,死亡率较高。

(三)临床症状

病鸽发病常呈急性发作,无明显症状突然死亡,且死亡率较高,可达100%。以坏死性肠炎和下痢为特征。病鸽精神萎靡,缩颈闭眼,身体蜷缩,双翅下垂,呆立一旁,眼半闭,食欲废绝或减少,嗜水,腹部膨胀,腹泻下痢,粪便由正常转为水泻,病初排白色水样稀粪,中后期呈黄绿色的黏糊状,肛门周围羽毛沾染粪便。后期为绿色或褐色,并带有臭味。羽毛蓬乱,逐渐消瘦,多在病后7～10 d死亡。

(四)病理变化

各种禽类的病理变化基本相似,主要表现在肝、脾和肠道。肝脏肿大呈砖红色,表面有粟粒至黄豆大的黄色、淡黄色、灰黄色或灰白色的坏死灶,其周边有一圈淡黄色的晕。濒死病鸽极度消瘦,剖开腹腔即有强烈的酸臭味,肠道有严重的出血性坏死病灶,尤以十二指肠最明显,呈黄色点状或圆形,有的病灶融合成大的坏死性伪膜斑块,剥离后可见肠壁下陷的溃疡,数量多时可能互相融合。严重病例的坏死灶深达肠壁全层,进而发生穿孔,引起腹膜炎和肠粘连。脾出血,肿大,有坏死点。其他实质器官基本正常。心肺无明显眼观病变。

(五)诊断

根据流行特点以及临床症状、剖检变化可初步诊断。肠道溃疡伴有肝脏坏死和脾脏的充血肿大和出血,是做出诊断的主要依据,确诊还需进行实验室检查。

1.涂片镜检

取肝的坏死灶、脾、血液等涂片,革兰氏染色后镜检,可见革兰氏阳性直杆状或稍弯曲的杆状细菌,两端钝圆,在菌体的亚极位有圆筒形芽孢,有时可见游离的芽孢。

2.鸡胚接种

取肝、脾病料组织制成1∶10的匀浆悬液,取上清液接种5～7日龄鸡胚卵黄囊,37 ℃培养48～72 h,鸡胚死亡,剖开卵黄囊有恶臭味,做卵黄涂片染色镜检,可见典型的梭状芽孢杆菌。

3.动物接种

取病鸽(禽)的肝坏死灶、脾病料接种鹌鹑,可见鹌鹑于1～3 d内死亡,剖检可见典型的病变。

(六)防制措施

预防本病的关键是要采取综合性措施。如不从疫区引进种鸽、种蛋;做好日常卫生管理工作;网上饲养,不让粪便与鸽接触,结合清扫和消毒等措施可控制本病。药物预防可选用链霉素等,间歇喂给或饮用及注射均可。对多种禽实行隔离饲养,实施全进全出制,用疫苗进行免疫接种,据报道,禽溃疡性肠炎油乳剂灭活苗具有98%～100%的保护率,免疫期可达6个月以上。

发现病禽及时隔离,扑杀重病乳鸽,喷洒消毒液,死禽应深埋或烧毁。粪便及时清理并消毒,禽舍和运动场定期消毒以彻底消灭传染源等,改造鸽舍,使鸽舍空气流通。添加多种维生素,如维生素 A、维生素 C,并给予全价饲料,以增强机体的抵抗力,并在饲料中添加抗生素,以预防细菌继发感染。

治疗本病最有效的药物是链霉素和杆菌肽,青霉素和四环素也有较好的治疗效果。但是使用磺胺类药物和土霉素进行治疗无效。

五、鸟痘

鸟痘是由痘病毒引起的一种常见的接触性传染病,又称为传染性上皮瘤、皮肤疮、头疮和禽白喉。本病以体表无羽毛部位散在的、结节状的增生性皮肤病灶为特征(皮肤型),也可表现为上呼吸道、口腔和食管部黏膜的纤维素性坏死性增生病灶(白喉型)。

(一)病原

本病的病原为痘病毒,属于痘病毒科、禽痘病毒属,病毒粒子呈砖形,由电子致密而居中的双凹核或拟核、两个凹陷中的两个侧面小体及囊膜组成,最外层有不规则分布的表面管状物。病毒主要在感染鸟的皮肤及黏膜病灶的上皮细胞胞浆内复制,上皮细胞核也参与此病毒的复制过程。病毒感染鸟后 72 h 可在上皮细胞质内出现 A 型包涵体。

痘病毒对外界自然环境的抵抗力较强,对乙醚和氯仿有抵抗力。痘病毒对热抵抗力不强,55 ℃经 20 min 或 37 ℃经 24 h 可丧失感染力,故在腐败的环境中病毒很快死亡。对冷及干燥有抵抗力,冷冻干燥可保存 3 年。在干燥的痂皮中病毒能存活几个月甚至数年,在正常条件下的土壤中可存活几周,在 pH 为 3 的环境中,病毒可逐渐失去感染能力。阳光或紫外线能迅速杀死病毒。在 20 ℃的条件下,用 0.2%烧碱溶液作用 10 min、3%石炭酸溶液作用 30 min 均可将其致弱,用 3%甲醛溶液作用 20 min 可将其灭活。

(二)流行病学

1. 传染源
病鸟是主要的传染源,病鸟康复后不再发病,但仍带有病毒,成为隐蔽的传染源,往往被人们忽视。

2. 传播途径
病鸟脱落和碎散的痘痂是散布病毒的主要形式,病毒也可通过泪液、鼻分泌物以及唾液排出。鸟痘的传播多经损伤的皮肤和黏膜而感染,鸟类打架互啄、接吻、蚊虫叮咬均会传染。被病毒污染的饲料、饮水或空气中含有病毒的尘埃、羽毛、干燥的痂皮也可以传播本病。

3. 易感动物
鸟痘病毒对宿主有明显的专一性,即在自然状态下,只使鸽感染发病,而不使其他鸟类感染发病。不同品种和年龄的鸽都可发生,尤其是乳鸽对本病特别易感,严重的地方发病率高达80%,死亡率达到 10%。童鸽也易发病,成鸟则较少感染发病。

4. 流行特点
鸟痘的发生有明显的季节性,一般夏秋季节多发,这与气候闷热、蚊虫叮咬有关,此外在季节变换时多易发生。拥挤、阴暗、潮湿、通风不良、体外寄生虫、啄癖或外伤、饲养管理不良和维生素缺乏等诱因,均可使本病加速发生或加重病情,如果此时又有并发症发生,则可造成大批病鸽死亡。

(三)临床症状及病理变化

鸟痘自然发病的潜伏期为 4~10 d,根据痘疮出现的部位可分为皮肤型、黏膜型、混合型 3 种。症状的严重程度取决于宿主的易感性、病毒毒力、病灶分布情况和其他并发因素的影响。

1. 皮肤型

此型多发生在鸟类身体无毛或少毛的眼睑、嘴角、鼻瘤、肛门、腿、脚和翼内等的皮肤上。病初皮肤呈小点状病变,之后随病情的发展小点不断增大、融合并经过丘疹、水疱、脓疱、结痂的过程,在体表形成痂性赘生物。剥去痂皮,出现出血性病灶。若有细菌感染会使痘痂化脓,一般痘痂 3~4 周后干枯而自行脱落,留下一平滑灰白色的疤痕。病鸟表现精神沉郁,羽毛松乱,食欲减退甚至废绝,闭眼呆立,生长迟缓。反应迟钝,行走困难。病情严重或饲养管理不良的,多以死亡为转归;不死的可逐渐康复,但生长发育都受到不同程度的阻滞。

2. 黏膜型

此型又称白喉型,病变通常发生在喙部口腔、喉(咽)部、气管和食道的黏膜上,在病变部可见到溃疡或白喉样黄白色病灶,初发为白色,不透明,稍有突起小结,然后迅速增大、融合而呈黄色干酪样,坏死物呈伪膜状态,恶臭,不易剥落,剥离后则露出糜烂、出血的病灶。在气管里发生痘,危害最大,鸟因咽喉沉积物堵塞,引起气管闭塞而窒息死亡。该病多发于秋冬季节,死亡率较高。有时也可在眼睑边缘和眼睑内发生,此时眼结膜弥漫性潮红、肿胀和分泌物增多,随着病情进一步发展,分泌物由浆液性变成黏液性、脓性,甚至变成干酪样的块状物,影响视力,有的上下眼睑粘连,眼部肿大向外凸出,造成失明。口腔的痘疮还可下行蔓延至喉头及食道的上段,严重影响采食和饮水,最后常死于饥饿,病程较皮肤型短。若有细菌感染,则喉部发炎,伪膜增厚而阻碍饮食,呼吸困难,进而衰弱,窒息而死。

3. 混合型

此型常称为"痘血喉",是皮肤型和黏膜型混合发生的类型。病鸟皮肤和黏膜均受到侵害。该病以体表无羽毛部位散在的、结节状的增生性皮肤病灶为特征(皮肤型),也可表现为上呼吸道、口腔和食管部黏膜的纤维素性坏死性增生病灶(黏膜型)。病情往往较单型的严重,危害也较大。病鸟表现精神委顿,呆立脚软,头低垂,翅膀松散下垂,食欲降低,体重减轻,病鸽肛门周围的羽毛粘有粪便,部分病鸽呼吸困难,机体衰弱以至死亡。亦常并发细菌感染或毛滴虫、球虫、呼吸道疾病,甚至造成死亡。

病理组织学变化皮肤型及黏膜型均是以上皮的增生和细胞的肿大及相应的炎症反应为特征,光镜下可见病变上皮的胞浆内有嗜酸性包涵体。

4. 败血型

此型很少见,若发生则以严重的全身症状开始,继而发生肠炎,病鸽有时迅速死亡,有时急性症状消失,转变为慢性腹泻而死。病变与临床诊断所见相似。口腔黏膜的病变有时可蔓延到气管、食道和肠。肠黏膜可能有小点状出血。肝、脾和肾常肿大。心肌有时呈现实质变性。组织学检查,病变的上皮细胞的胞浆内有包涵体。

(四)诊断

可根据皮肤及黏膜上的特征性病变做出初步诊断,但须注意与泛酸、生物素或维生素 A

缺乏引起的病灶相区别。确诊需进行病理组织学检查或病毒的分离鉴定。

1.组织学检查

取病灶部位皮肤或白喉样病灶的组织做切片,通过常规方法染色,如见到胞浆内包涵体即可确诊。

2.动物接种

取病鸟痂皮、伪膜病料制成匀浆悬液,离心,取上清液,通过刺翼或毛囊接种易感鸽,5～7 d 后如产生特征性皮肤病灶即可确诊。

3.鸡胚接种

取病料悬液上清液接种 10 日龄鸡胚绒毛尿囊膜,经 3～4 d 可见到绒毛尿囊膜的痘斑与水肿等病变。

4.血清学检查

常用的有血清中和试验、琼脂扩散试验、血凝与血凝抑制试验和 ELISA 等。

(五)防制措施

本病目前无特异性治疗方法,临床上主要进行对症治疗和防止继发感染。

预防本病,应特别注意加强笼舍卫生管理,经常用 1% 氢氧化钠溶液消毒,并做好灭蚊工作。新引入鸟应隔离观察 1 个月,无异常再合群。

临床上常采用以抗菌消炎为主的对症性辅助疗法。一方面应进行全场投药;另一方面是采取外科手术,用小钳子钳去痘痂,皮肤型涂上碘酒、龙胆紫或四环素药膏。黏膜型则滴上碘甘油和冰硼散。但要注意外科手术易引起大量出血,加速死亡。对眼、鼻发炎的病鸽,除去痘痂后,用 2% 硼酸溶液冲洗患部,并涂擦金霉素眼膏,再滴入 5% 的蛋白银溶液,连续 3～5 d,有较好的疗效。对于经济价值较高的鸟,如信鸽、鹦鹉等,可以选择肌内注射 2 头份的干扰素。

六、鸟大肠杆菌病

大肠杆菌病是由大肠埃希氏菌引起的传染性疾病,多现于家禽和鸟类,哺乳动物和人也可感染本病。

(一)病原

本病的病原为致病性大肠杆菌,属于肠杆菌科、埃希氏菌属,为革兰氏染色阴性的杆菌,不形成芽孢,有的有荚膜,大小通常为(2～3) μm×0.6 μm,具有周身鞭毛,可活泼运动,本菌在病料和培养物中均无特殊排列。本菌兼性厌氧,对营养要求不高,在普通培养基中即可生长。

大肠杆菌在自然界中分布极广,可以说凡是有哺乳动物和禽类活动的环境,其空气、水源和土壤中均有本菌存在的可能。大肠杆菌的血清型极多,有关文献报道,菌体抗原(O 抗原)141 个、荚膜抗原(K 抗原)89 个、鞭毛抗原(H 抗原)49 个,根据大肠杆菌的 O 抗原、K 抗原、H 抗原等表面抗原的不同,可将本菌分成很多的血清型。

本菌对外界环境因素的抵抗力属中等,对理化因素较敏感,55 ℃经 1 h 或 60 ℃经 20 min 被灭活,120 ℃高压消毒立即死亡,而在寒冷而干燥的环境中能生存较久。大肠杆菌在水、粪便和尘埃中可存活数周或数月之久。本菌对石炭酸和甲醛高度敏感,但黏液和粪便的存在会降低这些消毒剂的效果。

(二)流行病学

1.传染源

病鸟和带菌鸟是本病主要的传染源,病菌通过污染的蛋壳,病鸟的分泌物、排泄物及被污染的饲料、饮水、食具、垫料及粉尘传播。鼠是本菌的携带者。

2.传播途径

本病的传播途径有很多种,接触传染是最主要的,主要经过呼吸道、消化道、交配等途径传染,也可通过母源性带菌垂直传递给下一代,还可经肛门及皮肤创伤等入侵。饲料、饮水、垫料、空气等是主要的传播媒介。病菌通过粪便污染的饲料、饮水、蛋壳等,使胚胎、幼鸟或成年鸟发病。

3.易感动物

各种动物皆易感染本病。通常在卫生条件差,维生素和其他营养物质缺乏或有其他疾病时,多易发生此病。

4.流行特点

本病一年四季均可发生,但以冬春寒冷和气温多变季节多发,湿度大、密度大、管理不当会引发本病。常与慢性呼吸道疾病、新城疫、传染性支气管炎、支原体病、传染性法氏囊病、马立克氏病、曲霉菌病、葡萄球菌病、绿脓杆菌病、沙门氏菌病、鸡副嗜血菌病、念珠菌病、球虫病、腹水症等混合感染。

(三)临床症状

本病潜伏期为数小时至 3 d,常见的有以下几种类型。

1.急性败血型

病鸟表现精神萎靡,呼吸困难,食欲、饮欲下降或废绝,羽毛逆立,呆立一旁,流泪,流涕,排黄白色或黄绿色稀粪,全身衰竭。最急性病例突然死亡,有的临死前出现仰头、扭头等神经症状。鸟类常陆续发病死亡,持续很久,在日龄较低、饲养管理不善、治疗药物无效的情况下,累计死亡率可达 50% 以上。

2.大肠杆菌性肉芽肿型

此型的症状只是一般性的,并没有特征性表现。

3.腹膜炎

此型是由大肠杆菌局部感染引起的。一般以母鸽的卵黄性腹膜炎为多,以大肠杆菌破坏卵巢,造成蛋黄进入腹腔而导致腹膜炎较为常见。

4.幼鸟脐炎

此型主要是大肠杆菌与其他病菌混合感染造成的脐炎,本病主要发生于出壳初期,出雏提前,出壳幼鸟脐孔红肿发炎并常有破溃,脐带断痕愈合不良,后腹部胀大,皮薄,发红或呈青紫色,常被粪便及脐孔渗出物污染。粪便黏稠,黄白色,有腥味。全身衰弱,闭眼,垂翅,懒动,很少采食或废食,有时尚能饮水,较易死亡。

5.气囊炎

大肠杆菌常使鸟类气囊发生感染,引起呼吸困难。本型通常是一种继发性感染,当出现新城疫、支原体等感染时,本病多伴随发生。病鸟初期少食,饮水多,2～3 d 后不食,体瘦,衰竭,粪便稀如水样。呼吸困难,伸颈张口喘气。口腔黏膜增厚,有大小不等的淡黄色附着物,附着物有时阻塞喉头及食道。口腔中有的积聚多量液体,很快体重下降,衰竭死亡。

6.全眼球炎

本病一般发生在败血症的后期。病鸟头部轻度肿大,少数鸟类的眼球由于大肠杆菌的侵入而引起炎症,大多数是单眼发炎,少数为双眼发炎。表现为眼皮肿胀,闭眼流泪,眼内蓄积脓性渗出物,眼睑肿胀。有的眼睑发生粘连,眼球发炎,角膜浑浊,拥挤呆立或蹲伏于地,少数呼吸困难,病情较轻的,出现歪头斜颈,腹泻,排黄白色或绿色水样、恶臭的粪便的症状,严重时双眼失明。病鸟精神沉郁,蹲伏少动,觅食困难,最后衰弱死亡。

(四)病理变化

剖检病死鸟尸体,因病程、年龄不同,有以下多种病理变化。

1.急性败血型

急性败血型病鸟剖检可见胸肌丰满、潮红,嗉囊内常充满食料,发出特殊的臭味,有时可见腹腔积液,液体透明、淡黄色。肠黏膜充血、出血,脾脏肿大,色泽变深。肛门周围有粪污。其特征性的病变为心包、肝周围及气囊覆盖有淡黄色或灰黄色纤维素性分泌物,肝的质地较坚实,有时有古铜色变化。

2.大肠杆菌性肉芽肿型

大肠杆菌性肉芽肿型病鸟明显的肉眼变化是胸、腹腔、脏器出现大小不等、近似枇杷状的增生物,有的呈弥漫性散布,有时则密集成团,灰白色、红色、紫红色、黑红色不等,切开可见内容物为干酪样,各脏器为不同程度的炎症。

3.腹膜炎

剖检可见腹水较多,腹腔内布满蛋黄样凝固的碎块,使肠系膜、肠相互粘连,卵巢中正在发育的卵泡充血、出血,有的萎缩坏死。

4.幼鸟脐炎

幼鸟脐部受感染时,脐带口发炎,多见于蛋内和刚孵化后的幼鸟感染。

5.气囊炎

病鸟气囊增厚,附着多量豆腐渣样渗出物,由于原发病的掩盖而不表现出特殊症状。

6.全眼球炎

病鸟消瘦,切开眼部,内含黄白色豆腐渣样块状物,眼球外层覆盖一层混浊的淡白色薄膜,喉部有黄色干酪样渗出物,肠黏膜充血、出血、淤血,尤以十二指肠最为严重,肝、脾略肿大,气管环状出血。

(五)诊断

临床检查结合流行病学、剖检变化可初步确诊,进一步确诊可通过实验室检验,取眼内分泌物或肝、脾等病变部位涂片,镜检发现大量大肠杆菌,即可确诊。

(六)防制措施

在预防方面,做好平时的兽医卫生防疫工作,加强饲养管理及定期投服预防药等,搞好环境卫生,及时消除粪便,饲槽、水槽要清洗干净,鸟的笼舍及运动场要定期消毒。

治疗可优选 2～3 种敏感药物交替使用,每日仅用一种,早晚各用一次,连用 6 d,中间不能停药,或选用鸟类从未用过的抗菌药物 2～3 种进行交替防治。以下抗菌药物也可选用:四环素类抗生素(土霉素、多西环素等),0.01%～0.06%混合于饲料,0.004%～0.008%混合于饮水,连用 5～7 d;多黏菌素 B 与多黏菌素 E,每天用 8 000～10 000 单位,1 次肌内注射,或每天分 3 次口服,连用 3～5 d,在治疗时与四环素药物合用有协调作用;呋喃唑酮,0.01%～0.04%混合于饲料或饮水,连用 7 d;磺胺类药物[磺胺噻唑(ST)、磺胺嘧啶(SD)、磺胺二甲嘧啶],0.5%混合于饲料或 0.2%饮水,连用 2～4 d;磺胺间甲氧嘧啶(SMM)、磺胺甲基异 χ 唑(SMz)、磺胺喹 χ 啉(SQ),0.1%混合于饲料,连用 2～4 d。

七、鸟类沙门氏菌病

鸟类沙门氏菌病是由沙门氏菌属中的任何一种或多种细菌引起的急性或慢性消化道传染病。本病常见于幼龄鸟,以急性败血症、腹泻为主要特征。笼养鸟和大量圈养的鸟易感染此病,爬行动物和哺乳动物也易感染此病。

(一)病原

本病病原为沙门氏菌属细菌。本属细菌都是革兰氏阴性、不产生芽孢的杆菌,生物特性和抗原结构相似,兼性厌氧。目前已知有 2 500 种以上,除家禽外,从各种鸟类分离的血清型达 51 种,其中从宠鸟分离的血清型达 10 种,尤以鼠伤寒沙门氏菌为最多。本菌对干燥、腐败、日光等因素具有一定的抵抗力,可以生存数周或数月;60 ℃经 1 h、70 ℃经 20 min、75 ℃经 5 min 死亡;对化学消毒剂的抵抗力不强,一般常用的消毒剂和消毒方法即可达到消毒目的。

(二)流行病学

1.传染源

病鸟和带菌鸟、特别是耐过的成年鸟常成为带菌者,从粪便中持续排菌,故为主要传染源。

2.传播途径

本病的传播方式有 2 种,即水平传播和垂直传播。水平传播主要是通过污染的饲料、饮水经消化道传播。此外也可通过呼吸道、眼结膜及受损伤的皮肤传播;垂直传播是带菌的种蛋或被污染的种蛋经孵化使胚胎受到感染,导致本病经种蛋传播给后代,垂直传播对本病的发生具有极为重要的意义。鼠类和苍蝇等都是主要带菌者,对传播本病起重要作用。

3.易感动物

火鸡对本病有易感性,但次于鸡、鸭、雏鹅、珍珠鸡、野鸡、鹌鹑和麻雀,欧洲莺和鸽也有自然发病的报告。芙蓉鸟、红鸠、金丝雀、绿雀和乌鸦不易感。在发病年龄上,虽无明显特异性,但多发生于幼鸟。

4.流行特点

本病虽一年四季均可发生,但常发于气候多变的季节,特别是冷湿季节。笼舍污秽、潮湿、拥挤,饲料和饮水供应不足、质量低,长途运输中气候恶劣、饥饿,体内外寄生虫寄生等,均可促进本病的发生。

(三)临床症状

1. 幼龄鸟

幼龄鸟多表现嗜睡,食欲消失,胎毛蓬乱,喜躲在昏暗处,缩颈,眼半闭,翅膀下垂,呆立不动,腹泻。粪便初呈乳糜样,以后变为白色,肛门周围胎毛常沾有粪便,有时肛门被粪便堵住,肛门沾满粪便的病雏鸟在排便时常发出尖锐的鸣叫声。此外,常表现体温升高,呼吸困难,大多数死亡。

2. 青年鸟与成鸟

本病在青年鸟与成鸟中急性型不多见,一般均为慢性经过,主要出现精神沉郁,食欲不振,羽毛松乱无光泽,体况下降,逐渐消瘦。时断时续出现下痢,拉稀便,有的出现不愿活动、行走困难、关节肿胀发硬、单脚站立等关节炎症状。种鸟在本病流行时期应停止繁殖。

(四)病理变化

在幼龄鸟极为严重的暴发中,可能不出现病变或仅表现为出血性或坏死性肠炎。随着病情的发展,可见病鸟消瘦、脱水、卵黄凝固、肝和脾充血并有条纹状出血斑或针尖大小坏死灶,肾脏充血,心包炎并有粘连。关节炎者还可见关节皮下软组织肿胀明显。眼睑肿胀,结膜发炎。

鸽在感染本病后,还可在口腔、舌根与上腭有黄绿色纤维蛋白沉积。

(五)诊断

根据其临床症状,病理剖检变化及流行病学调查等,可做出初步诊断,作为制订早期治疗或控制措施的基础,确诊需进行实验室诊断。

(六)防制措施

重病的鸟很难康复。一些有价值的鸟要进行较长疗程的治疗,并在间隔一段时间后重复进行治疗。治疗时可首先选用呋喃唑酮、壮观霉素、磺胺类药物,特别是磺胺二甲基嘧啶和磺胺嘧啶,在消除临床症状方面有一定疗效。此外,庆大霉素、四环素、土霉素也可选用,但要注意轮换用药,以防病原菌产生耐药性。

预防本病最好的方法是定期做好检疫工作,将隐性感染的种鸟和带菌鸟清理出群,从种源上杜绝本病的发生。其次是要做好消毒工作,特别要注意对种蛋的消毒和选择。

八、鸟巴氏杆菌病

鸟巴氏杆菌病是由多杀性巴氏杆菌引起的,各种禽类均可感染的一种急性、细菌性传染病,又称禽霍乱或禽出血性败血症。其特征是突然发生、下痢、败血症和高死亡率。本病在我国禽群中时有发生,在世界上分布很广,已成为一种常见病。

(一)病原

本病病原为多杀性巴氏杆菌。本菌是一种革兰氏阴性、不运动、不形成芽孢的杆菌,单个或成双存在,偶尔可见呈链状或丝状排列。其大小为$(0.2\sim0.4)\ \mu m \times (0.6\sim2.5)\ \mu m$。经反复继代培养后,趋向于呈多形性。用亚甲蓝、石炭酸-复红或吉姆萨染色后,组织、血液中的细菌及新分离物呈明显的两极着色。

本菌在血液琼脂上生长良好,呈淡灰色、圆形、湿润、露滴状、不溶血的小菌落。利用血清(或马丁肉汤)琼脂上培养 18～24 h 的菌落在 45°折光观察,根据菌落的荧光特征可分为 Fo 型(对禽致病力强)、Fg 型(对禽致病力较弱)和 Nf 型(无荧光、无毒)3 型。

本菌的抵抗力不强,在阳光直射或干燥情况下很快死亡。加热 56 ℃经 30 min,60 ℃经 20 min,70 ℃经 5～10 min 即可死亡。5％石炭酸、1％漂白粉、5％～10％热石灰水等作用 1 min 即可灭活。

(二)流行病学

1.传染源

病禽和病鸟是本病的主要传染源。飞禽、猪、猫、狗、鼠及某些昆虫如苍蝇均可机械性地将禽霍乱病菌带入禽群或鸽群。

2.传播途径

本病的传播途径主要是消化道和呼吸道,通过食入被污染的饲料和饮水,以及吸入被污染的空气而感染;体外寄生虫也可起媒介者的作用;还有人类、野禽和其他动物等带菌者也能起机械性传播作用。

3.易感动物

各种家禽(鸡、鸭、鹅、鸽和火鸡)、人工饲养的珍禽(鹌鹑、锦鸡、珍珠鸡和石鸡等)、野生水禽和接近禽场的小型飞鸟(麻雀、乌鸦和棕鸟等)对本病均具易感性。在实验动物中,家兔和小鼠非常敏感。

4.流行特点

本病经常呈散发性,偶尔呈现流行性。本病虽一年四季均可发生,但多发生于夏末和秋季,多见于温热、潮湿的季节。饲养密度高,通风不良,管理不佳都可成为群体发病的诱因。

(三)临床症状

1.最急性型

本型多见于肥壮、高产的鸟群或禽群,流行早期常突然发病,并迅速死亡,死前多有乱跳、拍翅等垂死挣扎的表现。

2.急性型

本型病程 1～2 d,病鸟或病禽精神委顿,羽毛松乱,头低眼闭,翅膀下垂,离群呆立,不愿走动,食欲废绝,渴欲增加,呼吸急促,口、鼻有黏液流出,常伴有腹泻,粪便稀烂、恶臭,呈黄绿色或棕色。结膜发炎,鼻汁灰白,嗉囊积液,倒提时,口流带泡沫的黏液,最后死于衰竭,在昏迷中死亡。从原发急性败血期幸存下来的,可由消耗和脱水导致的衰弱,转为慢性或康复。

3.慢性型

慢性型由急性转化而来,多见于流行后期,亦可由低毒力菌株感染所致。主要表现为呼吸道和消化道的慢性炎症。喉头、鼻孔有黏液,鼻窦肿大,呼吸啰音,食欲不振,经常腹泻,形体消瘦,贫血,精神萎靡不振。有的发生慢性关节炎,关节肿胀、跛行,病程可达1个月以上,一般不致死,但生长发育严重受阻。

(四)病理变化

1.最急性型

病死鸟多无明显病变,或偶见心外膜有散在、针尖样出血点。

2.急性型

急性型表现为肺淤血或有出血点,心外膜及心冠脂肪有出血点,心包液增多,肝肿大淤血,有的肝有针尖大小的白色坏死灶,肠充血或出血,肾肿胀。

3.慢性型

本型表现为局部感染,如鼻窦肿大,鼻腔内有多量黏液性渗出物,病鸽关节肿大,在关节和腱鞘内蓄积有混浊或干酪样渗出物。

(五)诊断

根据流行病学特点,结合临床症状,病理剖检变化等,即可做出初步诊断,确诊应进行实验室诊断。

骨髓、心血、肝脏、脑膜及局部感染的渗出物(如鼻腔分泌物)是病原分离的优选样本。可采取上述组织做切片,亚甲蓝或瑞氏染色镜检,可见两极着染,形态微小的球杆细菌。或进行细菌的培养鉴定。

动物接种取病料:用灭菌生理盐水制成1:10的匀浆悬液,取上清液,或取分离培养菌的纯培养物0.3～0.5 mL,给小鼠、鸽或鸡腹腔接种,经24～48 h发病死亡,并能从接种动物的心血或肝脏中分离到纯的细菌培养物。

对于慢性禽霍乱可采用快速全血凝集试验、血清平板凝集试验或琼脂扩散试验做出诊断。

(六)防制措施

1.预防

目前本病的预防关键仍然是综合性措施。

①做好平时的卫生防疫及饲养管理工作。经常对鸟笼、鸟舍及用具清毒。对新引入的鸟,应隔离观察1个月。

②合理进行药物预防。应根据病鸟分离菌药敏试验的结果,选择最敏感药物进行药物防治,以维持生产、防止扩散和及时控制,同时也避免耐药性菌株的产生。

2.治疗

多杀性巴氏杆菌对链霉素、广谱抗生素及磺胺类药物都敏感,在鸟巴氏杆菌病的治疗中,链霉素可按每只每次1万～2万IU灌服,口服2次,或按此剂量进行肌内注射;也可每升水加链霉素20万IU,口服2～3 d。也可用土霉素或四环素,按30 mg/kg体重肌内注射,每天2次,连用2 d;亦可按60 mg/kg体重口服或拌料,每天2次,连用2～3 d。磺胺二甲基嘧啶可按0.2%～0.5%加入饲料或0.1%～0.2%加入饮水,连服3～4 d。需要注意的是,治疗用药必须在暴发的早期进行。

九、鸟疫

鸟疫又称禽衣原体病,是由衣原体引起的鸟类的一种全身性接触性传染病。病鸟以多处黏膜发炎、机体消瘦为主要特征。有的突然死亡,无前期症状,有的不显症状或仅表现为短暂腹泻。

本病最早发生于人类和鹦鹉,自然情况下鹦鹉感染率最高,所以称为鹦鹉病或鹦鹉热。后来,人们发现,除了鹦鹉之外,各种家禽及100多种鸟类均可感染此病,又将其称为鸟疫。人也可以感染发病,因此本病具有重要的公共卫生意义。

(一)病原

鸟疫的病原体是鹦鹉热衣原体。衣原体是一种严格的细胞内寄生物,对于动物上皮柱状细胞有趋向性。由于严格的细胞寄生性,过去被认为是一种病毒。然而衣原体具有细胞壁,其构造与组成和革兰阴性细菌相似。体内既有 DNA 又有 RNA,能合成自己的核酸、蛋白质和脂类,但是合成能力有限,不能脱离细胞而营自由生活。又因其对抗生素敏感,所以不是病毒。

随着发育阶段的不同,衣原体有 2 种不同的形态。一种是具有传染宿主能力的原生小体,另一种是具有分裂能力,负责繁殖任务的网状体。原生小体微小、致密、球形,直径大小 $0.2\sim0.3~\mu m$,无鞭毛、菌毛,不能运动。宿主从外界摄入原生小体,原生小体附着在柱状上皮细胞上,上皮细胞膜凹陷将原生小体包围在内,原生小体发育成为直径 $0.6\sim0.8~\mu m$ 的网状体,以二分裂方式繁殖。数百个新分裂的网状体聚集在一起,形成所谓的包涵体,网状体进而浓缩成原生小体。宿主细胞破裂释放出的原生小体随宿主排泄分泌物排出体外,感染其他易感动物,完成其生活史的循环。

鹦鹉热衣原体对外界环境的抵抗力不强,许多常用消毒剂可使其灭活,碘酊溶液、70%的酒精等可在几分钟内破坏其感染性。将其置于75%乙醇中 0.5 min,0.1%甲醛(福尔马林)或0.5%的苯酚溶液 24 h 均可灭活。但对煤酚类化合物和石灰具有抵抗力。可耐低温,在−75 ℃或冷冻干燥状态下存活,不能用甘油保存,对热敏感,鹦鹉热衣原体 60 ℃经 10 min、37 ℃经 2~3 h 可丧失感染力。紫外线照射可迅速灭活。四环素和红霉素等抗生素有抑制衣原体繁殖的作用。

(二)流行病学

1.传染源及传播途径

鹦鹉热衣原体主要存在于病鸟体内,经呼吸道或消化道途径可传染易感鸟。混于尘埃中的衣原体或感染性气溶胶可经呼吸道进入体内引起吸入性感染;而接触带菌鸟及其污染的分泌物、排泄物(如粪便、口腔内黏液、泪液、鸽乳等)等,则可经由破损皮肤或黏膜以及消化道等多种途径感染。

2.易感动物

该病能感染包括家禽在内的 100 多种鸟类,也可从鸟类传染给人,使人发生肺炎。各种年龄的鸽均可感染,但以幼鸽易发,青年鸽多为隐性感染,成年鸽较少发病,每年的 5—7 月份和10—12 月份最常发病。

3.流行特点

本病的暴发流行，多发生于与家禽或鸟类集市经常接触的人，或有关的职业人群。在其生产活动或加工过程中，可能同时有大批人员受到感染，以致引起较大规模流行。本病易感性普遍，感染后不一定产生免疫力，加上疫苗接种效果不理想，复发很常见。带菌鸽受环境应激或继发沙门氏杆菌病或毛滴虫病时，常出现急性型症状并引起死亡。

(三)临床症状

鸽的鸟疫通常有2种类型，即急性型和隐性型。

急性型常发生于幼鸽，死亡率可达80%。病鸽精神不振，食欲减退，腹泻，早期粪便呈水样，颜色为绿色或灰色，中期粪便量减少，黏稠，呈黑色或绿色，常污染羽毛。到后期粪便为大量水样。多呈单侧结膜炎、流泪，分泌物初为水样，后多为黏性或脓性，眼睑粘在一起，引起眼睑明显肿胀。早期角膜混浊，当炎症逐渐加重，特别是继发细菌感染时，可出现眼睛失明，有些病鸽发生鼻炎，最初的分泌物是较为稀薄的水样液，后变成黄色黏性物阻塞鼻孔，病鸽半张口呼吸，发出"吱—嘎"声或"咯—咯"声，打喷嚏，头颈不时出现突发性痉挛。呼吸困难，胸肌皮肤呈蓝色，主要表现为肺炎，有干咳，少量黏液性痰，有时痰中带铁锈颜色，各种检查也呈现肺部有病变。

成年鸽类受感染后，多呈隐性或慢性经过，症状不明显。

(四)病理变化

病理变化为伴有单核细胞渗出的肺炎，与其他"原发性非典型性"肺炎相同，气管有黏液，心脏表面有纤维素性渗出液，心包积液，心脏肥大，心包膜充血、出血；胸腹腔内也有纤维素性渗出物，肠壁黏膜有大量黏液。肝肿大，肝表面有淡黄色芝麻粒至绿豆大的坏死灶、脾明显肿大，比正常大3倍，胆囊肿胀，肾肿大和膜下小点出血等。气囊浑浊、增厚，个别呈干酪样病变，卡他性肠炎，泄殖腔内有较多的尿酸盐沉积。

(五)诊断

鸟疫患鸟皮肤呈紫黑色，具有传播速度快、发病多、死亡少的特点，再根据鸽群中反复出现结膜炎、呼吸困难，以及肝、脾、心等病理变化，可初步诊断，确诊需结合镜检、血清学检查、病毒分离、动物接种等实验室检验手段来进行。本病易与霉形体病、巴氏杆菌病、嗜血杆菌病等病混淆，区别如下。

霉形体病：没有严重卡他性症状和结膜炎表现。

巴氏杆菌病：发病时眼结膜炎常是双侧的。

嗜血杆菌病：眼睑高度肿胀，并伴有脓性分泌物。

(六)防制措施

鸟疫的主要预防措施是消灭传染源，切断传播途径，彻底销毁病死鸟。发现病鸽，应隔离治疗，对鸽舍应封锁。加强饲养管理，对舍内外进行全面彻底的清洗消毒，还应保持舍内干燥清洁，防止各种应激。新引进的鸟隔离检疫，不合格者不得混群。因该病属人鸟共患病，应注意防止饲养人员被感染。还要严禁外来人员进出疫区，以免感染和疫情扩散。消灭吸血昆虫，也是预防本病的重要措施。

治疗本病常用土霉素、四环素。治疗时可按具体病情给药。拌料饲喂,每千克饲料添加土霉素 0.4～0.8 g,或按每只 50～100 mg 计算混料,连服 5 d 后停 2 d,再用药 5 d。完成第二个疗程后应进行鸽舍的全面消毒。并发霉形体感染时,可在饮水中加入泰乐菌素饮服,按 0.8 g/L 比例给药,连饮 2～3 d。

十、鹦鹉圆环病毒病

鹦鹉圆环病毒病是由鹦鹉圆环病毒感染引起的一种以羽毛脱落或喙变形为特征的病毒性传染病,又称为鹦鹉喙羽病。

(一)病原

该病毒属圆环病毒科的长尾鹦鹉喙羽病病毒。病毒颗粒无囊膜,球形二十面体对称,直径 17 nm,是已知最小的动物病毒。病毒颗粒常可见于感染的细胞。呈珍珠串样排列。基因组为单分子单股双向环状 DNA。病毒对外界环境的抵抗力较强,能抵抗 61 ℃ 30 min 以及 pH 3～9 的环境。

(二)流行病学

本病分布于世界各国,宿主鸟种较广,有 30 多种鹦鹉发现此病。带毒鸟是主要的传染源。病鸟的羽屑、粪便、嗉囊分泌物中都可发现病毒。本病主要以水平传播为主。5 岁以内的鹦鹉最易感。如白色或粉红色的巴丹、绿翅金刚、珍达锥尾、派翁尼斯及亚马逊鹦鹉等。此外非洲的灰色鹦鹉、牡丹类鹦鹉及南美产的帽鹦类及有冠鹦鹉类均易感本病。

(三)临床症状

该病可分为急性型、亚急性型和慢性型 3 型。

1.急性型

本型以 14～16 周龄的幼鸟多发,病鸟昏睡,食欲不振,嗉囊蠕动停滞,下痢,掉羽,羽毛弯曲变形,有的竖立折断,鸟喙变形,血细胞减少。出现症状的病鸟,可能在当天或数周内死亡,死亡率较高。

2.亚急性型

病鸟多表现嗉囊蠕动停滞,肺炎,下痢,体重减轻及突然死亡等症状,羽毛上的病变较少出现。较常见于灰鹦及巴丹的幼鸟。

3.慢性型

本型多见于 3 岁以内的鸟,病鸟可能因二次感染而死亡,羽毛上的病变包含羽鞘未脱落,羽毛根部出血,羽毛变形等,绒羽通常先掉落,接着冠羽、飞羽、尾羽等体羽也开始掉落。有些病鸟已经全身秃毛,但仍可再活数个月至数年后才死亡。有的病例可见口腔溃疡,鸟喙过长或断裂,喙尖端坏死。多伴随有细菌或霉菌的继发性感染。桃色巴丹、摩鹿加巴丹以及葵花巴丹的喙常发生病变。

(四)病理变化

组织病变在胸腺及法氏囊,可见结构异常病,有嗜碱性胞浆或核内包涵体,慢性病例体羽、主翼羽及前翼羽发育异常,羽根受损,羽鞘未脱落,羽毛根部出血,羽毛变形等。喙过长变形或断裂,尖端坏死,口腔可见坏死和溃疡。

(五)诊断

根据羽根、喙及爪多种坏死病灶,组织学检查可见角质化过度,羽根、喙及法氏囊的坏死细胞质中或核内检出嗜碱性包涵体可确诊。病毒分离可采用来源于虎皮鹦鹉细胞进行细胞培养。

(六)防制措施

目前尚无疫苗预防,主要采取严格的卫生和检疫措施,对病鸟隔离和防止继发感染。除了支持疗法外,目前无有效的治疗方法。在引进新鸟之前,最好都能先做全血筛检。对羽毛正常,但 DNA 检测呈阳性反应的鸟,应隔离 90 d 后再做检验。

任务二　宠物兔的传染病

一、兔黏液瘤病

兔黏液瘤病是由黏液瘤病毒引起的一种高度接触传染性、高度致死性传染病,以全身皮下特别是颜面部和天然孔周围皮下发生黏液瘤性肿胀为特征。二类疫病,但常常给养兔业造成毁灭性的损失。试验证明,本病对我国饲养的家兔感染率和致死率均为 100%。

(一)病原

黏液瘤病毒属痘病毒科野兔痘病毒属。病毒颗粒呈卵圆形或椭圆形,大小 280 nm×250 nm×110 nm。负染时,病毒粒子表面呈串珠状,由线状或管状不规则排列的物质组成。该病毒只发现一个血清型,但不同的毒株在抗原性和毒力方面互有差异,毒力弱的毒株引起的死亡率不到 30%,毒力最强的毒株引起的死亡率超过 90%。

黏液瘤病毒的理化特性和其他痘病毒相似,病毒颗粒的中心体对蛋白酶的消化有抵抗力。病毒对干燥有较强的抵抗力,在干燥的黏液瘤结节中可保持毒力 3 周,8~10 ℃潮湿环境中的黏液瘤结节可保持毒力 3 个月以上。病毒在 26~30 ℃时能存活 10 d,50 ℃经 30 min 被灭活,在普通冰箱(2~4 ℃)中,以磷酸甘油作为保护剂,能长期保存。病毒对石炭酸、硼酸、升汞和高锰酸钾有较强的抵抗力,但 0.5%~2.2%的甲醛 1 h 内能杀灭病毒。黏液瘤病毒对乙醚敏感,这一点与其他痘病毒不同。

(二)流行病学

兔是本病的唯一易感动物,其他动物和人没有易感性。家兔和欧洲野兔最易感,死亡率可达 95%以上,但流行地区死亡率逐年下降。美洲的棉尾兔和田兔抵抗力较强,是自然宿主和带毒者,基本上只在皮内感染部位发生少数单的良性纤维素性肿瘤病变,但其肿瘤中含有大量病毒,是蚊等昆虫机械传播本病的病毒来源。

直接与病兔接触或与被污染的饲料、饮水和器具等接触能引起传染,但接触传播不是主要的传播方式。自然流行的黏液瘤病主要是由节肢动物口器中的病毒通过吸血从一只兔传到另一只兔,伊蚊、库蚊、按蚊、兔蚤、刺蝇等有可能是潜在的传播媒介,实验证明,黏液瘤病毒在兔蚤体内可存活105 d,在蚊子体内能越冬,但不能在媒介体内繁殖。在美国、澳大利亚和欧洲大陆,蚊子是主要的传播媒介,在英国,兔蚤是主要传播媒介,蚊子只起次要作用,因为兔蚤的生存受季节性影响较弱,所以英国的兔黏液瘤病毒没有明显的季节性。另外,兔的寄生虫也能传播本病。

(三)临床症状

黏液瘤病一般潜伏期为3～7 d,最长可达14 d。人工感染试验表明,接种野毒株后4 d,接种部位出现1.5 cm、软而扁平的肿瘤结节,第7天原发肿瘤增大到3 cm,出血,次发肿瘤结节遍布全身,到第10天时,原发肿瘤增大到约4 cm,坏死,次发肿瘤少数也出血坏死,病兔头部肿胀,呼吸困难,衰竭而死。

兔被带毒昆虫叮咬后,局部皮肤出现原发性肿瘤结节,5～6 d后病毒传播到全身各处,皮肤上次发性肿瘤结节散布全身各处,较原发性肿瘤小,但数量多,随着子瘤的出现,病兔的口、鼻、眼睑、耳根、肛门及外生殖器均明显充血和水肿,继发细菌感染,眼鼻分泌物由黏液性变为脓性,严重的上下眼睑互相粘连,使头部呈狮子头状外观,病兔呼吸困难、摇头、喷鼻、发出呼噜声,10 d左右病变部位变性、出血、坏死,多数惊厥死亡。感染毒力较弱毒株的兔症状轻微,肿瘤不明显隆起,死亡率较低。在法国,由变异株引起的"呼吸型"黏液瘤病,特点是呼吸困难和肺炎,但皮肤肿瘤不明显。

(四)病理变化

剖检可见皮肤肿瘤,皮下组织呈明胶样。脾、淋巴结、胸腺等组织的网状内皮细胞呈现黏液瘤细胞化,在各种细胞内可检出胞浆内包涵体。

(五)诊断

根据本病特征性症状和病变,结合流行病学变化很容易做出初步诊断。但在新疫区或毒力较弱的毒株所致的非典型病例或因兔群抵抗力较强,症状和病变不明显时,则不易诊断。确诊可取病变组织作切片或涂片,检查星状细胞和包涵体,或取新鲜病料接种家兔、鸡胚、兔肾原代细胞或PK13传代细胞,分离和鉴定病毒。此外,还可应用琼脂凝胶双向扩散试验、ELISA及补体结合试验等血清学方法进行诊断。

(六)防制措施

目前本病尚无有效的治疗方案,预防主要靠注射疫苗。国外使用的疫苗有Shope氏纤维瘤病毒疫苗,预防注射3周龄以上的兔,4～7 d产生免疫力,免疫保护期1年,免疫保护率达90%以上。此外,MSD/S株和Mm16005株疫苗的免疫效果也很好。同时,也要严禁从有该病发生和流行的国家和地区进口兔及兔产品。引进种兔及兔产品时,应严格口岸检疫。新引进的兔需要隔离饲养14 d,检疫合格者方可混群饲养。在发现疑似病例时,应立即向有关部门报告疫情,并迅速做出确诊,及时执行扑杀政策,如采取销毁尸体、消毒污染场所、消灭节肢动物和接种疫苗等措施进行综合性防制。

二、兔病毒性出血症

兔病毒性出血症又名兔出血性肺炎、兔出血症和兔瘟。是由兔病毒性出血症病毒(RHDV)所致的兔的一种急性、败血性、高度接触传染性、致死性和以全身实质器官出血为主要特征的传染病。该病主要危害兔,目前还未见其他动物发病的报道。

(一)病原

该病毒(RHDV)是一种新发现的病毒,具有独特的形态结构,有关病毒的核酸还存在争论。1991 年在北京召开的兔出血症国际会议上,德国动物病毒研究所 Thiel 教授提出 RHDV 核酸为单股 RNA,在分类上应归属于嵌杯病毒属,称为兔嵌杯病毒(RCV)。而当时国内杜念兴教授认为 RHDV 为单股的 DNA 病毒,应归于细小病毒科,但由于病毒形态较大,幼畜不致病,具有明显而稳定的血凝性以及病毒子带正电、泳向负极等特性不同于细小病毒,故暂定为类细小病毒(PLV)。现已证实,欧洲流行的兔病与我国流行的是同一种病原引起的,病毒在血清学上完全一致。RHDV 成熟的病毒粒子为球形颗粒,无囊膜,是二十面体立体对称。病毒外径一般为 32～34 nm,核衣壳厚 4～6 nm,表面有直径约 4 nm 的壳粒 32～42 个。在氯化铯中的浮密度为 1.29～1.34 g/mL。沉降系数为 85～162 s。

病毒对氯仿和乙醚不敏感,对外界环境抵抗力较强,50 ℃ 40 min 及 pH 为 3 的环境有一定的耐受性,对紫外线、干燥等不良环境也有较强的抵抗力。而且含毒病料保存于 −8～20 ℃ 冰箱中 560 d 和室温下 135 d 仍有致病性。生石灰水和草木灰水对病毒几乎无作用。1% 的氢氧化钠 4 h、1%～2%甲醛、1%漂白粉 3 h 才能灭活。

(二)流行病学

本病的主要传染源是病兔和带毒兔。传播途径主要由病兔或带毒兔与健康兔接触而感染,也可通过被排泄物、分泌物等污染的饲料、饮水、用具、空气、兔毛以及人员来往间接传播。经口腔、皮下、腹腔、滴鼻等途径人工感染均可引起发病,但没有由昆虫、啮齿动物或经胎盘垂直传播的证据。本病只发生于家兔,毛用兔的易感性略高于皮用兔,其中长毛兔最易感,青紫蓝兔和土种兔次之。主要发生于 2 月龄以上的青年兔,成年兔和哺乳母兔病死率高,而哺乳期仔兔则很少发病死亡。将本病毒人工接种于小鼠、大鼠、豚鼠、金黄地鼠、毛丝鼠、鸡、鸭、犬、猫、牛、羊、鸽、鱼等均不发病,不在其体内繁殖,也不造成损害。本病一年四季均可发生,北方以冬春季多发,可能与气候寒冷、饲料单一导致兔体抵抗力下降有关。本病发病急,病死率高,常呈暴发性流行,传播迅速,几天内危及全群。发病率和病死率均高达 95%以上。

(三)临床症状

潜伏期自然病例为 2～3 d,人工感染为 1～3 d。根据病程长短可分为 3 种病型。

1.最急性型

此型多见于非疫区或流行初期。常发生于夜间。无任何前兆或仅表现短暂兴奋,而后突然倒地,抽搐,尖叫数声而死。

2.急性型

病兔表现食欲减少或拒食,精神沉郁,被毛粗乱,结膜潮红,体温升高达 41 ℃以上,稍稽留后急骤下降,临死前病兔瘫软,不能站立,但不时挣扎,撞击笼架,高声尖叫,抽搐,鼻孔流出泡沫性液体,死后呈角弓反张。

3.慢性型

此型多见于老疫区或流行后期。潜伏期和病程较长,病兔精神不振,采食减少,迅速消瘦,衰弱而死。有的病兔可以耐过,但生长缓慢,发育较差。

(四)病理变化

本病以实质器官瘀血、出血为主要特征。鼻腔、喉头和气管黏膜弥漫性充血、出血,气管内充满大量血染泡沫,肺一侧或两侧有数量不等及大小不一的出血斑点,并有水肿。心脏扩张、瘀血,心包积液,心包膜点状出血。肝脏肿大,呈土黄色或淡黄色,质脆,肝小叶间质增宽,有的肝表面有灰白色、散在性坏死小点。脾脏瘀血,肿大。肾脏瘀血,呈暗红色。十二指肠、回肠充血,有时可见小点出血。内分泌腺、性腺、输卵管和脑膜亦可见充血和出血。

组织学变化以全身微循环障碍为主,突出表现在肺、肾、心、延髓等重要器官的微血管广泛瘀血,红细胞黏滞,形成透明血栓,小点出血和间质血肿,实质器官的细胞广泛变性和坏死。脾脏充血、出血,淋巴组织和淋巴细胞排空等病毒性败血症特征。

(五)诊断

急性病例根据流行症状特点和病理变化可做出初步诊断。确诊需进行病原学检查和血清学试验。病原学检查可取肝病料10%乳剂,超声波处理,高速离心,收集病毒,负染色后电镜观察。此外还可应用(血凝)HA试验和(血凝抑制)HI试验、琼脂扩散试验、ELISA及荧光抗体等血清学试验方法进行诊断。

(六)防制措施

该病发生无特效药治疗。平时引种要来自非疫区,引进新兔要隔离观察1个月以上才能混群,兔舍要定期消毒,谢绝参观。养殖兔应按规定进行预防接种。一般用兔出血症组织灭活菌,断乳日龄兔每只皮下注射1 mL。7 d左右产生免疫力,免疫期6个月,每兔每年接种2次。发现疫情可用本苗紧急接种,3～7 d控制疫情,对病死兔一律深埋,饮具、场地用2%烧碱,3%过氯乙酸消毒。青饲料用0.5%高锰酸钾水洗涤,晾干喂给。发病初期兔用抗兔的血清治疗有一定效果。

任务三　观赏鱼的传染病

由病原微生物引起的鱼病也称传染性鱼病。按病原体的不同,可将它们分成病毒性鱼病、细菌性鱼病、真菌性鱼病和寄生藻类引起的鱼病四大类。其鱼病种类虽不及寄生虫鱼病种类多,但其发病率占鱼病总数的60%。

一、鲤春病毒血症

鲤春病毒血症,又名鲤鱼鳔炎症、鲤鱼传染性腹水症、出血性败血症,是由鲤春病毒血症病毒引起的,以全身出血、水肿、鳔炎、腹水为主要特征的一种急性病毒病。常在鲤科鱼类特别是在鲤鱼中流行,该病通常于春季暴发并引起幼鱼和成鱼死亡。在春季水温低于15 ℃时,锦鲤尤其易感。

(一)病原

鲤春病毒血症病毒属于弹状病毒科水泡病毒属,病毒粒子呈弹状,具有弹状病毒典型的形态学特征,其一端为圆弧形。另一端较平坦,病毒粒子长90～180 nm,宽60～90 nm,直径约50 nm。

病毒粒子的感染活性可以被pH为3的酸溶液和pH为12的碱溶液、脂类溶剂以及56 ℃经30 min等破坏,对乙醚和酸敏感,在pH为3时30 min,侵染率仅1%;在pH为7～10时稳定,侵染率100%;在pH为11时,侵染率50%～70%。3%福尔马林、含氯消毒剂(500 mg/L)、0.01%碘、2% NaOH,紫外线(254 nm)和γ射线(103 krads)等可以使病毒在10 min之内灭活。

(二)流行病学

病鱼、死鱼及带毒鱼都是传染源,带毒鱼还是引起春季大规模发病的主要来源。本病可水平传播,但并不排除垂直传播。水平传播是可以直接进行的,也可以通过媒介传播,其中水是主要的非生物性媒介。生物性媒介和污染物也能传播本病。吸血的寄生虫如水蛭和鲺等是传播该病的主要机械载体,排泄物以及污染的器具也能传播本病。强毒力的病毒可通过粪便、尿液、皮肤黏液和皮肤上的水泡或水中分泌物排出体外,排泄出的病毒粒子仍可保持感染活性,4～10 ℃时在水中可保持4周时间,在泥中可保持6周。病毒可以通过鳃侵入鱼体内,在鳃上皮细胞中增殖。当病鱼出现显性感染时,其肝、肾、脾、鳃、脑中已含有大量病毒。

本病流行地域广,在我国大部分地区都有发生,可以感染所有年龄的鲤鱼,但死亡的大都是仔鱼。该病的暴发取决于水温、鱼类的年龄和生理状态、种群密度以及生长因子等。在春季疾病暴发时,1龄仔鱼死亡率可达70%,感染的成鱼死亡率稍低,水温是病毒感染的关键环境因素,高死亡率发生在水温10～17 ℃时,受感染的鲤鱼能够产生体液免疫,这样发病存活下来的鱼就很难再被感染。

(三)临床症状

本病的潜伏期为1～60 d。病鱼初期多群集在鱼池入水处,不愿活动,呼吸困难,有的卧于池底。运动失常,或无目的地游动,或向一侧倾斜,眼球突出,肛门外突、发炎、水肿,粘有长条状粪便。病鱼腹部膨大,消瘦,体表发黑,鲤贫血,发白,骨骼肌纤维化,如将鱼从水中捞出竖立,从肛门流出血水。

(四)病理变化

剖检可见皮肤、肌肉、鳔、脑和心包上有淤血斑,尤其鳔的内壁最常见。脾肿大,肝、肾、腹膜、骨骼肌有点状出血,肠呈卡他性炎症变化。肝血管发炎、水肿及坏死,脾充血,网状内皮细胞增生。黑素-巨噬细胞中心增大,肾小管渐进性闭塞,细胞玻璃样变性,胞浆内有包涵体。鳔上皮细胞由单层变成多层,黏膜下血管肿大,附近淋巴细胞浸润。心肌变性、坏死。胰腺化脓性炎症,渐进性坏死。小肠血管发炎。

（五）诊断

根据全身出血、水肿及腹水等特征症状及流行病学可做出初步诊断，确诊需进行实验室检查。

可先将病鱼材料接种对鲤春病毒血症敏感的鱼细胞系，分离病毒，然后进行鉴定。

动物实验取 75 g 重的鲤鱼，在脑内接种待检内脏均浆或细胞培养上清液，于 17 ℃ 的水中，13 d 内出现典型的鲤春病毒血症的病变或死亡，如经鳔内接种，剂量同脑内注射，9 d 能出现症状或死亡。

可以采取荧光抗体试验和血清中和试验等血清学诊断方法。

（六）防制措施

①要为越冬锦鲤清除寄生虫（鱼鲺和水蛭），并用消毒剂处理养殖场所。可用含碘量 100 mg/L 的碘仿预防。

②根据锦鲤在水温高于 15 ℃ 时不发病这一点，也可以考虑利用高水温防病。加强营养，增强鱼体质。

③及时注射疫苗，感染鲤春病毒血症病毒的鱼体在水温为 10～25 ℃ 时能产生中和抗体。腹腔注射病毒的鱼体在 10 ℃ 时要 8 周才第一次出现中和抗体；而在 20 ℃ 时 1 周后就可以查到抗体。抗体可持续存在 17 周以上，能够抵抗再次感染。

二、出血病

出血病是由出血病病毒引起的，以全身充血、出血为主要特征的一种广泛流行的暴发性的病毒性传染病，该病发病季节长，发病率及死亡率均很高，对鱼种的培育危害较大。

（一）病原

出血病病毒属呼肠孤病毒科病毒，直径为 65～72 nm，无囊膜，为二十面体，具双层衣壳，外周有 20 个壳粒，核心直径为 50 nm 左右。对乙醚有抵抗力，对酸及热稳定。

（二）流行病学

发病季节多在 6—9 月份，可引起金鱼、热带鱼大量死亡，一般水温在 25～30 ℃ 时流行，死亡率颇高。患病的有当年金鱼和少数 1 日龄金鱼，最小的金鱼体长 2.9 cm 时开始发病，能引起金鱼大量死亡。该病发病多为急性型，最初仅死亡数尾鱼，2～3 d 后就有数十尾、数百尾死鱼出现。

（三）临床症状

病鱼的体表发黑无光泽，口腔、肌肉、各种鳍条基部都充血；有时鳃盖、头部、腹壁也有充血现象；鳃丝呈鲜红的点状或斑块状充血；严重的病鱼，因其他器官组织大量充血，使鳃失血而呈苍白，表现出"白鳃"，通常各鳍条、鳞片都较完整。此外，眼球突出，肠道和各内脏器官表现充血。病鱼食欲不振，行动迟缓，常离群独游或回旋慢游，体质消瘦，肌肉萎缩，以致死亡。

(四)病理变化

剖检可见皮肤下肌肉呈点状充血,严重时全部肌肉呈血红色,某些部位有紫红色斑块。肠道、肾脏、肝脏、脾脏也都有不同程度的充血现象,有腹水。

(五)诊断

根据症状、病理变化及流行情况进行初步诊断。确诊需进行病原体的分离、培养、鉴定;也可以通过血清中和试验、荧光抗体试验等血清学方法。

(六)防制措施

①在饲养过程中,多行日光浴,让鱼在阳光下充分照射,适当稀养,保持池水清洁。每周要有 3 d 投喂水蚯蚓等鲜活食料。及时将病鱼、死鱼捞出,水族箱及时彻底消毒,更换新水,对预防此病有一定的效果。

②流行季节遍撒漂白粉,使水体呈 1 mg/L 的浓度,每 15 d 进行 1 次预防,有一定的作用。

③可用红霉素 10 mg/L 浓度浸洗 50～60 min,再遍撒呋喃西林,使水体呈 0.5～1.0 mg/L 的浓度,70 d 后再用同样浓度遍撒,有一定的效果。

④可注射出血病疫苗预防。

三、痘疮病

痘疮病,又称鲤痘疮病,是一种以病灶的表皮增厚,形成石蜡样增生物为主要特征的一种病毒性传染病。该病主要侵害锦鲤和金鱼,流行不广,危害不大。

(一)病原

痘疮病毒属于疱疹病毒类群。病毒为二十面体,呈六角形,外面包有一层囊膜,整个病毒粒子近似球形,病毒直径为 140～160 nm,核心直径为 80～100 nm,为有囊膜的 DNA 病毒,对乙醚、pH 在 6.8～7.4 范围以外及热不稳定。将病毒悬液划痕接种到健康鲤鱼体表,在水温 10～15 ℃时,经 39 h 左右在体表出现痘疮。

(二)流行病学

本病早在 1563 年就有记载,流行于欧洲,目前在我国上海、湖北、云南、四川等地均有发生,大多呈局部散在性流行,大批死亡现象较少见。主要危害鲤鱼、鲫鱼及圆腹雅罗鱼等,锦鲤对痘疮病很敏感,一般在秋末至初冬或春季水温在 10～15 ℃水质肥沃的池塘和水库养鲤中容易发生。当水温升高或水质改善后,痘会自动脱落,条件恶化后又复发。本病通过接触传播,也有人认为单殖吸虫、蛭、鲺等可能是传播媒介。

(三)临床症状

发病初期,体表或尾鳍上出现乳白色小斑点,覆盖着很薄的一层白色黏液。随着病情的发展,白色斑点的大小和数目逐渐增加、扩大和变厚,其形状及大小各异,直径可从 1 cm 左右逐渐增大,厚 1～5 mm,严重时可融合成一片。增生物表面初期光滑,后来变粗糙并呈玻璃样或蜡样,质地由柔软变成软骨状,较坚硬,颜色为浅乳白色、奶油色,俗称"石蜡样增生物",状似痘疮,痘疮病之名由此而来。这种增生物一般不能被摩擦掉,但增长到一定程度会自然脱落,接着又在原患部再次出现新的增生物。病鱼消瘦,游动迟缓,食欲较差,常沉在水底,陆续死亡。

(四)病理变化

组织学检查,增生物为上皮细胞及结缔组织增生形成,细胞层次混乱,组织结构不清,大量上皮细胞增生堆积。尤其在表层,在有些上皮细胞的核内可见包涵体,染色质边缘化,增生物不侵入真皮,也不转移。电子显微镜下在增生的细胞质内可以见到大量的病毒颗粒,病毒在细胞质内已经包上了囊膜,内质网扩张及粗糙,线粒体肿胀、嵴不清楚,核糖体增多,核内仅显示少量周边染色质。

(五)诊断

根据病灶的表皮增厚,石蜡状增生物等症状及流行情况可做出初步诊断。

病理组织学检查,可见增生物为上皮细胞及结缔组织异常增生,有些上皮细胞的核内有包涵体。

最后确诊需进行电子显微镜观察,见到疱疹病毒或分离培养到疱疹病毒。

(六)防制措施

①强化秋季培育工作,使金鱼、锦鲤在越冬前有一定的肥满度,增强抗低温和抗病力。经常投喂水蚤、水蚯蚓、摇蚊幼虫等动物性鲜活食料,加强营养,增强对痘疮病的抵抗力。

②加强综合预防措施,严格执行检疫制度。流行地区改养对本病不敏感的鱼类。

③升高水温及适当稀养,也有预防效果。将病鱼放入含氧量高的清洁水(流动水更好),体表增生物会自行脱落。

④用红霉素 10 mg/L 浓度溶液浸洗鱼体 50～60 min,对预防和早期的治疗有一定的效果。也可用浓度为 0.4～1.0 mg/L 的甲砜霉素溶液浸洗。

四、传染性胰腺坏死病

传染性胰腺坏死病是由传染性胰腺坏死病病毒引起的,以胰腺坏死为主要特征的一种高度传染性的病毒病。

(一)病原

传染性胰腺坏死病病毒,为双股 RNA 病毒科。病毒粒子呈正二十面体,无囊膜,有 92 个壳粒,直径 55～75 nm,衣壳内包有 2 个片段的双股 RNA 基因,在鱼类的 RNA 病毒中是最小的。病毒在胞浆内合成和成熟,并形成包涵体。

病毒对不良环境有极强的抵抗力,在温度 56 ℃经 30 min 仍具感染力,温度 60 ℃经 1 h 才能灭活;冷冻干燥后在 4 ℃下保存,至少 4 年不丧失感染力。在过滤除菌的水中,温度 4 ℃下感染力至少可保持 5～6 个月。在温度 4～10 ℃的海水中,感染力也能保持 4～10 周。对酸不敏感,在 pH 为 3 时 30 min,感染率为 100%;对碱敏感,在 pH 为 11 时感染率仅为 0.01%。

(二)流行病学

本病主要在春季到夏季鱼苗生产集中的季节,水温升高时(12～14 ℃)发病,并且反复流行。主要感染河鳟、虹鳟、褐色鳟、银鳟、大西洋鲑、北极鲑、鳝、梭鱼、鳗鱼、银大马哈鱼、红点鲑、克氏鲑等,危害 14～17 日龄的鱼苗和鱼种,其死亡率为 80%～100%。发病后幸免于难而残存的鱼就成为带病毒者,是该病的传染源。病毒存在于病鱼的各个组织器官,可通过病鱼的粪便、卵、精液及污染的水、物品传播,再经鳃及口感染。带毒的成鱼,经人工授精得到的卵多被病毒感染,并且通过卵垂直传播。已知该病在 1 种圆口类、37 种鱼类、6 种瓣鳃类、2 种腹足类和 3 种甲壳类动物中均有感染。该病流行广泛,欧美大部分国家以及日本、中国一些省份也流行。

(三)临床症状

本病的潜伏期为 6～10 d。鱼在病初生长良好,外表正常的鱼苗死亡率突然升高。病鱼游动缓慢,顺流漂起,摇晃游动,痉挛时浮起横转,激烈狂游后死亡。鱼体色变黑,眼球突出,鳃苍白,腹部膨大,腹部及鳍条基部充血,鲤呈淡红色,肛门处常拖有一条线状白色黏液的粪便。

(四)病理变化

病理剖检可见肝、脾和前肾贫血、苍白、褪色。病鱼严重贫血,消化道内无食物,肠内见有硬黄色物或白色卡他性渗出物,有时可见腹水,在胃的幽门部见有淤点样出血或瘀斑,生殖器官和内脏脂肪组织有出血点。

该病典型的病理变化是胰腺坏死,胰腺泡、胰岛及所有的细胞几乎都发生异常,多数细胞坏死,特别是核固缩、核破碎明显,有些细胞的胞浆内有包涵体。病毒存在于胰腺泡细胞、肝细胞、枯否氏细胞的胞浆内,浸润在胰腺的巨噬细胞和游走细胞的胞浆内也有病毒颗粒。胰腺周围的脂肪组织也发生坏死。骨骼肌发生玻璃样变。疾病后期,肾脏造血组织和肾小管也发生变形、坏死,肝脏局灶性坏死,消化道黏膜发生变性、坏死、剥离。

(五)诊断

解剖病鱼取胰脏组织作切片、HE 染色,根据胰腺坏死等特征及流行病学可初步诊断。确诊需进行病原的分离,再用免疫学中和试验,直接(间接)荧光抗体或酶联免疫吸附试验(ELISA)等方法鉴定病毒,也可用免疫荧光技术直接在组织切片中查找病毒粒子。近几年,核酸探针和聚合酶链式反应技术(PCR)已逐渐应用于检测传染性胰腺坏死病病毒。

(六)防制措施

加强综合预防措施,严格执行检疫制度,发现病鱼或检测到病原时应实施隔离养殖,严重者应彻底销毁。

疾病暴发时,降低饲养密度,可减少死亡率。鱼卵用 50 g/m³ 碘伏消毒 15 min;疾病早期用碘伏拌饲投喂,每天用有效碘 1.64～1.91 g/kg 饲料,连续投喂 15 d。也可以注射传染性胰腺坏死病疫苗,防治效果良好。

五、淋巴囊肿病

淋巴囊肿病是由淋巴囊肿病病毒引起的,以体表乳头状肿瘤为主要特征的一种慢性皮肤瘤,在淡水鱼、海水鱼及观赏鱼中均有发生,有100多种鱼可感染本病。

(一)病原

淋巴囊肿病病毒为虹彩病毒科淋巴囊肿病毒属的成员。病毒粒子为二十面体,其轮廓呈六角形,有囊膜,囊膜厚50~70 nm。生长温度20~30 ℃,适宜温度23~25 ℃。该病毒对乙醚、甘油和热敏感,无血凝活性;对干燥和冷冻很稳定,在干燥状态下可存活10 d。其传染性在18~20 ℃的水中能保持5 d以上;经冷冻干燥后同样温度下能保持105 d;在温度-20 ℃下经2年仍具感染力。病毒对寄主有专一性,所以可能有许多血清型。

(二)流行病学

本病自然感染的范围很广,有125种淡水鱼、海水鱼及观赏鱼均可感染。该病流行很广,近年来,日本以及我国广东、山东、浙江、福建等地均发生过此病。多数鱼全年发病无季节性,少数鱼有季节性,但在水温10~20 ℃时为发病高峰期。在低密度和良好养殖条件下一般不会引起大量死亡,但如果环境差或与细菌并发感染,可引起严重疾病,导致死亡。这种病毒的传染性不强,主要传染源为病鱼。接触传播是主要传播途径,尚未见垂直传播。病鱼的囊肿破裂释放出病毒进入水中,其他鱼接触后被感染。皮肤擦伤或受寄生虫损伤后往往成为病毒侵入的门户,寄生虫也能机械地传播病毒。

(三)临床症状

本病的潜伏期长短不一,冷水鱼的潜伏期及病程较长,1年才出现病变。而温水鱼只需几周。鱼发病时行为、摄食正常,但生长缓慢;病症严重的基本不摄食,部分死亡。病鱼的皮肤、鳍和尾部等处出现许多水泡状囊肿物,这些肿胀物有各个分散的,也有聚集成团的,囊肿物多呈白色、淡灰色、灰黄色,有的带有出血灶而显微红色,较大的囊肿物上有肉眼可见的红色小血管;囊肿大小不一,小的1~2 mm,大的10 mm以上,并常紧密相连呈桑椹状。部分感染的鱼体表囊肿物脱落,恢复正常,并可在一定时间内具有免疫力。

(四)病理变化

剖检病鱼,在鳃丝、咽喉、肌肉、肠壁、肠系膜、围心膜、腹膜、肝和脾等组织器官的浆膜上可见囊肿细胞,严重患者可遍及全身。

(五)诊断

根据外观症状肉眼可初步诊断。确诊可进行病毒分离培养,通过电镜观察到病毒粒子;也可应用ELISA进行检测。

(六)防制措施

严格控制养殖密度,防止高密度养殖;优化水环境,经常换水;提高养殖鱼体抗病力。

治疗可将病鱼囊肿割除(囊肿量少和轻度时),并用浓度为 300 mL/L 福尔马林浸浴 30～60 min,再饲养在清洁的池中,精心管理;投喂抗生素药饵,饵料拌诺氟沙星 50～100 mg/kg 或土霉素 1～2 g/kg,连续投喂 5～10 d,可防止继发性细菌感染;H_2O_2(30%浓度)稀释至 3%,以此为母液,配成 50 mg/L 的浓度,浸洗 20 min,然后将鱼放入 25 ℃ 水温饲养一段时间后,囊肿会自行脱落。

六、细菌性烂鳃病

细菌性烂鳃病又称乌头瘟,是由柱状纤维黏细菌引起的,以鱼体发黑、鳃丝肿胀、鳃丝末端腐烂为主要特征的一种细菌性传染病。流行地区广,全国各地养鱼区都有此病流行。

(一)病原

本病病原为柱状纤维黏细菌,又称鱼害黏球菌。烂鳃病黏细菌的菌体细长、柔软而易弯曲,粗细基本一致,0.5 μm 左右;两端钝圆,一般稍弯,有时弯成半圆形、圆形、U 形、V 形和 Y 形等,但较短的菌体通常是直的,其长短很不一致,一般体长 2～24 μm,有的长达 37 μm。革兰氏染色阴性。菌落最初与培养基颜色相似,粗看不易发现,以后逐渐变淡黄色,菌落随培养时间的延长而扩大,菌层增厚,颜色也随之加深,一般在 5 d 后就不再生长。最适温度 28 ℃,适宜 pH 6.5～8,为好气性细菌。

(二)流行病学

细菌性烂鲤病是金鱼的常见病、多发病,全国各地都有流行,一般流行于 4—10 月份,尤以夏季流行为多。本病在水温 15 ℃ 以上时开始发生;在 15～30 ℃ 时易暴发流行,水温越高,致死时间越短。能使当年鱼大量死亡,1 龄以上大金鱼常患病,锦鲤患病较少。病鱼是主要传染源,水中病原菌的浓度越高,鱼的密度越高,鱼的抵抗力越低,水质越差,则越易暴发流行。鱼体与细菌接触而引起感染,如鱼鳃被机械损伤或有寄生虫存在,更易引起感染发病。

(三)临床症状

病鱼在水中游动缓慢,刺激时反应迟钝,食欲减少,呼吸困难,常游近水表呈浮头状,常离群独游。体色变黑,尤其头部颜色更为暗黑,因而称此病为"乌头瘟"。发病缓慢的病鱼病程长,消瘦明显。

(四)病理变化

病鱼鳃盖内皮肤发炎、充血,中间烂成一个圆形或不规则的透明小窗,一般称"开天窗"。鳃的黏液增多,鲤丝肿胀,呈淡红色或灰白色,有的淤血而呈紫红色,有小的出血点。病情严重时,鳃丝腐烂,特别是鲤丝末端黏液很多,带有污泥和杂物碎屑,有时在鳃瓣上可见血斑点。

用显微镜检查鲤丝,可见鳃丝软骨尖端外露,附着许多黏液和病菌。鳃组织病变不是发炎充血,而是病变区域的细胞组织呈现不同程度的腐烂。

(五)诊断

根据鱼体发黑,鳃丝肿胀,黏液增多,鳃丝末端腐烂缺损,软骨外露等眼观变化可以初步诊断。病原学诊断可取病鱼鳃上淡黄色黏液或少量病灶鳃丝放于载玻片上,加 2～3 滴无菌水,盖上盖玻片,20～30 min 后,放于显微镜下观察,见有大量细长,有的呈柱状的菌体,即可确诊本病。也可作酶免疫测定。以病鱼鳃上的淡黄色黏液进行涂片,用丙酮固定,加特异抗血清反应,然后显色、脱水、透明、封片,在显微镜下见有棕色细长杆菌,即为阳性反应,可确诊为细菌性烂鳃病。

此外还应注意与下列鳃病相区别:

1. 车轮虫,指环虫等寄生虫引起的鳃病

显微镜下可以见到鳃上有大量的车轮虫或指环虫,用大黄利抗菌药物治疗无效。

2. 大中华鳋

鳃上能看见挂着像小蛆一样的大中华鳋,或病鱼鳃丝末端肿胀、弯曲和变形。细菌性烂鲤病无此现象。

3. 鳃霉

显微镜下可见到病原体的菌丝进入鳃小片组织或血管和软骨中生长,鱼害黏球菌则不进入鳃组织内部。

(六)防制措施

①当年小金鱼适于稀养。经常投喂水蚤、摇蚊幼虫等活食料,对预防本病发生有明显作用。

②用 2% 食盐水溶液浸洗。水温 32 ℃ 以下时,浸洗 5～10 min,有效进行预防和早期治疗,尤其是鳃和体表寄生虫感染。

③遍撒漂白粉,使水体呈 1 mg/L 的浓度。适用于室外大水体。

④遍撒中药大黄,使水体呈 2.5～3.75 mg/L 的浓度。每 0.5 kg 干品大黄用 10 g 的氨水(0.3%)浸泡 12 h 后,将大黄浸出液、药渣一起遍撒(氨水的含氨量按 100% 纯氮水浓度计算),此药适用于室外大水体,特别是多年使用呋喃类、已经产生抗药性的金鱼养殖场,改用大黄有显著疗效。

⑤用 20 mg/L 浓度依沙吖啶溶液浸洗。在水温 5～20 ℃ 时,浸洗 15～30 min;在水温 21～32 ℃ 时,浸洗 10～15 min。也可遍撒利凡诺,使养鱼水体呈 0.8～1.5 mg/L 的浓度。治疗皮肤发炎充血病、黏细菌性烂鳃病等细菌性疾病有特效。

七、细菌性肠炎

鱼细菌性肠炎又称烂肠瘟、红屁股,是由肠型点状产气单胞菌感染引起,以腹部膨大、肛门外突红肿,轻压腹部有淡黄色黏液或脓血从肛门流出为主要特征的一种细菌性传染病。本病是危害鱼健康最严重的疾病之一,我国各地区均有发生。

(一)病原

本病的病原体为肠型点状产气单胞杆菌,菌体短杆状,两端钝圆,多数两个相连,革兰氏阴性。极端单鞭毛,有运动力,无芽孢。细胞色素氧化酶试验阳性,发酵葡萄糖产酸产气或产酸不产气,在 R-S 选择和鉴别培养基上,菌落呈黄色。在 pH 为 6～12 时均能生长。生长适宜温度为 25 ℃,在 60 ℃ 水中经 30 min 则死亡。琼脂培养基上,经 24～48 h 后菌落周围可产生半透明的褐色色素。

(二)流行病学

本病可以危害各种品种和日龄的鱼,死亡率高,一般死亡率在 50% 左右,发病严重的死亡率可高达 90% 以上。流行时间为 4—10 月份,水温在 18 ℃ 以上开始流行,在水温 25～30 ℃ 达到流行高峰。此病常和细菌性烂鳃病、赤皮病并发。

肠型点状产气单胞杆菌为本病的条件致病菌,在水体及池底淤泥中常有大量存在,在健康鱼体的肠道中也是一个常居者。当鱼体条件良好、体质健壮时,虽然肠道中有此菌存在,但数量不多,不是优势菌,只占 0.5% 左右,且在心血、肝脏、肾脏、脾脏中没有菌,因此并不发病。当生长环境条件恶化、鱼体抵抗力下降时,本菌在肠内大量繁殖,就可导致疾病暴发。条件恶劣是综合性的,包括很多方面,如水质恶化、溶氧低、饲料变质、吃食不均等都可引起鱼体抵抗力下降,从而暴发本病。病原体随病鱼及带菌的粪便排到水中,污染饲料,经口感染。

(三)临床症状

病鱼离群独游,游动缓慢,体色发黑,食欲减退或废绝。病情较重的,腹部膨大,两侧上有红斑,肛门常红肿外突,呈紫红色,轻压腹部,有黄色黏液或脓血从肛门处流出,有的病鱼仅将头部拎起,即有黄色黏液从肛门流出。

(四)病理变化

剖开鱼腹,早期可见肠壁充血发红、肿胀发炎,肠腔内没有食物或只在肠的后段有少量食物,肠内有较多黄色或黄红色黏液。疾病后期,可见全肠充血发炎。肠壁呈红色或紫红色,尤其以后肠段明显,肠黏膜往往溃烂脱落,并与血液混合而成脓血,充塞于肠管中。肠内繁殖的病原菌产生毒素和酶,使黏膜上皮坏死,毒素被吸收后损害肝,肝脏常有红色斑点状淤血。肠道中的病原菌大量繁殖后,可穿过肠壁到血液,而后经血液循环到达各内脏器官,继续不断繁殖,同时菌体逐渐释放出毒素,最后可致病鱼发生败血症而死去。

(五)诊断

本病主要根据以下 2 点做出诊断:
①肠道充血发红,尤以后肠段明显,肛门红肿、外突,肠腔内有很多淡黄色黏液。
②取病鱼的肝、肾、心血接种在 R-S 选择和鉴定培养基上,如长出黄色菌落,则可确诊为患细菌性肠炎病。

此外,许多传染性疾病,均能引起肠道充血发炎,如病毒性出血病、赤皮病等,因此,诊断时要注意鉴别。

病毒性出血病:与肠炎病一样,肠道也发红充血,由于继发感染也可能在肝、肾、血液中检出产气单胞杆菌,但是肠道往往多处有紫红色瘀斑、瘀点。剖片皮肤,有的可见肌肉有出血斑点。除菌后的肝、肾等组织可以感染健康鱼发生出血病,单纯肠炎病病鱼的除菌组织浆则不能再感染健康鱼发病。细菌性肠炎病病鱼,用手轻按腹部时,有似脓状液体流出,肠道内充满黄色积液,而病毒性出血病则无此症状。

赤皮病:有时肠道充血发炎,不如细菌性肠炎病严重和具有特征性。其主要症状在体表,体表皮肤局部或大部分发炎出血,鳞片脱落。单纯肠炎病鱼的皮肤鳞片一般完整无损。

(六)防制措施

1.定期水体消毒

漂白粉 30 g/m³ 水体或生石灰 300 g/m³ 水体。定期加注新水,投喂新鲜饲料,不喂变质饲料,是预防此病的关键。

2.鱼种投放前浸洗

漂白粉 15 g/m³ 水体 15～30 min 或高锰酸钾 20 g/m³ 水体 15～30 min,或 2‰～3‰食盐水 4～10 min。

3.治疗采用外用和内服相结合的方法

外用药:漂白粉 2 g/m³ 或优氯净 1 g/m³,鱼胺 1 g/m³,全池泼洒。内服药:以 50 g 鱼为例,肠炎灵 8 g 或鱼服康 150 g 拌饵料 5 g,连用 5 d;大黄(100 g)、黄柏(80 g)、黄芩(80 g)、磺胺嘧啶 12 片,拌 5 g 饵料,连用 5 d。每千克鱼每天用干的穿心莲 20 g 或新鲜的穿心莲 30 g,打成浆,再加盐 0.5 g 拌饵料分上下午 2 次投喂,连喂 3 d。

八、白头白嘴病

白头白嘴病是由细菌引起的,以白头白嘴症状为主要特征的一种细菌性传染病。

(一)病原

本病的病原尚未完全查明,是一种与细菌性烂鳃病的病原体很相似的黏球菌。菌落淡黄色,稀薄地平铺在琼脂上,边缘假根状。中央较厚而高低不平,有黏性,似一朵菊花。菌体细长、粗细几乎一致、而长短不一,革兰氏染色阴性,无鞭毛,滑行运动。

(二)流行病学

白头白嘴病是危害夏花鱼种的严重病害之一,小金鱼苗和锦鲤苗对白头白嘴病很敏感,而大鱼通常不发病。其发病快,来势猛,一日之间能使成千上万的鱼死亡。流行季节一般在 5 月下旬开始出现,6 月份是发病高峰,7 月中下旬以后比较少见。我国华中、华南地区都有白头白嘴病出现。

(三)临床症状

病鱼自吻端至眼球处的一段皮肤色素消退,变成乳白色,唇部肿胀,张闭失灵,因而造成呼吸困难。口周围的皮肤糜烂,有絮状物黏附其上,个别病鱼的颅顶充血,呈现"红头白嘴"症状。病鱼反应迟钝,通常不合群,游近水面呈浮头状,不久即死。

(四)病理变化

病理组织切片观察,病鱼鼻孔前的皮肤病变较为严重,上皮细胞几乎全部坏死、脱落,偶尔在基底膜之外尚能见到一些坏死、解体的上皮细胞和黏附在上面的成堆或单个的病原体。基底膜下面的色素细胞也已坏死、解体,色素颗粒分散于结缔组织中。结缔组织发生水肿,因此显得比正常的厚。同时还可看到部分成纤维细胞和胶原纤维发生变性、坏死,有的地方病原菌和坏死解体的组织混杂在一起。口咽腔及鼻腔的黏膜组织损坏也很严重,上皮细胞都坏死脱落,固有膜发生水肿、变性,甚至坏死。

(五)诊断

本病的诊断应抓住以下 3 点:

1. 病鱼在水中白头白嘴的症状比出水面时明显

病鱼衰弱地浮游在下风近岸水面,对人、声反应迟钝,可见明显的白头白嘴症状。若把病鱼拿出水面,白头白嘴症状又不甚明显。

2. 有似黏细菌的病原菌通常只感染鱼苗和夏花鱼种

刮下病鱼病灶周围的皮肤,放在载玻片上,加 2～3 滴清水,压上盖玻片。在显微镜下观察,除可看到大量的离散崩溃的细胞、黏液、红细胞外,还有群集成堆、左右摆动和少数滑行的细菌。

3. 注意与车轮虫病和钩介幼虫病相区别

从病鱼的外表来看,这 2 种病也可能显白头白嘴,有一定程度的相似,但病原体不同,危害程度的差别也很大。车轮虫病和钩介幼虫病来势不如白头白嘴病凶猛,死亡率也没有这么高。镜检白头白嘴病患处黏液有大量滑行杆菌,若见大量车轮虫或钩介幼虫则为寄生虫病。

(六)防制措施

①当年小金鱼适于稀养。经常投喂水蚤、摇蚊幼虫等活食料,对预防此病发生有明显作用。

②用食盐水、用呋喃西林或呋喃唑酮浸洗。

③用 20 mg/L 依沙吖啶溶液浸洗。当水温为 5～20 ℃时,浸洗 15～30 min;21～32 ℃时,浸洗 10～15 min。用于早期的治疗,疗效比用呋喃西林或呋喃唑酮浸洗更显著。

九、赤皮病

赤皮病又称出血性腐败病、赤皮瘟、擦皮瘟,是由荧光假单胞菌感染引起的,以体表皮肤发炎、出血、鳞片脱落为主要特征的一种细菌性传染病。

(一)病原

本病的病原菌为荧光假单胞菌,属假单胞菌料,是一种带荧光的,极端鞭毛细菌。菌体为短杆状,两端圆形,大小为(0.7～0.75) μm×(0.4～0.45) μm,单个成 2 个相连;有动力,极端 1～3 根鞭毛,无芽孢,菌体染色均匀,革兰氏阴性。琼脂培养基上菌落呈圆形,直径为 1～1.5 mm,微凸,表面光滑湿润,边缘整齐,灰白色,半透明,20 h 左右开始产生绿色或黄绿色素,弥漫培养基。肉汤培养,生长丰盛,均匀浑浊,微有絮状沉淀,表面有光滑柔软的层状菌膜,一摇即碎,24 h 培养基表层产生色素。

(二)流行病学

鱼体受伤后易患本病。当年金鱼患病较多,而 1 龄以上的大金鱼中少见,锦鲤患病比金鱼多,春季和秋季为流行季节,全国各地均有流行。水体环境直接影响鱼体的体表健康和致病菌的致病能力,环境恶劣是本病发病的重要因素。当水质发生变化,溶氧含量低,溶解有机质含量高,易发病。

(三)临床症状

病鱼行动缓慢,反应迟钝,衰弱地独游于水面,在鳞片脱落和鳍条腐烂处往往出现水霉菌寄生,加重病情。发病几天就会死亡。

(四)病理变化

病鱼体表局部或大部出血发炎,鳞片脱落,特别是鱼体两侧和腹部最为明显。鳍的基部或整个鳍充血,鳍的末端腐烂,常烂去一段,鳍条间的组织也被破坏,使鳍条呈扫帚状,形成"蛀鳍",或像破烂的纸扇状。鱼的上下颚及鳃盖部分充血,呈块状红斑。鳃盖中部表皮有时烂去一块,以致透明呈小圆窗状。

(五)诊断

根据外表症状即可诊断.本病病原菌不能侵入健康鱼的皮肤,因此病鱼有受伤史,这点对诊断有重要意义。因放养、扞捕、体表寄生大量寄生虫等原因造成鱼体受伤后,给病原造成可乘之机是发病的基础。注意与疖疮病相区别。疖疮病的初期体表也充血发炎,鳞片脱落,但局限在小范围内,且红肿部位高出体表。

(六)防制措施

①合理密养,水中溶氧量应维持在 5 mg/L 左右。注意饲养管理,操作要小心,尽量避免鱼体受伤。

②遍撒漂白粉,使水体呈 1 mg/L 的浓度。适用于室外大水体养殖。

③内服诺氟沙星,每天按 10~30 mg/kg 体重的剂量,投入饵料中内服,3~5 d 为一个疗程。

④磺胺嘧啶饲料投喂,第 1 天用量 100 mg/kg 饲料,以后每天用药 50 mg/kg 饲料,5~7 d 为 1 个疗程。

十、打印病

打印病又称腐皮病,是由点状产气单胞菌点状亚种引起的,是一种以病灶周围充血、肌肉发炎形成类似红色印章为主要特征的细菌性传染病。该病为金鱼的常见病、多发病。

(一)病原

本病的病原菌为点状产气单胞菌点状亚种。菌种短杆状,大小为 $(0.6~0.7)\mu m \times 1.7\mu m$。单个或两个相连,两端圆形,极端单鞭毛,有运动力,无芽孢,革兰氏阴性。生长适温为 28 ℃左右,65 ℃经 30 min 死亡,pH 3~11 中均能生长。R-S 培养基培养 18~24 h 菌落呈黄色,琼脂平板上菌落呈圆形,直径 1.5 mm 左右,48 h 增至 3~4 mm,微凸,表面光滑、湿润、边缘整齐,半透明,灰白色。琼脂斜面,生长丰盛,丝状,扁平高起,表面光滑,湿润,边缘整齐,灰白色。肉汤培养,中等生长,均匀浑浊,表面有薄菌膜,或呈环状,摇后即散。

(二)流行病学

打印病危害个体较大的是金鱼和锦鲤,从鱼种、成鱼直至亲鱼均可发病,主要原因是因操作不当,使鱼体受伤而感染病菌。病鱼感染后,往往拖延较长时间不愈,严重影响生长发育和繁殖。患病的多数是 1 龄及 1 龄以上的金鱼,当年金鱼患病少见。本病终年可见,但以夏、秋季较易发病,28～32 ℃为其流行高峰期,全国各地都有病例出现。

(三)临床症状

病灶部位通常在肛门附近的两侧,或尾鳍基部,少数在身体前部;患病没有固定部位,全身各处都可出现病灶。病鱼身体瘦弱,食欲减退,游动缓慢,终至衰竭而死。

(四)病理变化

病初皮肤及其下层肌肉发炎,出现红斑,随着病情的发展,鳞片脱落,肌肉腐烂,病灶的直径逐渐扩大和深度加深,形成溃疡,严重时甚至露出骨骼或内脏。病灶呈圆形或椭圆形,周围充血发红,像打印上了一个红色印章,因此称为打印病。

(五)诊断

根据症状、病理变化(尤其是病鱼特定部位出现的特殊病灶)及流行情况进行初步诊断,确诊须接种在 R-S 培养基上,如长出黄色菌落,则可做出进一步诊断。如用荧光抗体法则能做出准确诊断。注意与疖疮病区别,鱼种及成鱼患打印病时通常仅一个病灶,其他部位的外表未见异常,鳞片不脱落。

(六)防制措施

注意保持池水洁净,避免寄生虫的侵袭,谨慎操作勿使鱼体受伤,均可减少此病发生。用下列药物和方法治疗都有满意的效果。

①外用药同细菌性烂鳃病。

②肌内注射或腹腔注射硫酸链霉素,剂量为 20 mg/kg 鱼重。或金霉素,剂量为 5 000 IU/kg 鱼重。

③患处可用 1‰高锰酸钾溶液清洗病灶,或用纱布吸干病灶上的水分后,用四环素药膏涂抹。

十一、竖鳞病

竖鳞病又称鳞立病、松鳞病、松球病等,是由细菌引起的,以鳞片竖起、眼球突出、腹水为主要特征的一种细菌性传染病。本病是金鱼、鲤以及各种热带鱼的一种常见病。

(一)病原

初步认为本病的病原是水型点状假单胞菌。菌体短杆状,近圆形,单个排列,有运动力,无芽孢,革兰氏阴性,菌落呈圆形,中等大小,边缘整齐,表面光滑、湿润、半透明、略黄而稍灰白,迎光透视略呈培养基色。

(二)流行病学

水型点状假单胞菌是水中常在菌,是条件致病菌,当水质污浊、鱼体受伤时经皮肤感染。主要危害个体较大的金鱼和锦鲤,每年秋末至春季水温较低时是流行季节。鱼类越冬后,抵抗力减弱,最容易患竖鳞病,在我国东北、华北、华东和四川等地常有发生。

(三)临床症状

疾病早期鱼体发黑,体表粗糙,鱼体前部的鳞片竖立,向外张开像松球,而鳞片某部的鳞囊水肿,它的内部积聚着半透明的渗出液,以致鳞片竖起。严重时全身鳞片竖立,鳞囊内积有含血的渗出液,用手指轻压鳞片,渗出液就从鳞片下喷射出来,鳞片也随之脱落。有时伴有鳍基充血,鳍条间有半透明液体,顺着与鳍条平行的方间用力压之,液体即喷射出来。病鱼离群独游,游动缓慢,无力,严重时呼吸困难,对外界刺激失去反应,身体失去平衡,身体倒转,腹部向上,浮于水面,最后衰竭而死。

(四)病理变化

病鱼常伴有鳍基、皮肤轻微充血,眼球突出,腹部膨大,腹腔内积有腹水。病鱼贫血,鳃、肝、脾、肾的颜色均变淡,鳃盖内表皮充血。文金、龙睛的病鱼,看来像珍珠鳞那样的外形。

(五)诊断

根据其症状,如鳞片竖起,眼球突出,腹部膨大,腹水,鳞囊内有液体,轻压鳞片可喷射出渗出液等,可做出初步诊断。如同时镜检鳞囊内的渗出液,见有大量革兰氏阴性短杆菌即可做出进一步诊断。

应注意的是,当大母鱼波豆虫寄生在鲤鱼鳞囊内时,也可引起竖鳞症状,这时应用显微镜检查鳞囊内的渗出液,加以区别。金鱼的竖鳞病要注意与正常珍珠鳞区别,珍珠鳞金鱼的鳞片上有石灰质沉着,有光泽,给人以美的感觉,患竖鳞病的病鱼鳞片无光泽,病鱼通常沉在水底或身体失去平衡。

(六)防制措施

①强化秋季培育工作,使金鱼在越冬前达到一定的肥满度,增强抗低温和抗病力。

②内服维生素每天用 30～60 mg/kg 鱼重,拌料服用,可有效预防竖鳞病、水霉病等;每天用 60～90 mg/kg 鱼重,内服,连续 10～15 d 作为辅助治疗药物。待鱼病治愈后,维生素 E 用量改为预防用药量。

③以浓度为 5 mg/L 的硫酸铜、2 mg/L 的硫酸亚铁和 10 mg/L 的漂白粉混合液浸洗鱼体5～10 min。

④将病原菌制成灭活菌苗,通过注射菌苗,可获得对该病较高的免疫保护力。因此,可以采用免疫的方法进行预防。

⑤每 50 kg 水加入捣烂的大蒜 250 g,浸洗病鱼数次。发病初期冲注新水,可使病情停止蔓延。

⑥轻轻压破鳞囊的水肿泡,勿使鳞片脱落,用 10% 混盐水擦洗,再涂抹碘酊,同时,肌内注

射碘胺嘧啶钠 2 mL,有明显效果。

⑦内服诺氟沙星,每天用 10～30g/kg 鱼重,连用 3～5 d,疗效非常显著。

⑧内服磺胺二甲氧嘧啶(SDM),每天用 100～200 mg/kg 鱼重,连用 3～5 d。

十二、白皮病

白皮病又称白尾病,是由细菌引起的,以鱼体后半段发白为主要特征的一种细菌性传染病。病程短,死亡率高,广泛流行于全国各地,每年 6—9 月份为流行季节。

(一)病原

工德铭等(1963)分离到白皮病的病原菌是白皮假单胞菌,大小为 0.8 μm×0.4 μm,多数 2 个相连。极端单鞭毛或双鞭毛,有运动力。无芽孢,无荚膜。染色均匀,革兰氏阴性。菌落呈圆形,微凸起,直径 0.5～1.0 mm。表面光滑,边缘整齐,灰白色,24 h 后产生黄绿色色素。

黄惟灏等(1981)提出白皮病的病原菌是鱼害黏球菌,并在试验鱼体表完整的情况下,经过该菌液浸泡感染,均呈现出与自然发病鱼相同的症状。菌体细长,柔软易弯曲,粗细基本一致,0.6～0.8 μm,两端钝圆,革兰氏染色阴性。

(二)流行病学

本病广泛流行于我国各地,鱼苗、鱼种均可发病,病程较短,病势凶猛,死亡率很高。每年 6—8 月份为流行季节,尤其因操作不慎碰伤鱼体,或体表有大量车轮虫等原生动物寄生使鱼体受伤时,病原菌乘虚而入,暴发流行。病原菌广泛存在于淡水水体中,由于水质不清洁和恶化,病原菌更易滋生和繁殖,鱼体更易感染生病。

(三)临床症状及病理变化

发病初期,只在背鳍基部或尾柄处出现一小白点,随着病情发展,迅速扩展蔓延,从鱼体背鳍向后蔓延,以致背鳍与臀鳍间的体表至尾鳍全部发白。严重的病鱼,尾鳍烂掉,或残缺不全。病鱼的头部向下,尾部向上,与水面垂直,时而作挣扎状游动,时而悬挂于水中,不久病鱼即死亡。

(四)诊断

根据鳍条、皮肤无充血、发红,背鳍以后至尾柄部分皮肤变白等症状,结合镜检有大量杆菌存在,即可初步诊断。

(五)防制措施

同细菌性烂鳃病的防治方法。捕捞、运输、放养时应尽量避免鱼体受伤;发现体表有寄生虫寄生时,要及时杀灭。用浓度 12.53 mg/L 的金霉素浸洗 0.5 h,或用浓度 25 mg/L 的土霉素浸洗 0.5 h。

十三、弧菌病

弧菌病是由弧菌引起的,以体表皮肤溃疡为主要特征的一种传染性疾病。弧菌病是海洋鱼类最常发生的细菌性疾病,该病在全球范围内广泛发生。

（一）病原

弧菌属,常见的一些种类有鳗弧菌、副溶血弧菌、溶藻胶弧菌、哈维氏弧菌、创伤弧菌等。弧菌病的病原主要是鳗弧菌,为革兰氏阴性,短杆状,稍弯曲,两端圆形,大小为$(0.5\sim0.7)$ $\mu m\times(1\sim2)$ μm,以单极生鞭毛运动,有的一端生两根鞭毛或更多根鞭毛,没有荚膜,兼性厌氧菌,不抗酸。在普通琼脂培养基上形成正圆形、稍凸、边缘平滑、灰白色、略透明、有光泽的菌落。生长温度为$10\sim35$ ℃,最适温度为25 ℃左右;生长 pH 为$6.0\sim9.0$,最适 pH 为8。

（二）流行病学

弧菌在海洋环境中是最常见的细菌类群之一,广泛分布于海水、海洋生物的体表和肠道中,是海水和原生动物、鱼类等海洋生物的正常优势菌群。弧菌是条件致病菌,海水鱼类弧菌病的发生与弧菌数量密切相关,各种鱼类都有一定的阈值,超过一定的阈值就会暴发弧菌病。弧菌属细菌中约有 1/2 随着其环境条件或宿主体质和营养状况的变化而成为养殖鱼类等动物的病原菌。

弧菌病是多种海水养殖鱼类最为常见的一种细菌性疾病,鲷科、鲈科、鲕科、鲆、鲽类等都可受其害。发病适宜水温$15\sim25$ ℃,每年的 5 月末至 7 月初和 9—10 月份是发病高峰期。水质不良,池底污浊,放养密度过大,投喂氧化变质的饲料,操作管理不慎,鱼体受伤等环境因素降低了鱼的抵抗力,使鱼的消化道或肝脏受到损害,弧菌自肠黏膜的损伤处侵入组织。感染途径主要为经皮感染,其次为经口感染。此病的地理分布是世界性的,特别是在温带地区。

（三）临床症状及病理变化

弧菌病的症状既与不同种类的病原菌有关,又随着患病鱼的种类不同而有差别。比较共同的病症是体表皮肤溃疡。感染初期,体色多呈斑块状褪色;食欲不振,缓慢地浮游于水面,有时回旋状游动;中度感染,鳍基部、躯干部等发红或出现斑点状出血;随着病情的发展,患部组织浸润呈出血性溃疡;有的鳞片脱落,吻端、鳍膜烂掉,眼内出血,肛门红肿扩张,常有黄色黏液流出。此外,有的病鱼鳃褪色呈贫血状或形成腹水症等。

（四）诊断

根据临床症状、病理变化及流行病学可进行初步诊断。确诊应取可疑病灶组织用 TCBS 弧菌选择性培养基进行分离培养。已有鳗弧菌单克隆抗体、溶藻弧菌单克隆抗体、创伤弧菌单克隆抗体、杀鲑弧菌单克隆抗体等,采用间接荧光抗体（IFAT）技术和 ELISA 免疫检测,对上述弧菌引起的弧菌病进行早期快速诊断;分子生物学 PCR 技术在某些情况下也可应用于对弧菌病的检测。

（五）防制措施

①保持优良的水质和养殖环境,不投喂腐败变质的小杂鱼、虾。
②投喂磺胺类药饵,用磺胺甲基嘧啶 100 mg/kg 鱼重,制成药饵,连续投喂 $7\sim10$ d。
③投喂抗生素药饵,例如土霉素,每天用药 $70\sim80$ mg/kg 鱼重,制成药饵,连续投喂 $5\sim7$ d。

④在口服药饵的同时,用漂白粉等消毒剂全池泼洒,视病情用 1～2 次,可以增强防治效果。

十四、水霉病

水霉病又称肤霉病、白毛病、卵丝病,是由水霉引起的,以体表或鳍条上长出白毛状菌丝为主要特征的一种真菌性传染病。水霉病是金鱼的常见病、多发病,我国各地都有流行。

(一)病原

在我国淡水水产动物的体表及卵上发现的水霉共有 10 多种,其中最常见的是水霉和绵霉两个属的种类,属水霉科。水霉和绵霉的菌丝为管形没有横隔的多核体,一端像根样附着在鱼的损伤处,分枝多而纤细,可深入至损伤、坏死的皮肤及肌肉称为内菌丝,具有吸收营养的功能;伸出在体外的叫外菌丝,菌丝较粗壮,分枝较少,可长达 3 cm,形成肉眼能见的灰白色棉絮状物。附着于死鱼的霉菌在 12～24 h 内可蔓延全身。

水霉和绵霉的繁殖方式有无性生殖和有性生殖 2 种。水霉在无性生殖时,外菌丝的梢端略膨大成棍棒状,同时内部原生质由下部往这里密集,达到一定程度时,生出横壁与下部菌丝隔开,自成一节,即动孢子囊。囊中稠密的原生质不久分裂成很多的单核孢子原细胞,并很快发育成动孢子。动孢子呈梨形,在尖端有 2 条等长的鞭毛;动孢子从动孢子囊中游出后,在水中自由游动几十秒至几分钟,即停止游动,分泌出一层细胞壁而静止休息,称为孢孢子,孢孢子静休 1 h 左右,原生质从细胞壁内钻出,又成为另一个动孢子,称为第二动孢子,呈肾脏形,在侧面凹陷处长出 2 条鞭毛,游动时间较第一次为长,最后它们又静止下来分泌一层细胞壁成第二孢孢子,经一段时期的休眠,即萌发成菌丝体。当水分和营养不足时,第二孢孢子不萌发为菌丝,而变为第三动孢子,甚至第四动孢子;另外,如动孢子囊的出口阻塞,动孢子无法逸出时,它们也能在囊中直接萌发。

绵霉所产生的动孢子与水霉不同。它的动孢子无鞭毛,不能游动,从动孢子囊产生后成群地聚集在动孢子囊口而不游动,经过一段时期静休后,它们逸出细胞壁,在水中自由游动,空的细胞壁蜂窝状地遗留在动孢子囊口附近;在这一阶段的动孢子都为肾形,两条鞭毛从侧面凹处生出。

水霉和绵霉的外菌丝,在经过一个时期的动孢子形成以后,或由于外界环境条件不甚适合时,会在菌丝梢端或中部生出横隔,形成抵抗不良环境的厚垣孢子,呈念珠状或分节状,当环境条件转好时,这些厚垣孢子可以直接发育成动孢子囊。

有性生殖包括产生藏卵器和雄器。藏卵器的发生,一般由母菌丝生出短侧枝,其中的核及细胞质逐渐积聚,然后生成横壁与母菌丝隔开。接着积聚的核及细胞质在中心部分退化,余下的核移向藏卵器的周缘,形成分布稀疏的一层,然后核同时分裂,其中半数分散消失,最后细胞质按核数割裂成几个单核部分、每一部分变圆而成卵球(也有的属只形成一个卵球)。

与藏卵器发生的同时,雄器也由同枝或异枝的菌丝短侧枝上长出,逐渐卷曲缠绕于藏卵器上,最后也生出横壁与母体隔开。雄器中核的分裂与藏卵器中的核分裂大约同时发生。受精作用是由雄器的芽管穿通藏卵器壁来完成的,雄核经过芽管移到卵球内,与卵核结合形成卵孢子,并分泌双层卵壁包围,经 3～4 个月的休眠期后,萌发成具有短柄的动孢子囊或菌丝。

(二)流行病学

水霉是腐生性寄生物,专寄生在伤口和尸体上。鱼类患水霉病的原因,主要是由于捕捉、搬运时操作不慎,擦伤皮肤,或因寄生虫破坏鳃和体表,或因水温过低冻伤皮肤,以至水霉的动孢子侵入伤口。当水温适宜时(15 ℃左右),3～5 d就长成错综交叉的菌丝体。如伤口继发感染细菌,则加速了病鱼的死亡。水霉全年都存在,秋末到早春是流行季节。

(三)临床症状及病理变化

疾病早期,肉眼看不出有什么异状,当肉眼能看出时,菌丝不仅在伤口侵入,且已同时向外长出外菌丝,体表或鳍条上有似灰白色棉毛状物,故俗称白毛病。严重时菌丝厚而密,鱼体负担过重,游动迟缓,食欲减退,终至死亡。在鱼卵孵化过程中,此病也常发生,内菌丝侵入卵膜内,卵膜外丛生大量外菌丝,故称为"卵丝病";被寄生的鱼卵,因外菌丝呈放射状,故又有"太阳籽"之称。

(四)诊断

用肉眼观察,根据症状即可做出初步诊断,必要时可用显微镜检查进行确诊。如要鉴定水霉的种类,则必须进行人工培养,观察其藏卵器及雄器的形状、大小及着生部位等。

(五)防制措施

①加强饲养管理,避免鱼体受伤。在越冬以前,根据显微镜下活体检查结果,用药物杀灭寄生虫,可以有效地预防水霉病。

②外用药。

a. 全池遍撒食盐及小苏打(碳酸氢钠)合剂(1∶1)使池水成 8 mg/L 的浓度。b. 全池遍撒亚甲基蓝,使池水浓度为 2～3 mg/L,隔 2 d 再泼 1 次。

③内服抗细菌的药(如磺胺类、抗生素等),以防细菌感染,疗效更好。

十五、打粉病

打粉病又称卵甲藻病、嗜酸性卵涡鞭虫病,是由嗜酸卵甲藻引起的,以体表形成粉块样病变为主要特征的一种传染病。主要危害当年金鱼,1 龄鱼死亡较少。

(一)病原

本病的病原为嗜酸卵甲藻,属胚沟藻目胚沟藻科卵甲藻属。因为它只生活在微酸(pH 5～6.5)的淡水水质中,故定名为嗜酸卵甲藻。其成熟的个体呈肾脏形,宽大于长,大小为(102～155) μm×(83～130) μm,中部有明显的凹陷。没有柄状突起,也没有伪足状的根丝;体外有一层透明、玻璃状的纤维壁,体内充满淀粉粒和色素体,中间有 1 个大而圆的细胞核。这样的个体不久就进行分裂,形成 128 个子体,以后每个子体再分裂 1 次,形成裸甲子。裸甲子大小为(13～15) μm×(11～13) μm,由不明显的横沟将虫体分为上、下 2 部分,下部分腹面有一条不甚明显的纵沟,前与横沟相接;一条横鞭毛在横纵沟相接处长出,沿横沟作短波形的快速波动;一条纵鞭毛也在其附近长出,沿纵沟向后作缓慢的左右摆动,推动虫体前进。

裸甲子在水中迅速地游动,与鱼类接触,就寄生上去,失去鞭毛,静止下来,逐步成长为成熟个体。

(二)流行病学

嗜酸卵甲藻在其所在的水体中的所有鱼类身上都能寄生,对小鱼的危害比大鱼大。病鱼为主要传染源,凡被病鱼污染的水族箱、工具、水体,在适宜的条件下,均能引起卵甲藻病的流行。在放养过病鱼而未经冲洗的水体中,放入健康的鱼种,经 62 h 就出现明显的症状。卵甲藻病发生在酸性水体(pH 5.2～6.5)中,春末至初秋,水温 22～32 ℃时为流行季节。小金鱼密度过大,缺少水蚯蚓等动物性食料时,病情特别严重,发生大量死亡。在中性和微碱性(pH 7 以上)的水体中,还未发现卵甲藻病。

(三)临床症状及病理变化

病鱼最初在池中拥挤成团,或在水面形成几个环游不息的小圈。病鱼体表黏液增多,背鳍、尾鳍及体表出现白点,随着病情的发展,白点逐渐蔓延至尾柄、头部和鳃内。骤看和小瓜虫病的症状相似,仔细观察(或用放大镜),可见白点之间有红色血点,尾部特别明显。后期病鱼食欲减退,游动迟缓,不时呆浮水表或群集成团,身上白点连接成片,就像裹了一层面粉,故有"打粉病"之称。"粉块"脱落处发炎溃烂,并常继发水霉病,最后病鱼瘦弱,大批死亡。

(四)诊断

根据临床症状可以初步诊断,取病灶部位粉块和组织进行显微镜检查可以观察到嗜酸卵甲藻,即可确诊。

(五)防制措施

①给观赏鱼类投喂水蚯蚓等动物性食料,最好还要加喂少量芜萍,以增强抗病力。
②将病鱼转移到微碱性水质(pH 7.2～8.0)的水族箱等小水体中饲养。
③遍撒碳酸氢钠,使水体呈 10～25 mg/L 的浓度。适用于水族箱、小缸、小池等小水体。
④遍撒生石灰,使水体呈 5～20 mg/L 的浓度。适用于室外土池或大鱼池。
在此必须指出,此病切忌用硫酸铜治疗,否则会造成病鱼大批死亡。

 复习题

1. 鸽瘟的临诊症状有何特点？如何防治？
2. 鸽痘有哪几种类型,各有何特点？
3. 鸽流感的症状有哪些？
4. 兔病毒性出血症的主要症状和病变特点有哪些？如何防治？
5. 鲤春病毒血症应采取哪些措施进行预防？
6. 如何鉴别诊断赤皮病与打印病？

宠物传染病及公共卫生实训

一、实训内容和要求

【实训内容】

1. 宠物免疫接种技术

了解宠物疫苗的使用方法,掌握免疫接种的方法及操作技术。

2. 消毒技术

了解常用的消毒方法,掌握常用消毒药的配制方法,能对消毒效果进行检查。

3. 传染病病料的采集、保存和送检

了解采集病料的目的,掌握被检宠物病料的采集、保存和送检方法。

4. 传染病尸体的处理

了解传染病尸体运送的方法,掌握正确处理尸体的方法。

5. 狂犬病的实验室诊断

掌握狂犬病的实验室诊断技术。

6. 伪狂犬病的实验室诊断

掌握伪狂犬病的实验室诊断技术。

7. 大肠杆菌病的实验室诊断

了解大肠杆菌的生化特性,掌握大肠杆菌病的实验室诊断技术。

8. 沙门氏菌病的实验室诊断

了解沙门氏菌的生化特性,掌握沙门氏菌病的实验室诊断技术。

9.巴氏杆菌病的实验室诊断

了解巴氏杆菌的生化特性,掌握巴氏杆菌病的实验室诊断程序。

10.犬瘟热的实验室诊断

了解犬瘟热的诊断要点,掌握犬瘟热的实验室诊断方法,能正确使用犬瘟热病毒诊断试剂盒。

11.犬细小病毒感染的实验室诊断

了解犬细小病毒诊断试剂盒的诊断原理,掌握犬细小病毒血凝及血凝抑制试验的操作技术,能正确判定结果。

12.犬传染性肝炎的实验室诊断

掌握犬传染性肝炎的诊断方法。

13.鸽瘟的实验室诊断

了解血凝试验和血凝抑制试验的原理,掌握血凝试验和血凝抑制试验的操作技术,能正确地判定实验结果。

【实训要求】

1.突出实践能力

在教学实训中要按实训内容进行,注意学生的能力培养和实训内容的实用性,切实把培养学生的实践能力放在突出位置。

2.实现自主参与能力

在实训中按照学生形成实践能力的客观规律,让学生自主参与实训活动,注重多做,反复练习。

3.培养兴趣、强化诊断思维

要注意学生的态度、兴趣、习惯、意志等非智力因素的培养,注重学生在实训过程中的主体地位,培养学生的观察能力、分析能力和实践动手能力。

4.理论联系实际

教师在实训准备时要紧密结合生产实际,对实训目标、实训用品、实训方法和组织过程进行认真设计和准备。

5.实训技能考核

实训结束后,必须进行实训技能考核,以巩固所学知识,检验学习成绩。

二、实训技能考核

根据实训内容,结合本校的实际情况,可选择其中的任何一项或几项进行考核,未列入实训技能考核中的实训内容,可在理论考试中予以考查。

【免疫接种技术】(表 8-1)

表 8-1　免疫接种技术考核标准

考核内容及分数分配	操作环节与要求	分值	评分标准及扣分依据	考核方法	熟练程度	时间/min
免疫接种技术 (100 分)	皮下注射法	20	局部未剪毛扣 4 分；未消毒扣 4 分；疫苗稀释不准扣 4 分；注射不规范扣 4 分；注射失败扣 4 分	单人操作考核	熟练掌握	20
	皮内注射法	20	局部未剪毛扣 4 分；未消毒扣 4 分；疫苗稀释不准扣 4 分；注射不规范扣 4 分；注射失败扣 4 分			
	肌内注射法	20	局部未剪毛扣 4 分；未消毒扣 4 分；疫苗稀释不准扣 4 分；注射不规范扣 4 分；注射失败扣 4 分	分组操作考核		
	口服免疫法	20	未口述停水时间扣 5 分；疫苗稀释倍数有误扣 5 分；免疫前后 2 d 使用消毒药物扣 5 分；饮水器数量少，导致免疫不均扣 5 分			
	熟练程度	20	在教师指导下完成扣 5 分			

【消毒剂配制技术】(表 8-2)

表 8-2　常用消毒剂的配制考核标准

考核内容及分数分配	操作环节与要求	分值	评分标准及扣分依据	考核方法	熟练程度	时间/min
① 2% 苛性钠溶液的配制(100 分) ② 20% 石灰乳的配制(100 分) ③ 0.2% 过氧乙酸溶液的配制(100 分)	溶质数计算	20	计算误差每超过 10 mg 扣 1 分，直至 20 分	单人操作考核	掌握	10
	称(量)取溶质	20	称(量)取误差每超过 10 mg(mL) 扣 1 分，直至 20 分			
	量取稀释液	20	量取误差每超过 10 mL 扣 1 分，直至 20 分			
	溶解稀释	20	定容不精确扣 5 分			
	规范程度	10	欠规范者，酌情扣 1~5 分			
	熟练程度	10	欠熟练者，酌情扣 1~5 分			

【病料的采集、保存和送检】(表 8-3)

表 8-3　病料的采集考核标准

考核内容及 分数分配	操作环节与要求	分值	评分标准及扣分依据	考核 方法	熟练 程度	时间/ min
病料的采集 (100 分)	采集病料时间适当	20	叙述时间不正确扣 20 分	口试 单人 操作 考核	熟练 掌握	5
	器械正确消毒	20	消毒方法及时间不正确扣 10 分			
	正确采取各种病料	30	操作不规范,每个部位扣 5 分			
	熟练程度	15	在教师指导下完成扣 5 分			
	完成时间	15	每超时 1 min 扣 3 分,直至 15 分			

【传染病尸体的处理】(表 8-4)

表 8-4　传染病尸体的处理考核标准

考核内容及 分数分配	操作环节与要求	分值	评分标准及扣分依据	考核 方法	熟练 程度	时间/ min
传染病尸体 的处理 (100 分)	尸体运送	10	叙述不完整,酌情扣 2~5 分	报告 考核 或口试	掌握	15
	方法种类	10	每缺 1 种方法扣 2 分,直至 10 分			
	方法原理	20	每缺 1 个原理扣 4 分			
	适用对象	20	每少 1 个扣 0.5 分,直至 20 分			
	操作方法	20	每缺 1 种方法扣 3 分,直至 18 分			
	熟练程度	10	在教师提示下完成扣 5 分			
	完成时间	10	每超时 1 min 扣 2 分,直至 10 分			

【大肠杆菌病的实验室诊断】(表 8-5)

表 8-5　涂片镜检考核标准

考核内容及 分数分配	操作环节与要求	分值	评分标准及扣分依据	考核 方法	熟练 程度	时间/ min
涂片镜检 (100 分)	病料采集	10	采集病料不正确,酌情扣 5~10 分	单人 操作 考核	掌握	15
	涂片	10	涂片不均匀扣 5 分			
	干燥	5	干燥方法不当扣 2 分			
	固定	5	固定不正确,方法不当扣 5 分			
	革兰氏染色	30	染色步骤每错 1 步扣 5 分			
	结果观察	20	结果观察不正确扣 20 分			
	熟练程度	10	在教师提示下完成扣 5 分			
	完成时间	10	每超时 1 min 扣 2 分,直至 10 分			

任务一 宠物免疫接种技术

一、技能目标

免疫接种是预防宠物传染病所采取的有效方法之一。学生要熟悉宠物各种疫苗的保存、运送和检查方法,能结合生产实践熟练掌握免疫接种的操作技术,具备临床实际应用的能力。

二、教学资源准备

【材料与用具】

高压蒸汽灭菌器、金属注射器(5 mL、10 mL 和 20 mL 等规格)、玻璃注射器(1 mL、2 mL 和 5 mL 等规格)、金属皮内注射器、镊子、毛剪、体温计、水盆、出诊箱、注射针头、气雾免疫器、毛巾、纱布、脱脂棉、搪瓷盘、工作服、登记卡、宠物保定用具,5%碘酒、70%酒精、来苏儿或新洁尔灭、疫苗等适量,犬、猫、鸽等实习宠物。

【实训场所】

校外实训基地。

三、操作方法与步骤

【疫苗的使用】

1. 疫苗的保存

一般疫苗怕热,特别是活疫苗,必须低温保藏。冷冻真空干燥的疫苗,多数要求放在 −15 ℃ 以下环境保存,温度越低,保存时间越长。实践证明,一些冻干苗在 27 ℃ 条件下保存 1 周后有 20% 不合格,保存 2 周后有 60% 不合格。需要说明的是,冻干苗的保存温度与冻干保护剂的性质有密切关系。一些国家的冻干苗可以在 4~6 ℃ 保存,因为用的是耐热保护剂。多数活湿苗只能现制现用,在 0~8 ℃ 下仅可短期保存。灭活苗保存在 2~11 ℃,不能过热,也不能低于 0 ℃。

工作中必须坚持按规定温度条件保存疫苗,不能任意放置,防止高温存放或温度忽高忽低影响疫苗的质量。

2. 疫苗的运送

不论使用何种运输工具运送疫苗都应注意防止高温、暴晒和冻融。在运送时,药品要逐瓶包装,衬以厚纸或软草,然后装箱。如果是活疫苗需要低温保存的,可将药品装入盛有冰块的保温瓶或保温箱内运送。冬季在携带灭活铝胶苗或油乳苗时,要防止冻结。在运送过程中,要避免高温,如直射阳光。寒冷时要避免液体制品冻结,尤其要避免由于温度高低不定而引起的反复冻融。切忌将疫苗放入衣袋内,以免由于体温较高而降低疫苗的效力。大批量运输的疫苗应放在冷藏箱内,用冷藏车以最快速度运送。

3.疫苗使用前的检查

各种疫苗用前均需仔细检查,有下列情况之一者不得使用:

①没有瓶签或瓶签模糊不清,没有经过检查合格者。

②过期失效者。

③疫苗的质量与说明书不符者,如色泽有异、有沉淀、制品内有异物、发霉和有臭味者。

④瓶盖不紧或玻璃瓶破裂者。

⑤没有按规定方法保存者。如加氢氧化铝的菌苗经过冻结后,其免疫力降低。

4.疫苗的稀释

各种疫苗使用的稀释液、稀释倍数和稀释方法都有明确规定,必须严格地按生产厂家的使用说明书进行。稀释疫苗用的器械必须是无菌的,否则,不但影响疫苗的效果,而且会造成人为的污染。

(1)注射用疫苗的稀释 用70%酒精棉球擦拭消毒疫苗和稀释液的瓶盖,然后用带有针头的灭菌注射器吸取少量稀释液注入疫苗瓶中,充分振荡溶解后,再加入全量的稀释液。

(2)饮水用疫苗的稀释 在进行饮水免疫时,疫苗最好用蒸馏水或去离子水稀释,也可用洁净的深井水或泉水稀释,不能用自来水,因为自来水中的消毒剂会将疫苗中活的微生物杀死,使疫苗失效。稀释前先用酒精棉球消毒疫苗的瓶盖,然后用灭菌注射器吸取少量的蒸馏水注入疫苗瓶中,充分振荡溶解后,抽取溶解的疫苗放入干净的容器中,再用蒸馏水将疫苗瓶内部冲洗几次,使疫苗所含病毒(或细菌)都被冲洗下来。然后加入剩余的蒸馏水。

【免疫接种方法】

1.皮下注射法

皮下注射宜选择皮薄,被毛少,皮肤松弛,皮下血管少的部位。犬、猫宜在股内侧,鸽宜在翼下或胸部。

注射部位消毒后,注射者右手持注射器,左手食指与拇指将皮肤提起呈三角形,沿三角形基部刺入皮下约注射针头长的2/3深度,将左手放开后,再推动注射器活塞将疫苗徐徐注入。然后用酒精棉球按住注射部位,将针头拔出。

大部分疫苗及免疫血清均采用皮下注射法。此法优点是免疫确实,效果佳,吸收较快;缺点是用药量较大,副作用较皮内注射法稍大。

2.皮内注射法

皮内注射宜选择皮肤致密,被毛少的部位。犬宜在颈侧或股内侧,鸽宜在翼下。

在接种时,用左手将皮肤夹起一皱褶或以左手绷紧固定皮肤,右手持注射器,将针头在皱褶上或皮肤上斜着使针头几乎与皮面平行,轻轻刺入皮内0.5 cm左右,放松左手,左手在针头和针筒交接处固定针头,右手持注射器,徐徐注入药液。如针头确在皮内,则注射时感觉有较大的阻力,同时注射处形成一个圆丘,突出于皮肤表面。

皮内接种目前只适用于痘苗等,皮内接种的优点是使用药液少,注射局部副作用小,产生的免疫力比相同剂量的皮下接种高,但是操作需要一定的技术与经验。

3.肌内注射法

肌内注射应选择肌肉丰满、血管少、远离神经的部位。较大宠物的注射部位一般在其颈部或臀部,鸽子宜在腿部肌肉或胸部肌肉。

接种部位要严格消毒,消毒方法是首先剪毛,再用2%～5%碘酊棉球螺旋式由内向外消毒接种部位,最后用75%的酒精棉球消毒。

肌内注射方法有2种:一种方法是,左手固定注射部位的皮肤,右手持注射器垂直刺入肌肉后,改用左手夹住注射器和针头尾部,右手回抽一下活塞,如无回血,即可慢慢注入药液;另一种方法是,将注射器针头取下,以右手拇指、食指、中指紧持针尾,对准注射部位垂直刺入肌肉,然后接上注射器,注入药液。

根据宠物大小和肥瘦程度掌握刺入深度,以免刺入太深(常见于小宠物)刺伤骨骼、血管、神经,或因刺入太浅(常见于大宠物)将疫苗注入皮下脂肪而不能吸收。注射的剂量应严格按照规定,同时避免药液外漏。此法优点是操作简便,吸收快;缺点是有些疫苗会损伤肌肉组织,如注射部位不当,可能引起跛行。

4.滴鼻、点眼接种法

滴鼻与点眼是有效的局部免疫接种途径,鼻腔黏膜下有丰富的淋巴样组织,能产生良好的局部免疫。滴鼻与点眼的免疫效果相同,比较方便,快速。据报道,眼部的哈德尔氏腺呈现局部应答效应,不受血清抗体的干扰,因而抗体产生迅速。

在接种时,按疫苗说明书注明的成分和稀释方法,用蒸馏水或生理盐水进行稀释后,用干净无菌的吸管吸取疫苗,滴入鸽的鼻内或眼内。要求滴鼻或点眼后等疫苗吸入后再释放鸽子。

5.口服接种法

口服接种法有饮水法、饲喂法和口腔灌服法。口服接种法只需计算所需疫苗数量和饲料、饮水数量,按规定将疫苗加入饲料和水中,让宠物自由采食、饮水或用容器直接灌入宠物口中。

6.刺种接种法

该方法常用于鸽痘等疫病的弱毒疫苗接种。按疫苗说明书注明的稀释方法稀释疫苗,充分摇匀,然后用接种针或蘸水笔尖蘸取疫苗,刺种于鸽翅膀内侧无血管处的皮下。要求每针均蘸取疫苗1次,刺种时最好选择同一侧翅膀,便于检查效果。

【免疫接种的注意事项】

①工作人员需穿工作服及胶鞋,必要时戴口罩。工作前后均应洗手消毒,工作中不应吸烟、饮水和进食。

②接种时严格执行消毒及无菌操作。注射器、针头、镊子应高压或煮沸消毒。注射时最好每注射1头(只)宠物更换1个针头。在针头不足时可每吸液1次更换1个针头,但每注射1头(只)后,应用酒精棉球将针头拭净消毒后再用。注射部位皮肤用5%的碘酊消毒,皮内注射及皮肤刺种用70%的酒精消毒,被毛较长的剪毛后再消毒。

③在吸取疫苗时,先除去封口上的火漆或石蜡,用酒精棉球消毒瓶塞。瓶塞上固定一个消毒的针头专供吸取药液,吸液后不拔出,用酒精棉包好,以便再次吸取。给宠物注射用过的针头不能吸液,以免污染疫苗。

④在疫苗使用前,必须充分振荡,使其均匀混合后才能使用。需经稀释后才能使用的疫

苗,应按说明书的要求进行稀释。已经打开瓶塞或稀释过的疫苗,必须当天用完,未用完的处理后弃去。

⑤针筒排气溢出的药液应吸集于酒精棉球上,并将其收集于专用的瓶内。用过的酒精棉球、碘酊棉球和吸入注射器内未用完的药液都放入专用瓶内,集中销毁。

⑥在实训前,教师必须做好实训准备和安排,学生应事先预习。在实训中,应注意安全。

 思考题

1.免疫接种有哪几种方法?

2.使用疫苗应注意哪些问题?

3.分析免疫失败的原因。

任务二 消 毒 技 术

一、技能目标

学生必须熟练掌握常用消毒药的配制方法,通过实践,学生要学会宠物舍消毒的程序和方法,具有消毒的基本技能。

二、教学资源准备

【材料与用具】

托盘天平或台秤、量桶或量杯、塑料桶、搅拌棒、火焰喷灯、电炉、高压水枪、瓷盆、温湿度表、塑料薄膜、板条、1寸钉子、苛性钠、新鲜生石灰、甲醛、自来水、3%～5%苛性钠溶液、0.5%过氧乙酸溶液、甲醛溶液、高锰酸钾晶体等。

【实训场所】

校内实验室或校外实训基地。

三、操作方法与步骤

【常用消毒药的配制】

1.消毒剂浓度表示法

消毒剂浓度表示法有百分浓度、百万分浓度、摩尔浓度。消毒实际工作中常用百分浓度,即每百克或每百毫升药液中含某药品的克数或毫升数。

2.消毒液稀释计算方法

(1)稀释浓度计算公式

$$浓溶液容量＝(稀溶液浓度/浓溶液浓度)×稀溶液容量$$

例：若配制 0.2％过氧乙酸溶液 5 000 mL,需用 20％过氧乙酸原液多少毫升?

$$20\%过氧乙酸原液＝(0.2/20)\times5\ 000＝50(mL)$$

$$稀溶液容量＝(浓溶液浓度/稀溶液浓度)\times浓溶液容量$$

例：现有 20％过氧乙酸原液 50 mL,可以配成 0.2％过氧乙酸溶液多少毫升?

$$配成 0.2\%过氧乙酸溶液量＝(20/0.2)\times50＝5\ 000(mL)$$

(2)稀释倍数计算公式

$$稀释倍数＝(原药浓度/使用浓度)-1(若稀释 100 倍以上时公式不必减 1)$$

例：用 20％的漂白粉澄清液,配制 5％澄清液,需加水几倍?

$$需加水的倍数＝(20/5)-1＝3(倍)$$

(3)增加药液计算公式

$$需加浓溶液容量＝(稀溶液浓度\times稀溶液容量)/(浓溶液浓度-使用浓度)$$

例：有剩余 0.2％过氧乙酸 2 500 mL,欲增加药液浓度至 0.5％,需加 28％过氧乙酸多少毫升?

$$需加 28\%过氧乙酸量＝(0.2\times2500)/(28-0.5)＝18.1(mL)$$

3.常用消毒药配制方法

(1)2％苛性钠溶液的配制

①正确计算苛性钠的溶质数。

②正确称取所需数量的苛性钠,置于塑料桶中。

③先用少量蒸馏水溶解后,再稀释至规定的体积数。

(2)20％石灰乳的配制

①正确计算出所需生石灰的溶质数和水的体积数。

②正确称取所需生石灰,置于塑料桶中。

③按 1∶1 比例加入自来水,搅拌混匀,制成熟石灰。

④加入剩余量的水,混匀即成。

(3)0.2％过氧乙酸溶液的配制(用 20％过氧乙酸)

①正确计算所需 20％过氧乙酸溶液的体积数,所需水的体积数。

②正确量取 20％过氧乙酸溶液的体积数和水的体积数,并置于一桶中混匀即成。

【宠物舍的消毒】

1.清洁

清洁宠物舍就是将宠物舍的天棚、墙壁、窗户上的灰尘,笼具上的粪渣,地面上的污垢,饮水器和料槽上的污渍进行彻底清除的过程。

2.冲洗消毒

做完清洁后接着进行冲洗消毒,一般情况下需冲洗 3 次,每次冲洗 5 min,间隔 20 min 进行 1 次。第 1 次用 2％的苛性钠热溶液冲洗消毒,第 2 次用清水冲洗干净,第 3 次用 0.2％的过氧乙酸溶液冲洗消毒。冲洗消毒后,排出舍内残留的积水,若有采暖设备此时需启动升温,并将舍内门窗打开进行通风换气,力争第 2 天早上宠物舍处于干燥状态。

3.粉刷消毒

当墙体与门窗不平滑时,首先用混凝土将缝隙堵塞、抹平。然后用刷墙喷射器具将天棚、墙体用石灰乳进行粉刷。要求两人操作,尽快完成。

4.火焰消毒

用火焰喷枪或火焰喷灯对笼具和地面及距地面较近的墙体进行火焰扫射,每处扫射时间在 3 s 以上。要求消毒工作认真细致,宁可重复消毒,也不能有遗漏之处。要求多人操作,天黑前完成。

5.熏蒸消毒

(1)消毒用药及剂量　消毒用药为甲醛溶液和高锰酸钾晶体,配合比例为 2∶1,具体剂量因宠物舍状况而定,可参考表 8-6。

表 8-6　宠物舍熏蒸消毒用药剂

宠物舍状况	甲醛用量/(mL/m³)	高锰酸钾用量/(g/m³)
未使用过的宠物舍	14	7
未发疫病的宠物舍	28	14
已发疫病的宠物舍	42	21

(2)消毒方法及要求　消毒前先将宠物舍的窗户用塑料布、板条及钉子密封,将舍门用塑料布钉好待封,用电炉将宠物舍温度提高到 26 ℃,同时向舍内地面洒 40 ℃热水至地面全部淋湿为止,然后将甲醛分别放入几个消毒容器(瓷盆)中,置于宠物舍不同的过道上,每个消毒容器旁有 1 个工作人员,当准备就绪后,由距离门最远的工作人员开始操作,依次向容器内放入用纸兜好的定量的高锰酸钾,放入后迅速撤离,待最后一位工作人员将高锰酸钾放入消毒容器时,所有的工作人员都已撤离到门口,待工作人员全部撤出后,将舍门关严并封好塑料布。密封 3～7 d 即可。

(3)熏蒸消毒的注意事项

①当使用碱性消毒剂、酸性消毒剂及熏蒸消毒时,要注意操作者的安全与卫生防护;②在熏蒸消毒之前,可将饲养员的工作服、饲养管理过程中需要的用具同时放入舍内进行熏蒸消毒;③在用电炉升温宠物舍和用高压水枪冲洗宠物舍时,要在电源闭合开关处连接漏电显示器,保证用电安全;④宠物舍使用前要升温排掉余烟后方可使用。

思考题

1.熏蒸消毒所用药品的剂量是如何计算的?

2.宠物舍消毒的注意事项有哪些?

任务三　传染病病料的采集、保存和送检

一、技能目标

本项目是传染病实验室诊断关键的一步,及时而正确地采集与送检病料对正确地诊断疾病有着十分重要的意义,学生要掌握被检病料的采集、保存和送检方法,具备临床实际应用的能力。

二、教学资源准备

【材料与用具】

煮沸消毒器、外科刀、外科剪、镊子、试管、注射器、采血针头、平皿、广口瓶、包装容器、脱脂棉、载玻片、酒精灯、火柴、药品、保存液、来苏儿、新鲜宠物尸体等。

【实训场所】

校外实训基地或实验室。

三、操作方法与步骤

【病料的采集】

1.淋巴结及内脏

将淋巴结、肺、肝、脾及肾等有病变的部位各采取 $1\sim2$ cm 的小方块,分别置于灭菌试管或平皿中。

2.血液

心血通常在右心房采取,先用烧红的铁片或刀片烙烫心肌表面。然后用灭菌的注射器自烙烫处扎入,吸出血液,盛于灭菌试管。血清的采取,以无菌操作采取血液 10 mL,置于灭菌的试管中,待血液凝固析出血清后,以灭菌滴管吸出血清置另一灭菌试管内。如用做血清学反应时,可于每毫升血清中加入 $3\%\sim5\%$ 石炭酸溶液 $1\sim2$ 滴。全血的采取,以无菌操作采取全血 10 mL,立即放入盛有 3.8% 柠檬酸钠 1 mL 的灭菌试管中,搓转混合片刻即可。

3.脓汁及渗出液

用灭菌注射器或吸管抽取,置于灭菌试管中。若为开口化脓病灶或鼻腔等,可用无菌棉签浸蘸后放在试管中。

4.乳汁

乳房和挤乳者的手用新洁尔灭等消毒,同时刷湿乳房附近的毛,最初所挤的 $3\sim4$ 股乳汁应弃去,然后再采集 10 mL 左右的乳汁于灭菌试管中。若仅供镜检,则可于其中加入 0.5% 福尔马林溶液。

5.胆汁

操作方法同心血烧烙采取法。

6.肠

用线扎紧一段肠道（5～10 cm）两端，然后将两端切断，置于灭菌器皿中。亦可用烧烙采取法采取肠管黏膜或其内容物。

7.皮肤

取大小约 10 cm×10 cm 的皮肤一块，保存于 30％甘油缓冲溶液、10％饱和盐水溶液或 10％福尔马林溶液中。

8.胎儿和小宠物

将整个尸体包入不透水的塑料薄膜、油布或数层油纸中，装入箱内送检。

9.脑、脊髓

可将脑、脊髓浸入 50％甘油盐水中，或将整个头割下，放到浸过 0.1％升汞溶液的纱布或油布中，装入木箱送检。

【病料的保存】

病料采取后，如不能立即检验，或需送往有关单位检验，应当加入适量的保存剂，使病料尽量保持新鲜状态，以免病料送达实验室时已失去原来的状态，影响正确诊断。病料保存液因送检材料的不同也各异。

1.病毒检验材料

一般用灭菌的 50％甘油缓冲盐水或鸡蛋生理盐水。

2.细菌检验材料

一般用灭菌的液体石蜡、30％甘油缓冲盐水或饱和氯化钠溶液。

3.血清学检验材料

固体材料（小块肠、耳、脾、肝、肾及皮肤等）可用硼酸或氯化钠处理。液体材料如血清等可在每毫升中加入 3％～5％石炭酸溶液 1～2 滴。

4.病理检验材料

用 10％福尔马林溶液或 95％～100％酒精等。

【病料的送检】

供显微镜检查用的脓汁、血液及黏液，可用载玻片制成抹片，组织块可制成触片，每份病料制片不少于 2～4 张。制成后的涂片自然干燥，彼此中间垫以火柴棍或纸片，重叠后用线缠住，用纸包好。每片应注明号码，并附加说明。装病料的容器一一标号，详细记录在案，并附有病料送检单，见表 8-7。

病料包装容器要牢固，做到安全稳妥，对于危险材料、怕热或怕冻的材料要分别采取措施。一般病原学检验材料怕热，应放入有冰块的保温瓶或冷藏箱内送检，包装好的病料要尽快运送，长途以空运为好。

表 8-7　宠物病料送检单

送检单位		地址		检验单位		材料收到日期	年　月　日
病畜种类		发病日期		检验人		结果通知日期	年　月　日
死亡时间	年　月 日　时	送检日期		微生物学 检查	血清学检查		病理组织 学检查
取材时间	年　月 日　时	取材人		检验名称			
疫病流行情况							
主要临床症状							
主要剖检变化				检验结果			
曾经何种治疗							
病料序号名称		病料处 理方法		诊断和处 理意见			
送检目的							

【注意事项】

①在采取微生物检验材料时,要严格按照无菌操作步骤进行,并严防散布病原。

②要有秩序地工作,注意消毒,严防自身感染及造成他人感染。

③正确地保存和包装病料,正确填写送检单。

④通过对流行病学、临床症状、剖检材料的综合分析,慎重提出送检目的。

⑤病料在采集前需作尸体检查,当怀疑是炭疽时,不可随意解剖,应先由末梢血管采血涂片镜检,检查是否有炭疽杆菌存在。操作时应特别注意,勿使血液污染他处。只有在确定不是炭疽时方可进行剖检,采取有病变的组织器官。

⑥采取病料的时间要适宜,最好死亡后立即采取,最好不超过 6 h,否则时间过长,由肠内侵入其他细菌,易使尸体腐败,影响病检结果。

⑦采取病料所用器械要进行严格消毒。刀、剪、镊子、针头等可煮沸消毒 30 min;玻璃器皿等可高压灭菌或干热灭菌,或于 0.5%～1% 碳酸氢钠水溶液中煮沸 30 min;软木塞和橡皮塞于 0.5% 石炭酸水溶液中煮沸 10～15 min;载玻片在 1%～2% 碳酸氢钠水溶液中煮沸 10～15 min,水洗后用清洁纱布擦干,将其保存于酒精与乙醚等份液中备用。一套器械与容器,只能采取或容装一种病料,不可用其再采集或容纳其他病料。

⑧采取病料应无菌操作,病料的采取应根据不同的传染病,相应地采取该病常侵害的脏器或内容物。在无法估计是哪种传染病时,应进行全面采取。

思考题

1. 按照训练课的实际情况,填写一份宠物病料送检单?
2. 试述病料的采取、保存、送检的方法和意义。

任务四　传染病尸体的处理

一、技能目标

传染病尸体的处理是扑灭宠物传染病的重要措施之一,学生要结合生产实践,掌握尸体的运送和正确处理方法,为今后在实际工作中及时扑灭疫病打下良好的基础。

二、教学资源准备

【材料与用具】

湿化机、干化机、焚化炉、高压锅、运尸车、喷雾器、工作服、工作帽、胶鞋、手套、口罩、防风镜、消毒液、纱布、锄头、铁铲、燃料、假定病死宠物尸体。

【实训场所】

校外实训基地。

三、操作方法与步骤

【尸体运送】

尸体运送前,所有参加运尸人员均应穿戴工作服、口罩、工作帽、胶鞋、手套和防风镜。运送尸体应用特制的运尸车(此车内壁衬金属薄板,可以防止漏水)。装车前应将尸体各天然孔用蘸有消毒液的湿纱布、棉花严密填塞,以免流出粪便、分泌物、血液等污染周围环境。在尸体躺过的地方应铲除表层土,连同尸体一起运走,并以消毒药喷洒消毒。运送尸体的用具、车辆应严加消毒,工作人员用过的手套、衣物及胶鞋等也应进行消毒。

【尸体处理】

1. 销毁
(1)湿法消化　将宠物整个尸体投入湿化机内,进行处理。
(2)焚毁　将整个尸体投入焚化炉中烧毁炭化。
(3)深埋　挖一深坑,在坑底撒上一层生石灰后,将整个尸体投入坑内,再在其上撒上一层生石灰,并要求尸体表面距地面的深度在 1.5 m 以上,填土夯实。
2. 化制
利用干化机,将原料分类,分别投入化制。

3.高温

（1）高压蒸煮法　将肉尸切成重不超过 2 kg、厚不超过 8 cm 的肉块,放在密闭的高压锅内,在 112 kPa 压力下蒸煮 1.5～2 h。

（2）一般煮沸法　将肉切成(1)规定大小的肉块,放在普通锅内煮沸 2～2.5 h(从水沸腾时算起),使肉块深部温度达到 80 ℃ 以上,切开时,深部肌肉呈灰白色或灰色,无红色血水流出时即可。

 思考题

1.运送尸体时应注意哪些事项?

2.常用处理尸体的方法共有几种?

3.干法化制和湿法化制各有何优缺点?

任务五　狂犬病的实验室诊断

一、技能目标

掌握狂犬病的实验室诊断技术。

二、教学资源准备

【材料与用具】

胶皮手套、口罩、防护眼镜、骨锯、骨剪、脑刀、染色缸、光学显微镜、荧光显微镜、恒温箱、载玻片(片厚 2 mm 以下)、盖玻片、冰冻切片机、10％福尔马林溶液、50％甘油生理盐水、赛勒(Selet)氏染色液、曼(Mann)氏染色液、异硫氰酸荧光黄标记抗狂犬病毒丙种球蛋白和未标记抗狂犬病毒丙种球蛋白、丙酮、0.01 mol/L pH7.4 磷酸盐缓冲盐水、0.02％伊文思蓝染色液等。

【实训场所】

校内实验室。

三、操作方法与步骤

【内氏小体检查】

1.样品的采集和运送

①对疑为狂犬病而扑杀或死亡的犬、猫在死亡 3 h 内(越早越好)由大脑海马回、小脑皮质和延髓各切取 1 cm³ 组织数块,放入灭菌玻璃瓶,再置于冰瓶内,于 24 h 内送达实验室。

②不能立即送检者,应加 10％福尔马林溶液或 50％甘油生理盐水固定。

③不能就地取脑者,小动物可送检完整的新鲜尸体,大动物可送检未剖开的头颅。

2.标本片的制备

①对新鲜脑组织,可用外科刀切开,以通过火焰去脂的载玻片在其切面上触压一下制成压印片。每张载玻片可接触2～3个部位,每份材料做3～4张。

②在甘油盐水中保存的新鲜病料,应先用生理盐水彻底洗去甘油,方可制片,制片方法同上。

③所有压印片于室温下干燥后,浸入甲醇溶液固定2 min。

④经10％福尔马林溶液充分固定过的脑组织可按常规方法制备组织学切片。

3.染色

(1)赛勒氏染色法 在经过甲醇固定并风干的压印片上,滴加赛勒式染色液(以盖满压印面而不溢为度)着染5～10 s,然后用蒸馏水冲洗,干燥后镜检。

(2)曼氏染色法 ①将经过甲醇固定并风干的压印片,或者经过脱蜡、浸水、风干的切片浸入曼氏染色液中浸染。压印片浸染5 min,切片浸染时间因温度而异(室温下24 h,38 ℃温箱中12 h,60 ℃温箱中2 h)。②以蒸馏水快速洗去染色液,至无浮色出现为止,用吸水纸吸干。③以无水乙醇稍洗,以标本区刚出现蓝色为度。④放入碱性乙醇分化15～20 s,至标本区出现红色。⑤一次通过无水乙醇和蒸馏水各数秒钟,分别洗去氢氧化钠和乙醇,再浸入微酸性水中1～2 min。酸化期间,经常于显微镜下观察,以细胞核出现蓝色为宜;如果蓝色过深,说明酸化过度,可退回至碱性乙醇,再做短时分化。⑥以蒸馏水水洗后,依次通过95％乙醇和无水乙醇脱水,并经二甲苯透明,最后加中性树胶封固。

4.显微镜检查及判定

内氏小体嗜酸性,位于神经细胞质中,呈圆形、椭圆形或棱形,直径3～20 μm,1个细胞内通常含有1个内氏小体,但也可含有几个。当用塞勒氏染色时,内氏小体呈桃红色,神经细胞为蓝紫色,组织细胞为深蓝色。当用曼氏染色时,内氏小体为鲜红色,神经细胞的胞核为蓝色,胞浆为淡蓝色,红细胞为粉红色。有时,在鲜红的内氏小体中还可以见到嗜碱性的蓝色小颗粒。

内氏小体即狂犬病包涵体,为狂犬病所特有。因此,一旦检出内氏小体,即可确诊。但在检查犬脑时,应注意与犬瘟热病毒引起的包涵体相区别。犬瘟热包涵体主要出现于呼吸道、膀胱、肾盂、胆囊、胆管等器官黏膜上皮细胞的胞浆和胞核内。在脑组织内,见于原浆细胞和一些小胶质细胞的核内,在神经元内很少见到。

【免疫荧光试验】

1.样品的采取和运送
同内氏小体检查。

2.标本片的制备

①取病料标本按照上述方法和要求制得压印片,也可由切面刮取脑细胞泥均匀涂成直径约1 cm的圆形涂抹面,或者参照常规方法将被检脑组织制成厚度为5～8 μm的冰冻切片。

②标本片于空气中自然干燥,在冷丙酮中固定4 h或过夜,然后在冷磷酸盐缓冲盐水中轻轻漂洗,取出后干燥,在标本区周围用记号笔划圈,立即染色检查,或密封于塑料袋中,置－20 ℃暂时保存。

3.染色

①用吸管吸取稀释的狂犬病荧光抗体,滴加 1～2 滴于经丙酮固定的标本片上,使其布满整个标本区。

②将标本片置于搪瓷盘内,置 37 ℃恒温箱内着染 30 min。

③取出玻片,用磷酸盐缓冲盐水轻轻冲去玻片上多余的染色液,再将玻片连续通过 3 缸磷酸盐缓冲盐水,每缸浸泡 3 min,并不时轻轻振荡。最后在蒸馏水中浸泡 3 min。

④在吸水纸上轻轻磕尽玻片上的蒸馏水,自然干燥后,在于标本区上滴加 1 滴甘油缓冲液,将玻片翻转覆盖在载玻片上,然后镜检。

4.对照设置

①已知狂犬病毒标本片加狂犬病荧光抗体染色,应有特异荧光出现。

②已知狂犬病毒标本加狂犬病未标记抗体阻抑后,再加狂犬病荧光抗体染色,应无特异荧光出现。

③已知狂犬病毒阴性标本加狂犬病荧光抗体染色,应无特异荧光出现。

5.荧光显微镜检查及判定

一般用蓝紫光,激发滤光片用 BG_{12},吸收滤光片用 OG_1 或 OG_9,以满足异硫氰酸荧光黄的荧光光谱要求为准。暗视野聚光器比明视野聚光器易观察特异性荧光。物镜浸油须用无荧光镜油,也可以封片用的甘油缓冲液代替。先检查对照标本。只有在对照标本的染色结果符合 4. 中的①和③要求时才能去检查被检标本。特异性荧光呈亮绿色至黄绿色,背景细胞染成淡黄色至橙黄色,细胞核呈暗红色。狂犬病特异性荧光颗粒较大,数量不等,位于细胞质内。凡在神经细胞质内发现特异性荧光,均应判为狂犬病毒感染者。

【注意事项】

①从事狂犬病可疑动物解剖和检疫检验的人员,应穿戴工作服、手套、口罩和防护眼镜,防止感染性病料或气溶胶进入黏膜和伤口。工作期间严禁吸烟、喝水、进食。工作结束要洗手、洗脸和消毒。

②被狂犬病可疑动物咬伤者,应立即用大量 20%肥皂水、0.1%新洁尔灭溶液或清水充分冲洗,再用 75%酒精或 2%～3%碘酒消毒,彻底清理伤口,注射狂犬病疫苗。必要时,应同时注射狂犬病免疫血清。

尸体剖检工作应在病理解剖室内或其他安全地点进行。采完病料之后,应将尸体连同污物一起焚毁或深埋,不得留作他用。污染的场地,器械和工作服等应彻底消毒。

思考题

1.狂犬病包涵体有何特性?

2.荧光抗体检查时如何判定结果?

附:染色液的配制

1.赛勒氏染色液

母液Ⅰ:亚甲蓝饱和溶液

| 碱性亚甲蓝 | 2 g |
| 无水甲醇 | 100 mL |

母液Ⅱ:复红饱和溶液

| 碱性复红 | 4 g |
| 无水甲醇 | 100 mL |

母液Ⅲ:无水甲醇

使用液:取母液Ⅰ 15 mL,与母液Ⅲ 25 mL 混合,再加入母液Ⅱ 2～4 mL,充分混合,装褐色瓶中,塞紧瓶塞保存备用,此染色液配置时间越久,染色效果越好。

2.曼氏染色液

1.0 g/100 mL 甲基蓝水溶液	85 mL
1.0 g/100 mL 伊红水溶液	35 mL
加蒸馏水至	100 mL

在配制时,将甲基蓝水溶液和伊红水溶液分别过滤后,各取 35 mL,混合,再加蒸馏水补足至 100 mL。

任务六　伪狂犬病的实验室诊断

一、技能目标

掌握伪狂犬病的实验室诊断技术。

二、教学资源准备

【材料与用具】

改良最低要素营养液(DMEM)、仓鼠肾细胞或猪肾细胞系细胞、新生犊牛血清、青霉素、链霉素、0.22 μm 微孔滤膜、细胞培养瓶、抗原、酶标抗体、阴性血清、阳性血清、底物邻苯二胺-过氧化氢溶液、抗原包被液、封闭液、冲洗液、终止液、酶标反应板。

【实训场所】

校内实验室。

三、操作方法与步骤

【病毒分离鉴定】

1.病料的采集

对死亡病犬或活体送检并处死的宠物,以无菌手术采集大脑、三叉神经节、扁桃体、肺等组织。

2.样品处理

待检组织放入组织研磨仪内研磨,加入灭菌玻璃砂研磨,用灭菌生理盐水或 DMEM 培养液制成 1∶5 乳剂,反复冻融 3 次,经 8 000 r/min 离心 15 min 后,取上清液经 0.22 μm 微孔滤膜过滤,加入青霉素溶液至最终浓度为 300 IU/mL,链霉素为 100 μg/mL,-70 ℃保存作为接种材料。

3.病料接种

将病料滤液接种已长成单层的 BHK_{21} 细胞,接种量为培养液量的 10%,置于 37 ℃恒温箱中吸附 1 h,加入含 10%新生犊牛血清的 DMEM 培养液,置于 37 ℃温箱中培养。

4.观察结果

接种后 36～72 h,细胞应出现典型的细胞病变效应,表现为细胞变圆、拉网、脱落。如第一次接种不出现细胞病变,应将细胞培养物冻融后盲传 3 代,如仍无细胞病变,则判为伪狂犬病毒检测阴性。

5.病毒的鉴定

将出现细胞病变的细胞培养物,做聚合酶链反应或家兔接种试验,或做进一步鉴定。

【酶联免疫吸附试验】

1.包被

用包被液将抗原稀释到工作浓度,加入酶标板孔内,每孔 100 μL,37 ℃作用 1 h 后,置于 4 ℃冰箱中过夜。

2.洗涤

弃去孔内液体,用冲洗液洗 3 次,每次 3 min,用吸水纸拍干。

3.封闭

各孔加入封闭液 100 μL,37 ℃作用 1 h。按 2.步骤洗涤。

4.加入待检血清和阴性、阳性血清对照

待检血清经 56 ℃ 30 min 灭活后,用冲洗液作 1∶40 稀释,加入抗原孔中,每孔 100 μL。同时将阴性血清对照和阳性血清对照各加入 3 个抗原孔中,分别记为 A_1、A_2、A_3 和 A_4、A_5、A_6 孔。37 ℃作用 1 h,重复 2.步骤。

5.加入酶标抗体

用冲洗液将酶标抗体按工作浓度稀释,每孔加入 100 μL,37 ℃作用 1 h,重复 2.步骤。

6.加入底物

加底物邻苯二胺-过氧化氢溶液,每孔 100 μL,室温避光显色 25 min。

7.终止反应

每孔加入 50 μL 终止液,终止反应。

8.测定透光值

在酶联免疫检测仪上于 490 nm 波长处测定光吸收(OD)值。

9.结果的判定

(1)阴性对照光吸收(OD)值 3 孔(A_1、A_2、A_3)的平均值(NC_X)按下式计算

$$NC_X = \frac{A_1 OD_{490} + A_2 OD_{490} + A_3 OD_{490}}{3}$$

(2)阳性对照光吸收(OD)值 3 孔(A_4、A_5、A_6)的平均值(PC_X)按下式计算

$$PC_X = \frac{A_4 OD_{490} + A_5 OD_{490} + A_6 OD_{490}}{3}$$

（3）血清检测值与阳性对照血清检测值的比值（S/P）按下式计算

$$S/P = \frac{样品\ A_{490} - NC_x}{PC_x - NC_x}$$

如 $S/P \geqslant 0.5$，则判为抗体阳性；如 $S/P < 0.5$，则判为抗体阴性。

思考题

1．酶联免疫吸附试验的原理是什么？

2．用酶联免疫吸附试验诊断伪狂犬病时如何判定结果？

3．病毒分离鉴定的注意事项有哪些？

附：溶液的配制

1．DMEM 培养液的配制

①量取去离子水 950 mL 置于一定的容器中。

②将 DMEM 粉剂 10 g 加于 15～30 ℃的去离子水中，边加边搅拌。

③每 1 000 mL 培养液加 3.7 g 碳酸氢钠。

④加水至 1 000 mL，用 1 mol/L 盐酸将培养液 pH 值调至低于 pH 6.9～7.0，在过滤之前应盖紧容器瓶塞。

⑤立即用孔径为 0.22 μm 的微孔滤膜正压过滤除菌，4 ℃冰箱保存备用。

2．酶联免疫吸附试验溶液的配制

（1）冲洗液　含 0.05％吐温-20 pH 7.4 的磷酸盐缓冲液。

将下列试剂按次序加入 1 000 mL 体积的容器中，充分溶解即成。

氯化钠	8 g
氯化钾	0.2 g
磷酸氢二钠	0.2 g
磷酸二氢钾	29 g
吐温-20	0.5 mL
加蒸馏水至	1 000 mL

（2）抗原包被液　0.025 mol/L pH 9.6 碳酸盐缓冲液。

碳酸钠	1.59 g
加蒸馏水至	1 000 mL

（3）底物溶液　0.1 mol/L pH 5.0 磷酸盐-柠檬酸盐缓冲液。

邻苯二胺	40 mg
30％过氧化氢	0.15 mL

此液对光敏感，应避免强光直射，现配现用。

（4）终止液

2 mol/L 硫酸	22.2 mL
蒸馏水	177.8 mL

任务七　大肠杆菌病的实验室诊断

一、技能目标

掌握大肠杆菌病的实验室诊断方法。

二、教学资源准备

【材料与用具】

显微镜、载玻片、酒精灯、脱色缸、接种环、吸水纸、擦镜纸、革兰氏染色液、MR 指示剂、VP 指示剂、普通琼脂平板、麦康凯琼脂平板、普通琼脂斜面、三糖铁琼脂斜面、童汉氏蛋白胨水、葡萄糖蛋白胨水、枸橼酸盐培养基、醋酸铅琼脂培养基、葡萄糖发酵管、麦芽糖发酵管、甘露醇发酵管、患病宠物、小鼠、家兔等。

【实训场所】

校内实验室。

三、操作方法与步骤

【病料采取】

采取可疑大肠杆菌患病宠物内脏、脓汁、血液等,也可采取新鲜粪便或肛门拭子。

如果以病料通过实验动物再做细菌学诊断,则应在实验动物死亡后,从尸体采取心、脾、肝、肾等器官进行检查。

【涂片镜检】

取病料制成涂片或触片,干燥、固定做革兰氏染色或瑞氏染色后镜检,可见到革兰氏阴性、中等大小、钝圆、单在的杆菌散布于细胞间。

【培养】

1. 分离培养

对败血症病例可无菌采取其病变的内脏组织,直接在普通琼脂平板或麦康凯琼脂平板上划线分离培养;对腹泻的病例,可采取其各段小肠内容物或黏膜刮取物以及相应肠段的肠系膜淋巴结分别在普通琼脂平板和麦康凯琼脂平板上划线分离培养。37 ℃温箱培养 18～24 h,观察其在各种培养基上的菌落特征。实际工作中,在直接分离培养的同时进行增菌培养,如分离培养没有成功,则钩取 24 h 及 48 h 的增菌培养物做划线分离培养。

大肠杆菌在普通培养基上生长良好,在麦康凯琼脂平板上形成直径 1～3 mm、红色的露珠状菌落。

2.纯培养

钩取麦康凯琼脂平板上的可疑菌落接种三糖铁琼脂斜面和普通琼脂斜面进行初步生化鉴定和纯培养。在接种三糖铁琼脂斜面时,先涂布斜面,后穿刺接种至管底。

大肠杆菌在三糖铁琼脂斜面上生长、产酸,使斜面部分变黄,穿刺培养,于管底产酸产气,使底层变黄且混浊,不产生硫化氢。

对符合条件的进行生化试验及因子血清凝集试验等进一步鉴定。

【生化试验】

1.糖发酵试验

取纯培养物分别接种于葡萄糖、麦芽糖和甘露醇发酵管中,37 ℃培养 2～3 d,观察结果。大肠杆菌能分解葡萄糖、麦芽糖和甘露醇,产酸产气。

2.吲哚试验

取纯培养物接种于童汉氏蛋白胨水中,37 ℃培养 2～3 d,加入吲哚指示剂,观察结果。阳性者在培养物与试剂的接触面处产生一红色的环状物,阴性者培养物仍为淡黄色。

3.MR 试验和 VP 试验

取纯培养物接种于葡萄糖蛋白胨水中,37 ℃培养 2～3 d,分别加入 MR 和 VP 指示剂,观察结果。凡培养液变红色者为阳性,仍为黄色者为阴性。

4.枸橼酸盐试验

取纯培养物接种于枸橼酸盐培养基上,37 ℃培养 18～24 h,观察结果。细菌在培养基上生长,并使培养基转变为深蓝色者为阳性;没有细菌生长,培养基仍为原来颜色者为阴性。

5.硫化氢试验

取纯培养物接种于醋酸铅琼脂上,37 ℃培养 18～24 h,观察结果。沿穿刺线或穿刺线周围呈黑色者为阳性,不变者为阴性。

大肠杆菌吲哚试验、MR 试验为阳性,VP 试验、枸橼酸盐试验、硫化氢试验为阴性。

【动物接种】

取培养 24 h 的纯培养物接种小鼠、家兔,可发病死亡,并可做进一步的涂片镜检以判定分离菌株的致病性。

【注意事项】

自粪便中分离大肠杆菌时,常需要连续多次分离培养才能成功。

 思考题

1.大肠杆菌生化试验结果如何判定?

2.如何分离培养大肠杆菌?

附1:用于肠道菌的培养基

1.麦康凯琼脂

蛋白胨2 g,氯化钠0.5 g,乳糖1 g,胆盐0.5 g,1%中性红水溶液0.5 mL,琼脂2.5 g,蒸馏水100 mL。将琼脂加入50 mL蒸馏水中,加热溶解;用另一烧杯加入蛋白胨、氯化钠、乳糖、胆盐和50 mL蒸馏水,溶解后与上述琼脂液混合,矫正pH为7.4,加入1%中性红水溶液,摇匀,以121.3 ℃高压蒸汽灭菌20 min,倒成平板。

培养基的中性红为指示剂,酸性时呈红色,碱性时呈黄色。做成的培养基呈淡黄色。大肠杆菌分解乳糖产酸,指示剂显色使菌落呈红色。沙门氏杆菌不分解乳糖,形成的菌落颜色与培养基相同。

2.三糖铁琼脂

蛋白胨20 g,氯化钠5 g,乳糖10 g,蔗糖10 g,葡萄糖1 g,硫酸亚铁铵0.2 g,酚红0.025 g,硫代硫酸钠0.2 g,琼脂13 g,蒸馏水1 000 mL。将蛋白胨、氯化钠加入蒸馏水中,100 ℃加热30 min溶解,矫正pH至7.4,滤纸过滤,依次加入其余成分,充分溶解后分装,每管10 mL,以115 ℃高压蒸汽灭菌20 min,取出后趁热作成层高约2.5 cm的斜面。

此培养基用以测定细菌对葡萄糖、乳糖、蔗糖的发酵反应以及能否产生硫化氢。酚红是指示剂,酸性时呈黄色。大肠杆菌能发酵葡萄糖、乳糖和蔗糖产酸,便培养基呈黄色。沙门氏杆菌仅可使葡萄糖发酵,不能使乳糖和蔗糖发酵,故底层呈黄色,斜面部分仍为红色。沙门氏杆菌的某些菌株可产生硫化氢,与培养基中的硫酸亚铁铵反应形成硫化铁,使培养基呈黑色。

3.远滕氏琼脂

普通琼脂培养基100 mL,20%乳糖水溶液5 mL,碱性复红原液0.5 mL,10%无水亚硫酸钠溶液适量。将灭菌的乳糖溶液及碱性复红原液加入灭菌的普通琼脂培养基内,混匀后向其中滴加无水亚硫酸钠溶液,直至培养基变成淡红色或无色为止,倒成平板。

4.伊红-亚甲蓝琼脂

2%普通琼脂培养基(pH 7.6)100 mL,20%乳糖水溶液2 mL,2%伊红水溶液2 mL、0.5%亚甲蓝水溶液1 mL。

将灭菌后的琼脂培养基溶化并冷却至60 ℃左右,将灭菌的乳糖溶液、伊红水溶液、亚甲蓝水溶液分别以无菌方式加入,混匀后倒成平板。

伊红和亚甲蓝为指示剂,做成的培养基呈淡紫色。大肠杆菌能分解培养基的乳糖产酸,能使伊红与亚甲蓝结合成黑色化合物,有时带有荧光。沙门氏菌不能分解乳糖,故菌落颜色与培养基相同。

5.SS琼脂

牛肉膏5 g,蛋白胨5 g,乳糖10 g,胆盐8.5～10 g,枸橼酸盐10～14 g,硫代硫酸钠8.5～10 g,枸橼酸铁0.5 g,0.1%煌绿水溶液0.33 mL,1%中性红水溶液2.25 mL,琼脂20 g,蒸馏水1 000 mL。将牛肉膏、蛋白胨、琼脂加入蒸馏水中,煮沸充分溶解,再加入胆盐、乳糖、枸橼酸钠、硫代硫酸钠及枸橼酸铁,加热使其全部溶解,矫正pH为7.2,加入0.1%煌绿水溶液0.33 mL,1%中性红水溶液2.25 mL,摇匀后再煮沸,待冷却至45 ℃左右倒成平板。此培养基不可高压灭菌。

培养基中的中性红为指示剂,酸性时呈红色。煌绿、胆盐、硫代硫酸钠、枸橼酸钠等能抑制非病原菌的生长,而胆盐又能促进某些病原菌生长。大肠杆菌能迅速分解乳糖,使胆盐呈胆酸析出,因而形成中心混浊的深红色菌落。沙门氏菌不分解乳糖,故菌落呈透明的橘黄色或淡粉红色。枸橼酸铁能使硫化氢产生菌株的菌落中心呈黑色。

6.煌绿增菌培养基

蛋白胨 10 g,氯化钠 5 g,蒸馏水 100 mL。将蛋白胨、氯化钠加入蒸馏水中,煮沸溶解,矫正 pH 至 7.4,过滤后分装,每管 5 mL,经 121.3 ℃高压蒸汽灭菌 15 min,4 ℃冰箱保存备用。临用前,每管培养基内加入 0.1‰煌绿水溶液 0.2 mL。

7.亚硒酸盐增菌培养基

甲液:蛋白胨 5 g、乳糖 4 g、磷酸二氢钠 5 g、磷酸氢二钠 5 g、蒸馏水 900 mL。

乙液:亚硒酸氢钠 4g、蒸馏水 100 mL。

将甲液成分混合,加热溶解,115 ℃灭菌 10 min。乙液成分混合,流通蒸汽灭菌 10 min。将甲液、乙液混合,分装试管备用。

附2:用于生化试验的培养基

1.童汉氏蛋白胨水(1‰蛋白胨水培养基)

(1)成分　蛋白胨 1 g,氯化钠 0.5 g,蒸馏水 100 mL。

(2)制法　将蛋白胨及氯化钠加入蒸馏水中,充分溶解后测定并矫正 pH 7.6,滤纸过滤后分装于试管中,121.3 ℃高压蒸汽灭菌 20 min 即可。

2.葡萄糖蛋白胨水

(1)成分　蛋白胨 1 g,葡萄糖 1 g,磷酸氢二钾 1 g,蒸馏水 200 mL。

(2)制法　将上述成分依次加入蒸馏水中,充分溶解后测定并矫正 pH 7.4,滤纸过滤后分装于试管中,113 ℃高压蒸汽灭菌 20 min 即可。

3.醋酸铅琼脂培养基

(1)成分　pH7.4 普通琼脂 100 mL,硫代硫酸钠 0.25 g,10‰醋酸铅水溶液 1 mL。

(2)制法　普通琼脂加热融化后,加入硫代硫酸钠,混合,113 ℃高压蒸汽灭菌 20 min,保存备用。应用前加热溶解,加入灭菌的醋酸铅水溶液,混合均匀,无菌操作分装试管,做成醋酸铅琼脂高层,凝固后即可使用。

4.尿素培养基

(1)成分　蛋白胨 0.1 g,氯化钠 0.5 g,磷酸二氢钾 0.2 g,琼脂 2 g,蒸馏水 100 mL,0.4‰PC(酚红)溶液 0.3 mL,葡萄糖 0.1 g,20‰尿素溶液 10 mL。

(2)制法　除尿素外,将上述成分依次加入蒸馏水中加热溶化,测定并矫正 pH 至 7.2,121 ℃高压蒸汽灭菌 20 min,待冷至 50～55 ℃加入已滤过除菌的尿素溶液,混匀分装于灭菌试管,放成斜而冷却备用。

任务八　沙门氏菌病的实验室诊断

一、技能目标

掌握沙门氏菌病的实验室诊断方法。

二、教学资源准备

【材料与用具】

显微镜、载玻片、酒精灯、脱色缸、接种环、吸水纸、擦镜纸、革兰氏染色液、MR 指示剂、VP 指示剂、吲哚指示剂、香柏油、二甲苯、普通琼脂平板、血液琼脂平板、麦康凯琼脂平板、伊红-亚甲蓝琼脂平板、三糖铁琼脂斜面、SS 琼脂平板、尿素琼脂、煌绿增菌培养基、亚硒酸盐增菌培养基、童汉氏蛋白胨水、葡萄糖蛋白胨水、醋酸铅琼脂培养基、葡萄糖发酵管、乳糖发酵管、麦芽糖发酵管、甘露糖发酵管、蔗糖发酵管、沙门氏菌幼龄培养物、沙门氏菌多价及单价因子血清、可疑患病宠物病料(内脏、血液等,也可采取新鲜粪便或肛门拭子)等。

【实训场所】

校内实验室。

三、操作方法与步骤

【形态观察】

①钩取沙门氏菌培养物,制备细菌涂片,革兰氏染色后镜检,仔细观察其形态、大小、排列及染色特性,并与大肠杆菌作相对比较。

②取病料,制成涂片或触片,革兰氏染色后镜检。

沙门氏菌的形态、染色特性与大肠杆菌相似。

【培养】

1. 分离培养

对未污染的被检组织,可直接在普通琼脂平板、血液琼脂平板或鉴别培养基上划线分离;对已污染的被检材料,如粪便、饲料、肠内容物和已败坏组织,先用煌绿增菌培养基或亚硒酸盐增菌培养基增菌培养后再进行分离。37 ℃培养 18～24 h,观察其在各种培养基上的菌落特征。

沙门氏杆菌在麦康凯琼脂平板、伊红-亚甲蓝琼脂平板及 SS 琼脂平板上形成无色或与培养基颜色相同、透明或半透明、中等大小、表面光滑的菌落,据菌落颜色可与大肠杆菌等发酵乳糖的肠道菌相区别。

2. 纯培养

钩取鉴别培养基上的几个可疑菌落分别纯培养,并同时分别接种三糖铁琼脂斜面和尿素琼脂斜面,37 ℃培养 24 h,观察结果。如果两者反应结果符合沙门氏菌,则取三糖铁琼脂斜面上的纯培养物进行生化鉴定及血清型鉴定。

因为沙门氏杆菌只发酵葡萄糖,不发酵乳糖和蔗糖,故在三糖铁琼脂培养基上生长后,培养基底层呈黄色,斜面部分仍为红色,多数菌株产生硫化氢,使培养基底层呈黑色;因沙门氏杆菌尿素酶阴性,故在尿素琼脂上生长,培养基不变色。

【生化试验】

1.糖发酵试验

取纯培养物接种葡萄糖、乳糖、麦芽糖、甘露醇、蔗糖发酵管,37 ℃培养 2～3 d,观察结果。沙门氏菌能发酵葡萄糖、麦芽糖和甘露醇产酸产气,不发酵乳糖和蔗糖。

2.吲哚试验

取纯培养物接种童汉氏蛋白胨水,37 ℃培养 2～3 d,加入吲哚试剂,观察结果。沙门氏菌吲哚试验为阴性。

3.MR 试验和 VP 试验

取纯培养物接种葡萄糖蛋白胨水,37 ℃培养 2～3 d,分别加入 MR 指标剂和 VP 指示剂,观察结果。沙门氏菌 MR 试验为阳性,VP 试验为阴性。

4.枸橼酸盐试验

取纯培养物接种枸橼酸盐培养基上,37 ℃培养 18～24 h,观察结果。沙门氏菌枸橼酸盐试验为阳性。

【因子血清检查】

1.O 抗原分群

临床上分离到的沙门氏菌几乎都属于 A、B、C、D、E、F 等 6 群,故先用沙门氏菌"A～F"多价因子血清确定被检查细菌是否是沙门氏菌,在此基础上,再用"O"诊断血清分群,确定其血清群。方法是用接种环蘸取少许沙门氏菌因子血清置于玻片上,再钩取几个菌落与之混匀,出现凝集为阳性反应。

2.H 抗原定型

被检查菌株确定血清群别后,可根据 H 抗原的不同,选用第一相和第二相血清作分型。在进行凝集试验时,应根据菌株的来源选用常见菌型的因子血清作检查,不必同时作各种 H 因子血清的凝集试验。方法同上。检查完毕,根据结果写出抗原式,确定菌型。

【注意事项】

沙门氏杆菌 H 凝集现象出现十分迅速,如凝集较慢或凝集不明显,应考虑为非特异性反应。

 思考题

1.沙门氏菌与大肠杆菌在生化反应特性上有何区别?

2.沙门氏菌分离培养方法有哪些?

任务九　巴氏杆菌病的实验室诊断

一、技能目标

掌握巴氏杆菌病的实验室诊断方法。

二、教学资源准备

【材料与用具】

显微镜、酒精灯、接种环、载玻片、擦镜纸、吸水纸、革兰氏染色液、亚甲蓝染色液或瑞氏染色液、香柏油、二甲苯、血琼脂平板、麦康凯琼脂平板、醋酸铅琼脂、葡萄糖发酵管、甘露醇发酵管、蔗糖发酵管、童汉氏蛋白胨水、可疑患病宠物等。

【实训场所】

校内实验室。

三、操作方法与步骤

【涂片镜检】

剖检死亡宠物,用心血、肝脏等涂片,经甲醇固定后用亚甲蓝染色,或直接用瑞氏染色,镜检。巴氏杆菌为两极浓染的球杆菌,在新鲜的病料中常带有荚膜。

【培养】

1. 分离培养

取心血、肝脏、脾等同时划线接种于血液琼脂平板和麦康凯琼脂平板,37 ℃温箱培养 24 h,观察其生长特性。

巴氏杆菌在血液琼脂平板上形成淡灰色、圆形、湿润、露珠样小菌落,不溶血;在麦康凯琼脂平板上不生长。钩取典型菌落涂片,革兰氏染色后镜检,为革兰氏阴性、两极浓染的球杆菌。

2. 纯培养

钩取可疑菌落接种血液琼脂平板和血清琼脂平板进行纯培养,对纯培养物进行菌落荧光性观察、运动性及生化特性鉴定。

【菌落荧光性观察】

巴氏杆菌在血清琼脂平板上,37 ℃温箱培养 24 h,生长的菌落有荧光。将生长的菌落置于立体显微镜载物台上,使光源 45°角折射于菌落表面,用低倍镜观察,可见菌落发出不同颜色的荧光。Fg 型菌落较小,中央呈蓝绿色荧光,边缘有红黄光带;Fo 型菌落较大,中央呈橘红色荧光,边缘有乳白色光带;Nf 型菌落无荧光。

【生化试验】

1. 糖发酵试验

取纯培养物分别接种葡萄糖发酵管、甘露醇发酵管和蔗糖发酵管,37 ℃培养 2～3 d,观察结果。巴氏杆菌能分解葡萄糖、甘露醇和蔗糖,产酸不产气。

2. 吲哚试验

取纯培养物接种童汉氏蛋白胨水,37 ℃培养 2～3 d,加入吲哚试剂,观察结果。巴氏杆菌吲哚试验阳性。

3.硫化氢试验

取纯培养物接种醋酸铅琼脂,37 ℃培养 18～24 h,观察结果。巴氏杆菌硫化氢试验阴性。

【动物接种】

取病料制成 1：10 乳剂,或用细菌的培养液,取 0.2～0.5 mL 皮下注射小白鼠、家兔,或取 0.3 mL 胸肌注射鸽子,经 24～48 h 动物死亡。置解剖盘内剖检观察其败血症变化,同时取心血、肝、脾组织涂片,分别进行亚甲蓝染色或瑞氏染色、革兰氏染色,镜检可见大量两极浓染、球杆状的巴氏杆菌,革兰氏染色阴性。

【注意事项】

①新鲜病料中的巴氏杆菌常带有荚膜,慢性病例及腐败的病例镜检常见不到典型的菌体。

②巴氏杆菌对营养要求较高,在做糖发酵试验时,可向糖培养基中加入 3% 无菌马血清促进其生长繁殖。

思考题

1.巴氏杆菌有哪些生化特性?

2.叙述直接涂片镜检的操作过程,其注意事项有哪些?

任务十　犬瘟热的实验室诊断

一、技能目标

通过实践操作,学生能够掌握犬瘟热诊断操作技术要领,具备犬瘟热临床诊断的能力。

二、教学资源准备

【材料与用具】

细胞培养瓶、吸管、二氧化碳培养箱、37 ℃恒温水浴箱、普通冰箱及低温冰箱、离心机及离心管、研磨器械、普通光学显微镜、微量加样器、0.4 μm 微孔滤膜、印有 10～40 个小孔的室玻片、可疑病犬。

改良最低要素营养液(DMEM)培养基、非洲绿猴肾细胞(Vero 细胞)、CDV 单克隆抗体、无 CDV 感染的犬血清、新生牛血清(用无血清 DMEM 洗涤细胞 2 次,加入培养液 1/2 量的新生牛血清 37 ℃吸附 1 h)、青霉素、链霉素、磷酸盐缓冲液(PBS)、抗原涂片(将犬瘟热病毒接种 Vero 细胞,接种后 5～7 d,当病变达 50%～75% 时,用胰蛋白酶消化分散感染细胞,PBS 洗涤 3 次后,稀释至 1×10⁶ 个细胞/mL。取印有 10～40 个小孔的室玻片,每孔滴加 10 μL。室温自然干燥后,冷丙酮固定 10 min,密封包装,置－20 ℃备用)、HRP 标记的葡萄球菌 A 蛋白(SPA)、底物溶液、犬瘟热病毒诊断试剂盒。

【实训场所】

校内实验室。

三、操作方法与步骤

【临床诊断要点】

1.临床症状

病犬体温升高至 40 ℃以上,呈双相热型。鼻流清涕至脓性鼻汁,脓性眼屎,有咳嗽、呼吸急促等肺炎症状,腹下可见米粒大丘疹。病程长的犬足枕角质层增生。病后期犬瘟热病毒侵害大脑,则出现神经症状,头、颈、四肢抽搐。

2.病理变化

犬瘟热病毒为泛嗜性病毒,对上皮细胞有特殊的亲和力,因此病变分布非常广泛。新生幼犬感染犬瘟热病毒通常表现胸腺萎缩。成年犬多表现结膜炎、鼻炎、气管支气管炎和卡他性肠炎。表现神经症状的犬通常可见鼻和脚垫的皮肤角化病。中枢神经系统的大体病变包括脑膜充血,脑室扩张和因脑水肿所致的脑脊液增加。

【病毒分离鉴定】

1.样品

犬瘟热病毒存在于病犬心脏、肺脏、脾脏、胸腺、淋巴结等组织器官中。无菌采集这些器官用无血清 DMEM 制成 20%组织悬液,3 000 r/min 离心 30 min,取上清液。10 000 r/min 离心 20 min,取上清液用于犬瘟热病毒分离。

2.细胞培养

用含 8%已处理的新生牛血清的 DMEM 培养基,在 37 ℃培养 Vero 细胞。每 3～4 d 传代 1 次,待细胞长成单层,用于犬瘟热病毒分离。

3.病料接种

将 0.1 mL 处理好的组织悬液接种 Vero 细胞,33 ℃吸附 1 h,加入无血清 DMEM 继续培养 5～7 d,观察结果。

4.结果观察

犬瘟热病毒感染 Vero 细胞,培养 4～5 d 表现为细胞变圆、胞浆内颗粒变性和空泡形成,随后形成巨细胞和合胞体,并在胞浆中出现包涵体。若第一次接种未出现细胞病变,应将细胞培养物冻融后盲传 3 代。如仍无细胞病变,则判为犬瘟热病毒检测阴性。

5.犬瘟热病毒的鉴定

将出现细胞病变的细胞培养物,制备细胞涂片,用犬瘟热病毒单克隆抗体进行鉴定。

【免疫酶试验】

1.样品

采集被检犬血液,分离血清,血清应新鲜、透明、不溶血、无污染,密装于灭菌小瓶内,4 ℃或 -30 ℃保存或立即送检。试验前将被检血清统一编号,并用 PBS 作 10 倍稀释。

2. 操作方法

①取出抗原涂片,室温干燥后,滴加 10 倍稀释的待检血清和标准阴性血清、标准阳性血清,每份血清加 2 个病毒细胞孔和 1 个正常细胞孔,置湿盒内,37 ℃培养 30 min。

②PBS 漂洗 3 次,每次 5 min,室温干燥。

③滴加适量稀释的酶结合物,置湿盒内,37 ℃培养 30 min。

④PBS 漂洗 3 次,每次 5 min。

⑤将室玻片放入底物溶液中,室温下显色 5～10 min,PBS 漂洗 2 次,再用蒸馏水漂洗 1 次。

⑥吹干后,在普通光学显微镜下观察,判定结果。

3. 结果判定

①在阴性血清对照、阳性血清对照成立的情况下,即阴性血清与正常细胞和病毒感染细胞反应均无色;阳性血清与正常细胞反应无色,与病毒感染细胞反应呈棕黄色至棕褐色,即可判定结果。否则应重试。

②待检血清与正常细胞和病毒感染细胞反应均呈无色,即可判为犬瘟热病毒抗体阴性。

③待检血清与正常细胞反应呈无色,而与病毒感染细胞反应呈棕黄色至棕褐色,即可判为犬瘟热病毒抗体阳性。

【犬瘟热病毒诊断试剂盒诊断法】

用棉签采集犬眼、鼻分泌物,在专用的诊断稀释液中充分挤压洗涤,然后用小吸管将稀释后的病料滴加到诊断试剂盒的检测孔中任其自然扩散,3～5 min 后判定结果。若 C、T 两条线均为红色,则判为阳性;若 T 线颜色较淡,则判为弱阳性或可疑;若 C 线为红色而 T 线为无色,则判为阴性;若 C、T 两条线均无颜色,则应重做。应注意的是用此法诊断有时可能出现假阳性。故还应结合其他诊断方法,如中和试验、补体结合试验、荧光抗体试验等进行确诊。

 思考题

1. 犬瘟热的主要临床特征有哪些?

2. 犬瘟热病毒诊断试剂盒使用的原理和注意事项。

任务十一　犬细小病毒感染的实验室诊断

一、技能目标

通过实践操作,学生能够掌握犬细小病毒感染诊断操作的技术要领,具备犬细小病毒感染临床诊断的能力。

二、教学资源准备

【材料与用具】

pH 7.0～7.2 磷酸缓冲盐水(PES)、1‰猪红细胞悬浮液、灭菌生理盐水、青霉素、链霉素、犬细小病毒感染标准抗原与阳性血清、被检血清、3.8％柠檬酸钠溶液、75％酒精棉球、5％碘酊棉球、犬细小病毒诊断试剂盒、恒温培养箱、振荡器、离心机及离心管、微量移液器、枪头、96 孔 V 型微量反应板、5 mL 注射器、针头、试管、吸管、疑似病犬。

【实训场所】

校内实验室。

三、操作方法与步骤

【血凝(HA)及血凝抑制(HI)试验】

本方法用于诊断犬细小病毒感染有 2 种情况：一种是已知抗体,检查被检病料中的病毒抗原；另一种是已知抗原,检查被检血清中的抗体。在检查病毒时,取分离到的疑似病料进行血凝试验检测其血凝性,如凝集再用标准阳性血清进行血凝抵制试验确定。在检查抗体时,需采取疑似犬细小病毒感染初期和后期双份血清,用于血凝抑制试验,证实抗体滴度增高可确定。

1. 试验的准备

(1)pH 7.0～7.2 磷酸盐缓冲液(PBS)的制备

氯化钠 170 g、氢氧化钠 3 g、磷酸二氢钾 13.6 g,加蒸馏水至 1 000 mL。

高压灭菌,4 ℃保存,使用时做 20 倍稀释。

(2)1％猪红细胞悬液的制备

从健康猪耳静脉采血,加入含有抗凝剂(3.8％柠檬酸钠溶液)的试管内,用 20 倍的磷酸缓冲盐水洗涤 3～4 次,每次以 2 000 r/min 离心 10 min,洗涤后配成体积分数为 1％的红细胞悬液,4 ℃保存备用。

(3)被检血清的制备

采取被检犬血液,分离血清。分离的血清应新鲜、透明、不溶血、无污染,密装于灭菌小瓶内,4 ℃或−30 ℃保存或立即送检。

(4)病毒的分离

取可疑病犬的粪便 2 g 加入 4 倍量 PBS,摇匀后 2 000 r/min 离心 20 min,取上清液作为待检抗原备用。

2. 操作方法

参照鸽瘟的实验室诊断。

【犬细小病毒感染诊断试剂盒诊断法】

1. 被检物的采集

以未被污染的新鲜粪便作为检测物。在实施检测时,应充分使被检物放置于室温环境,使被检物的温度与室温一致后再进行检测。

2. 检测方法

①利用采集棒充分采集准备检测的检测物后,放入装有缓冲剂的试管内进行适当溶解。

②吸取上述液体,在反应板的检测物滴入口滴入 3～4 滴。

③检测物滴下后,等到检测物充分扩散,然后在 10 min 内进行判断。

3. 判定结果

该试剂盒根据检测线与对照线的结果来判断阴性和阳性,见图 8-1。

阴性:只有对照线(C)呈红色或紫色线

阳性:检测线(T)和对照线(C)均呈红色或紫色线

重新检测:对照线(C)或检测线(T)均没有线,或只有检测线上有线,说明检测有误或产品存在缺陷,因此需重新进行检测

图 8-1　犬细小病毒试剂盒诊断结果判断示意图

对照线(C):无论被检物内是否存在犬细小病毒抗原,均呈红色或紫色。这是为了确认反应是否有异常而设置的。因此,对照线呈阴性表明试验方法有误或试剂存在缺陷,需要重新测试。

检测线(T):根据被检物中犬细小病毒抗原存在与否,呈现阳性或阴性。根据检测线是否变色来判断阳性与否。

检测线(T)和对照线(C)均呈红色或紫色线,判定为阳性;只有对照线(C)呈红色或紫色线,判定为阴性;对照线(C)或检测线(T)均没有线,或只有检测线上有线,说明检测有误或产品存在缺陷,因此需重新进行检测。

思考题

1. 犬细小病毒感染的实验室诊断方法有哪些?

2. 在使用犬细小病毒诊断试剂盒进行诊断时,应注意哪些问题?

任务十二　犬传染性肝炎的实验室诊断

一、技能目标

掌握犬传染性肝炎的诊断方法。

二、教学资源准备

【材料】

细胞培养瓶、吸管、二氧化碳培养箱、37 ℃恒温水浴箱、普通冰箱及低温冰箱、离心机及离心管、研磨器械、普通光学显微镜、微量加样器、0.45 μm 微孔滤膜、酶联检测仪、37 ℃恒温培养箱、ELISA 抗原包被板等。改良最低要素营养液(DMEM)培养基、犬肾传代细胞(MDCK 细胞)、标准阳性血清、标准阴性血清、新生牛血清、青霉素、链霉素、辣根过氧化物酶(HRP)标记兔抗犬 IgG、磷酸盐缓冲液(PBS)、洗涤液、样品稀释液、底物溶液、终止液等。

【实训场所】

校内实验室。

三、操作方法与步骤

【临床诊断要点】

1.临床症状

最急性病例,患犬在呕吐、腹痛和腹泻等症状出现后数小时内死亡。急性型病例,患犬体温呈马鞍型升高,精神沉郁,食欲废绝,渴欲增加,呕吐,腹泻,粪中带血。亚急性病例,特征性症状是患犬角膜一过性混浊,即"蓝眼病",有的出现溃疡。慢性病例,多发于老疫区或疫病流行后期,患犬多不死亡,可以自愈。

2.病理变化

病犬主要表现全身性败血症变化。在实质器官、浆膜、黏膜上可见大小、数量不等的出血斑点。肝肿大,呈斑驳状,表面有纤维素附着。胆囊壁水肿增厚,灰白色,半透明,胆囊浆膜被覆纤维素性渗出物,胆囊的变化具有一定的诊断意义。

【病毒分离与鉴定】

1.样品

犬传染性肝炎病毒存在于病犬扁桃体、肝脏、脾脏等组织器官中。无菌采集这些器官用无血清 DMEM 制成 20%组织悬液,3 000 r/min 离心 30 min。取上清液 10 000 r/min 离心 20 min,用于犬传染性肝炎病毒分离。

2.细胞培养

用含 8%新生牛血清的 DMEM 培养基,在 37 ℃培养 MDCK 细胞,每 3～4 d 传代 1 次。待细胞长成单层,用于犬传染性肝炎病毒分离。

3.病料接种

将 0.1 mL 处理好的组织悬液接种 MDCK 细胞,37 ℃吸附 1 h,加入无血清 DMEM 继续培养 3～5 d,观察结果。

4.结果观察

犬传染性肝炎病毒感染 MDCK 细胞 3～5 d 表现为细胞增大变圆、变亮、折光性增强、聚集成葡萄串状。若第 1 次接种未出现细胞病变。应将细胞培养物冻融后盲传 3 代,如仍无细胞病变,则判为犬传染性肝炎病毒检测阴性。

将出现细胞病变的细胞培养物,用 1%人"O"型红细胞进行血凝试验,血凝试验阳性者,再用犬传染性肝炎病毒单克隆抗体进行血凝抑制试验,鉴定毒株。

【酶联免疫吸附试验】

1.样品

采集被检犬血液,分离血清。血清应新鲜、透明、不溶血、无污染,密装于灭菌小瓶内,4 ℃或－30 ℃保存或立即送检。试验前将被检血清统一编号,并用样品稀释液作 1∶160 倍稀释。

2.操作方法

①试验设阴性对照、阳性对照各 2 孔和空白对照 1 孔。

②在微孔反应板孔中加入 1∶160 稀释的待检血清、阴性对照血清、阳性对照血清各

100 μL,充分混匀后,置 37 ℃作用 20 min。

　　③弃去各孔中液体、甩干。每孔加满洗涤液漂洗 3 次,每次 2 min,甩干。

　　④每孔加入酶结合物 100 μL,置 37 ℃作用 20 min。

　　⑤重复③。

　　⑥每孔加入底物溶液 100 μL,置 37 ℃避光显色 10 min。

　　⑦每孔加入终止液 50 μL,置酶联检测仪于 450 nm 波长测定各孔吸光度(OD)值。

　　3.结果判定

　　①阳性对照血清 OD 值≥0.8;阴性对照血清 OD 值≤0.1,试验成立。

　　②若阴性对照 OD 均值-空白对照 OD 值小于 0.03,按 0.03 计算。

　　③临界值的计算:临界值=0.17+(阴性血清对照孔 OD 均值-空白对照孔 OD 值)。

　　④待检样本的 OD 值-空白对照 OD 值所得的差大于或等于临界值,即判为犬传染性肝炎病毒抗体具有保护效价;小于临界值,即判为犬传染性肝炎病毒抗体未达到保护效价。

　　【综合判定】

　　当在临床上怀疑有犬传染性肝炎病毒感染时,可根据实际情况在上述方法中选 1 种或 2 种方法进行确诊。对于未接种过犬传染性肝炎病毒疫苗的犬,不论采用任何一种方法,当检测呈现阳性结果时,都可最终判定为犬传染性肝炎病毒感染犬;对于接种过犬传染性肝炎病毒疫苗的犬,当病毒分离鉴定试验为阳性结果时,可最终判定为犬传染性肝炎病毒感染犬。当采用酶联免疫吸附试验检测血清抗体呈现阳性结果时,可判为犬传染性肝炎病毒抗体具有保护效价;呈现阴性结果时,可判为犬传染性肝炎病毒抗体未达到保护效价。

　　思考题

　　1.犬传染性肝炎的临床诊断要点有哪些?

　　2.酶联免疫吸附试验的原理是什么?

　　3.影响酶联免疫吸附试验的因素有哪些?

　　附录

　　1.磷酸盐缓冲液(PBS,0.01 mol/L pH 7.4)

氯化钠	8 g
氯化钾	0.2 g
磷酸二氢钾	0.2 g
十二水磷酸氢二钠	2.83 g
加蒸馏水至	1 000 mL

　　2.洗涤液

PBS	1 000 mL
吐温-20	0.5 mL

　　3.样品稀释液

　　含体积分数为 10%新生牛血清的洗涤液。

4.磷酸盐-柠檬酸缓冲液

柠檬酸	3.26 g
十二水磷酸氢二钠	12.9 g
蒸馏水	700 mL

5.ELISA 底物溶液

用二甲基亚砜将 3'3'5'5'-四甲基联苯胺(TMB)配成 1%浓度,4 ℃保存。

使用时按下列配方配制底物溶液。

磷酸盐-柠檬酸缓冲液	9.9 mL
1%3'3'5'5'-四甲基联苯胺	0.1 mL
30%过氧化氢	1 μL

6.终止液(2mol/L 硫酸)

硫酸	58 mL
蒸馏水	442 mL

任务十三　鸽瘟的实验室诊断

一、技能目标

掌握微量血凝(HA)和血凝抑制(HI)试验技术,学会运用血凝(HA)和血凝抑制(HI)试验进行鸽瘟的诊断以及鸽群中鸽瘟抗体的监测。

二、教学资源准备

【材料与用具】

离心机、离心管、冰箱、恒温培养箱、振荡器、96 孔 V 型微量反应板、微量移液器、吸管、枪头、注射器、针头、试管、9～11 日龄鸡胚、照蛋器、卵盘、接种箱、镊子、剪刀、眼科剪刀和镊子、毛细吸管、橡皮乳头、灭菌平皿、酒精灯、试管架、胶布、石蜡、锥子、记号笔、疑似病鸽。

1%鸽红细胞悬浮液、鸽瘟标准抗原与阳性血清、被检血清、灭菌生理盐水、3.8%柠檬酸钠溶液、75%酒精棉球、5%碘酊棉球、青霉素、链霉素等。

【实训场所】

校内实验室。

三、操作方法与步骤

【试验的准备】

1.病毒的分离培养

(1)样品的采集及处理　分离病毒的材料应来自早期病例,病程较长的不用于病毒的分离。生前可采取呼吸道分泌物,病鸽扑杀后应用无菌手术采取脾、脑、肺、肝、肾等组织。样品用生理盐水制成1∶5的乳液,溶液中加入青霉素1 000 IU/mL、链霉素10 mg/mL,以抑制可能污染的细菌,置4 ℃冰箱2~4 h后离心,取上清液作为接种材料。同时,应对接种材料做无菌检查,分别接种于肉汤、血琼脂斜面及厌氧肝汤各1管,置于37 ℃培养观察2~6 d,应无菌生长。如有细菌生长,应将原始材料再做除菌处理,也可改用细菌滤器过滤除菌。如有可能再次取材料。

(2)病毒的鸡胚接种　取9~11日龄的非免疫鸡胚,照蛋,画出气室及胚胎位置,标明胚龄及日期,气室朝上立于蛋架上。取上述处理过的材料0.1~0.2 mL接种于鸡胚尿囊腔内。接种后用石蜡封口,气室向上,继续置孵化箱内。每天照蛋1~2次,连续观察5 d,接种24 h内死亡的鸡胚,废弃不用,于24~96 h间死亡的鸡胚,立即取出置于4 ℃冰箱冷却4 h以上(气室朝上)。然后无菌吸取尿囊液,并做无菌检查,混浊的尿囊液应废弃。留下无菌的尿囊液,贮入无菌小瓶,置低温冰箱保存,供进一步鉴定。同时,可将鸡胚倾入一平皿内,观察其病变。由鸽瘟病毒致死的鸡胚,胚体全身充血,在头、胸、背、翅和趾部有小出血点,尤其以翅、趾部明显,这在诊断上有参考价值。

2.制备1%鸡红细胞悬液

采集至少3只SPF公鸡或无新城疫抗体的健康公鸡的血液与等体积生理盐水混合,用生理盐水洗涤3次,每次以1 000 r/min离心10 min,洗涤后配成体积分数为1%的鸡红细胞悬液,4 ℃保存备用。

3.被检血清的制备

从鸽的翅静脉采血装入2 mL的离心管中,凝固后离心,析出的液体为被检血清。也可用消毒过的干燥注射器采血,装于小试管内,使其凝固成斜面。放于室温中,待血清析出后,倒出,保存于4 ℃。

【微量血凝(HA)试验】

在进行HI试验之前必须先进行HA试验,测定病毒抗原的血凝价,以确定HI试验4个血凝单位所用病毒抗原的稀释倍数。

①用微量加样器向反应板上每个孔中分别加生理盐水25 μL,共滴4排,换滴头(表8-8)。

表8-8　HA试验

孔号	1	2	3	4	5	6	7	8	9	10	11	12
抗原稀释倍数	2^1	2^2	2^3	2^4	2^5	2^6	2^7	2^8	2^9	2^{10}	2^{11}	对照
生理盐水/μL	25	25	25	25	25	25	25	25	25	25	25	25
被检病毒/μL	25	25	25	25	25	25	25	25	25	25	25	弃去25
1%红细胞/μL	25	25	25	25	25	25	25	25	25	25	25	25
振荡1 min,20~30 ℃感作30 min												
结果举例	＃	＃	＃	＃	＃	＃	＃	＋＋	－	－	－	－

注:"＃"表示100%凝集,"＋＋"表示50%凝集,"－"表示不凝集。

②吸取25 μL病毒液,加于第1孔中,用该加样器挤压5~6次使病毒混合均匀,然后从第1孔向第2孔移入25 μL,挤压5~6次,从第2孔再向第3孔移入25 μL,依次倍比稀释到第11孔,使第11孔中液体混合后,从中吸出25 μL弃去,换滴头。第12孔不加病毒抗原,只作对照。

③每孔均加 1% 鸡红细胞悬液(将鸡红细胞悬液充分摇匀后加入)25 μL。

④加样完毕,将反应板置于微型振荡器上振荡 1 min,或手持血凝板摇动混匀,并放室温 (20~30 ℃)下作用 30 min,观察并判定结果。待第 12 孔(对照孔)的红细胞全部沉入孔底中间,即可判定各孔的红细胞凝集情况。

将反应板倾斜成 45°角,沉于孔底的红细胞沿着倾斜面向下呈线状流动者为沉淀,表明红细胞未被或不完全被病毒凝集;如果孔底的红细胞铺平孔底,凝成均匀薄层,倾斜后红细胞不流动,说明红细胞被病毒凝集。能使红细胞完全凝集的病毒最高稀释倍数,称为该病毒的血凝滴度,即一个血凝单位。每次 4 排重复,以几何均值表示结果。如表 8-8 所示第 7 孔红细胞为完全凝集,所以该病毒的血凝滴度为 2^7。

【微量血凝抑制(HI)试验】

①4 个血凝单位的病毒抗原配制。血凝滴度除以 4,如表 8-8 所示,128/4＝32,即 1 mL (抗原)＋31 mL(生理盐水)即成。

②采用同样的血凝板,每排孔可检查 1 份血清样品。在检查另外 1 份血清时,必须更换吸取血清的滴头。

③用微量加样器向 1~11 号孔中分别加入 25 μL 生理盐水,第 12 号孔加 50 μL 生理盐水(表 8-9)。

④用另一微量加样器取一份抗鸽瘟血清 25 μL 置于第 1 孔中,挤压 6~7 次混匀。然后依次倍比稀释至第 10 孔,并将第 10 孔弃去 25 μL。第 11 孔为病毒血凝对照,第 12 孔为生理盐水对照,不加待检血清。

⑤用微量加样器吸取稀释好的 4 个血凝单位的病毒抗原,分别向 1~11 孔中各加 25 μL。然后,将反应板置 20~30 ℃下作用 15~30 min。

⑥取出血凝板,用微量加样器向每孔中各加入 1% 红细胞悬液 25 μL,轻轻混匀 1 min,静置 15~30 min。应在第 11 孔完全凝集,第 12 孔红细胞呈纽扣状沉于孔底时观察。

以完全抑制 4 个血凝单位的病毒抗原的最高血清稀释倍数为血凝抑制价(HI 效价)。表 8-9 中的血凝抑制价为 2^7。

表 8-9　HI 试验

孔号	1	2	3	4	5	6	7	8	9	10	11	12
血清稀释倍数	2^1	2^2	2^3	2^4	2^5	2^6	2^7	2^8	2^9	2^{10}	对照	对照
生理盐水/μL	25	25	25	25	25	25	25	25	25	25	25	50
抗鸽瘟血清/μL	25	25	25	25	25	25	25	25	25	25	弃去 25	
4 单位病毒/μL	25	25	25	25	25	25	25	25	25	25		
振荡 1 min,20~30 ℃感作 30 min												
1% 红细胞/μL	25	25	25	25	25	25	25	25	25	25	25	25
振荡 1 min,20~30 ℃感作 30 min												
结果举例	—	—	—	—	—	—	—	＋＋	＋＋	＃	＃	—

注:"＃"表示 100% 凝集,"＋＋"表示 50% 凝集,"—"表示不凝集。

　　利用从没有免疫的病鸽分离出的病毒做 HA 试验和 HI 试验,如果能凝集红细胞而且被已知抗鸽瘟血清抑制,那么该病毒即为鸽瘟病毒,如果该病毒不凝集红细胞,则不是鸽瘟病毒,若该病毒虽能凝集红细胞,但不能被鸽瘟血清抑制,也说明不是鸽瘟病毒,而是其他病毒。

　　用已知病毒来测定被检鸽血清的血凝抑制抗体也可用于鸽瘟的诊断,但不适于急性病例。因为通常要在感染后的 5～10 d,或出现呼吸症状后 2 d,血清中的抗体才能达到一定的水平。对于免疫的鸽群 10% 以上的鸽出现 2^{11} 以上的血凝抑制价,则可诊断为鸽群感染了鸽瘟。

　　HA 试验和 HI 试验也可用于鸽群中鸽瘟免疫水平的监测,用已知鸽瘟病毒来检测被检血清中的 HI 效价。HI 效价较高,其保护水平也高。HI 效价为 4 时,鸽群保护率为 50% 左右;HI 效价为 4 以上时,保护率为 90%～100%;HI 效价为 4 以下的非免疫鸽群保护率约为10%,免疫过的鸽群约为 40%。鸽群的血凝抑制价以抽检样品的血凝抑制价的几何平均值表示,如平均水平在 4 以上,表示该鸽群为免疫鸽群。因此,对鸽群 HI 抗体水平进行免疫检测,借以选择最佳的初次免疫和再次免疫时间,是制定免疫程序和保证鸽群免于鸽瘟病毒感染的有效方法。

思考题

　　1.病毒鸡胚接种时如何收获病毒液?

　　2.鸽瘟的 HA 试验和 HI 试验应注意哪些事项?

　　3.如何对鸽瘟进行免疫监测?

参 考 文 献

[1] 侯加法.小动物疾病学.2 版.北京:中国农业出版社,2015.

[2] 杨玉平,乐涛.宠物传染病与公共卫生.北京:中国农业科学技术出版社,2008.

[3] 陈溥言.兽医传染病学.6 版.北京:中国农业出版社,2015.

[4] 蔡宝祥.家畜传染病学.4 版.北京:中国农业出版社,2001.

[5] 中国农业科学院哈尔滨兽医研究所.兽医微生物学.2 版.北京:中国农业出版社,2013.

[6] 韩博.犬猫疾病学.3 版.北京:中国农业大学出版社,2011.

[7] 葛兆宏,路燕.动物传染病.2 版.北京:中国农业出版社,2015.

[8] 吴清民.兽医传染病学.北京:中国农业大学出版社,2002.

[9] 白文彬,于康震.动物传染病诊断学.北京:中国农业出版社,2002.

[10] 邓干臻.宠物诊疗技术大全.北京:中国农业出版社,2005.

[11] 赵广英.野生动物流行病学.哈尔滨:东北林业大学出版社,2001.

[12] 李志.宠物疾病诊治.3 版.北京:中国农业出版社,2002.

[13] 肖希龙.实用养猫大全.北京:中国农业出版社,1995.

[14] 张勇.动物疫情监测分析与疫病预防控制技术规范实施手册.呼和浩特:内蒙古人民出版社,2003.

[15] 刘泽文.实用禽病诊疗新技术.北京:中国农业出版社,2006.

[16] 崔中林.实用犬、猫疾病防治与急救大全.北京:中国农业出版社,2001.

[17] 王增年,安宁.养鸽全书——信息鸽、观赏鸽与肉鸽.北京:中国农业出版社,2004.

[18] 中国科学院水生生物研究所鱼病研究室.鱼病防治手册.北京:科学出版社,1975.

[19] 王德铭.几种主要传染性鱼病防治的研究.微生物学报.1963,9(2):150-156.

[20] 黄惟灏,董济海,陈月英.白皮病病原的研究.微生物学报.1981,21(4):408-413.

[21] 汤小明.犬猫疾病鉴别诊断 7 日通.北京:中国农业出版社,2004.

[21] 夏咸柱.宠物与宠物保健品.中国兽药杂志,2010,(10):6-8,19.

附　　录

新修订《中华人民共和国动物防疫法》(2021 版)

《中华人民共和国动物防疫法》已由中华人民共和国第十三届全国人民代表大会常务委员会第二十五次会议于 2021 年 1 月 22 日修订通过,现予公布,自 2021 年 5 月 1 日起实施。

(1997 年 7 月 3 日第八届全国人民代表大会常务委员会第二十六次会议通过,2007 年 8 月 30 日第十届全国人民代表大会常务委员会第二十九次会议第一次修订,根据 2013 年 6 月 29 日第十二届全国人民代表大会常务委员会第三次会议《关于修改〈中华人民共和国文物保护法〉等十二部法律的决定》第一次修正,根据 2015 年 4 月 24 日第十二届全国人民代表大会常务委员会第十四次会议《关于修改〈中华人民共和国电力法〉等六部法律的决定》第二次修正,2021 年 1 月 22 日第十三届全国人民代表大会常务委员会第二十五次会议第二次修订)。

目录

第一章　总则

第一条　为了加强对动物防疫活动的管理,预防、控制、净化、消灭动物疫病,促进养殖业发展,防控人畜共患传染病,保障公共卫生安全和人体健康,制定本法。

第二条　本法适用于在中华人民共和国领域内的动物防疫及其监督管理活动。

进出境动物、动物产品的检疫,适用《中华人民共和国进出境动植物检疫法》。

第三条　本法所称动物,是指家畜家禽和人工饲养、捕获的其他动物。

本法所称动物产品,是指动物的肉、生皮、原毛、绒、脏器、脂、血液、精液、卵、胚胎、骨、蹄、头、角、筋以及可能传播动物疫病的奶、蛋等。

本法所称动物疫病,是指动物传染病,包括寄生虫病。

本法所称动物防疫,是指动物疫病的预防、控制、诊疗、净化、消灭和动物、动物产品的检疫,以及病死动物、病害动物产品的无害化处理。

第四条　根据动物疫病对养殖业生产和人体健康的危害程度,本法规定的动物疫病分为下列三类:

(一)一类疫病,是指口蹄疫、非洲猪瘟、高致病性禽流感等对人、动物构成特别严重危害,可能造成重大经济损失和社会影响,需要采取紧急、严厉的强制预防、控制等措施的;

(二)二类疫病,是指狂犬病、布鲁氏菌病、草鱼出血病等对人、动物构成严重危害,可能造成较大经济损失和社会影响,需要采取严格预防、控制等措施的;

(三)三类疫病,是指大肠杆菌病、禽结核病、鳖腮腺炎病等常见多发,对人、动物构成危害,可能造成一定程度的经济损失和社会影响,需要及时预防、控制的。

前款一、二、三类动物疫病具体病种名录由国务院农业农村主管部门制定并公布。国务院农业农村主管部门应当根据动物疫病发生、流行情况和危害程度,及时增加、减少或者调整一、二、三类动物疫病具体病种并予以公布。

人畜共患传染病名录由国务院农业农村主管部门会同国务院卫生健康、野生动物保护等主管部门制定并公布。

第五条　动物防疫实行预防为主,预防与控制、净化、消灭相结合的方针。

第六条　国家鼓励社会力量参与动物防疫工作。各级人民政府采取措施,支持单位和个人参与动物防疫的宣传教育、疫情报告、志愿服务和捐赠等活动。

第七条　从事动物饲养、屠宰、经营、隔离、运输以及动物产品生产、经营、加工、贮藏等活动的单位和个人,依照本法和国务院农业农村主管部门的规定,做好免疫、消毒、检测、隔离、净化、消灭、无害化处理等动物防疫工作,承担动物防疫相关责任。

第八条　县级以上人民政府对动物防疫工作实行统一领导,采取有效措施稳定基层机构队伍,加强动物防疫队伍建设,建立健全动物防疫体系,制定并组织实施动物疫病防治规划。

乡级人民政府、街道办事处组织群众做好本辖区的动物疫病预防与控制工作,村民委员会、居民委员会予以协助。

第九条　国务院农业农村主管部门主管全国的动物防疫工作。

县级以上地方人民政府农业农村主管部门主管本行政区域的动物防疫工作。

县级以上人民政府其他有关部门在各自职责范围内做好动物防疫工作。

军队动物卫生监督职能部门负责军队现役动物和饲养自用动物的防疫工作。

第十条　县级以上人民政府卫生健康主管部门和本级人民政府农业农村、野生动物保护等主管部门应当建立人畜共患传染病防治的协作机制。

国务院农业农村主管部门和海关总署等部门应当建立防止境外动物疫病输入的协作机制。

第十一条　县级以上地方人民政府的动物卫生监督机构依照本法规定,负责动物、动物产品的检疫工作。

第十二条　县级以上人民政府按照国务院的规定,根据统筹规划、合理布局、综合设置的原则建立动物疫病预防控制机构。

动物疫病预防控制机构承担动物疫病的监测、检测、诊断、流行病学调查、疫情报告以及其他预防、控制等技术工作;承担动物疫病净化、消灭的技术工作。

第十三条　国家鼓励和支持开展动物疫病的科学研究以及国际合作与交流,推广先进适用的科学研究成果,提高动物疫病防治的科学技术水平。

各级人民政府和有关部门、新闻媒体,应当加强对动物防疫法律法规和动物防疫知识的宣传。

第十四条　对在动物防疫工作、相关科学研究、动物疫情扑灭中做出贡献的单位和个人,各级人民政府和有关部门按照国家有关规定给予表彰、奖励。

有关单位应当依法为动物防疫人员缴纳工伤保险费。对因参与动物防疫工作致病、致残、死亡的人员,按照国家有关规定给予补助或者抚恤。

第二章　动物疫病的预防

第十五条　国家建立动物疫病风险评估制度。

国务院农业农村主管部门根据国内外动物疫情以及保护养殖业生产和人体健康的需要,及时会同国务院卫生健康等有关部门对动物疫病进行风险评估,并制定、公布动物疫病预防、控制、净化、消灭措施和技术规范。

省、自治区、直辖市人民政府农业农村主管部门会同本级人民政府卫生健康等有关部门开展本行政区域的动物疫病风险评估,并落实动物疫病预防、控制、净化、消灭措施。

第十六条　国家对严重危害养殖业生产和人体健康的动物疫病实施强制免疫。

国务院农业农村主管部门确定强制免疫的动物疫病病种和区域。

省、自治区、直辖市人民政府农业农村主管部门制定本行政区域的强制免疫计划;根据本行政区域动物疫病流行情况增加实施强制免疫的动物疫病病种和区域,报本级人民政府批准后执行,并报国务院农业农村主管部门备案。

第十七条　饲养动物的单位和个人应当履行动物疫病强制免疫义务,按照强制免疫计划和技术规范,对动物实施免疫接种,并按照国家有关规定建立免疫档案、加施畜禽标识,保证可追溯。

实施强制免疫接种的动物未达到免疫质量要求,实施补充免疫接种后仍不符合免疫质量要求的,有关单位和个人应当按照国家有关规定处理。

用于预防接种的疫苗应当符合国家质量标准。

第十八条　县级以上地方人民政府农业农村主管部门负责组织实施动物疫病强制免疫计划,并对饲养动物的单位和个人履行强制免疫义务的情况进行监督检查。

乡级人民政府、街道办事处组织本辖区饲养动物的单位和个人做好强制免疫,协助做好监督检查;村民委员会、居民委员会协助做好相关工作。

县级以上地方人民政府农业农村主管部门应当定期对本行政区域的强制免疫计划实施情况和效果进行评估,并向社会公布评估结果。

第十九条　国家实行动物疫病监测和疫情预警制度。

县级以上人民政府建立健全动物疫病监测网络,加强动物疫病监测。

国务院农业农村主管部门会同国务院有关部门制定国家动物疫病监测计划。省、自治区、直辖市人民政府农业农村主管部门根据国家动物疫病监测计划,制定本行政区域的动物疫病监测计划。

动物疫病预防控制机构按照国务院农业农村主管部门的规定和动物疫病监测计划,对动物疫病的发生、流行等情况进行监测;从事动物饲养、屠宰、经营、隔离、运输以及动物产品生产、经营、加工、贮藏、无害化处理等活动的单位和个人不得拒绝或者阻碍。

国务院农业农村主管部门和省、自治区、直辖市人民政府农业农村主管部门根据对动物疫病发生、流行趋势的预测,及时发出动物疫情预警。地方各级人民政府接到动物疫情预警后,应当及时采取预防、控制措施。

第二十条　陆路边境省、自治区人民政府根据动物疫病防控需要,合理设置动物疫病监测站点,健全监测工作机制,防范境外动物疫病传入。

科技、海关等部门按照本法和有关法律法规的规定做好动物疫病监测预警工作,并定期与农业农村主管部门互通情况,紧急情况及时通报。

县级以上人民政府应当完善野生动物疫源疫病监测体系和工作机制,根据需要合理布局监测站点;野生动物保护、农业农村主管部门按照职责分工做好野生动物疫源疫病监测等工作,并定期互通情况,紧急情况及时通报。

第二十一条　国家支持地方建立无规定动物疫病区,鼓励动物饲养场建设无规定动物疫病生物安全隔离区。对符合国务院农业农村主管部门规定标准的无规定动物疫病区和无规定动物疫病生物安全隔离区,国务院农业农村主管部门验收合格予以公布,并对其维持情况进行监督检查。

省、自治区、直辖市人民政府制定并组织实施本行政区域的无规定动物疫病区建设方案。国务院农业农村主管部门指导跨省、自治区、直辖市无规定动物疫病区建设。

国务院农业农村主管部门根据行政区划、养殖屠宰产业布局、风险评估情况等对动物疫病实施分区防控,可以采取禁止或者限制特定动物、动物产品跨区域调运等措施。

第二十二条　国务院农业农村主管部门制定并组织实施动物疫病净化、消灭规划。

县级以上地方人民政府根据动物疫病净化、消灭规划,制定并组织实施本行政区域的动物疫病净化、消灭计划。

动物疫病预防控制机构按照动物疫病净化、消灭规划、计划,开展动物疫病净化技术指导、培训,对动物疫病净化效果进行监测、评估。

国家推进动物疫病净化,鼓励和支持饲养动物的单位和个人开展动物疫病净化。饲养动物的单位和个人达到国务院农业农村主管部门规定的净化标准的,由省级以上人民政府农业农村主管部门予以公布。

第二十三条　种用、乳用动物应当符合国务院农业农村主管部门规定的健康标准。

饲养种用、乳用动物的单位和个人,应当按照国务院农业农村主管部门的要求,定期开展动物疫病检测;检测不合格的,应当按照国家有关规定处理。

第二十四条 动物饲养场和隔离场所、动物屠宰加工场所以及动物和动物产品无害化处理场所,应当符合下列动物防疫条件:

(一)场所的位置与居民生活区、生活饮用水水源地、学校、医院等公共场所的距离符合国务院农业农村主管部门的规定;

(二)生产经营区域封闭隔离,工程设计和有关流程符合动物防疫要求;

(三)有与其规模相适应的污水、污物处理设施,病死动物、病害动物产品无害化处理设施设备或者冷藏冷冻设施设备,以及清洗消毒设施设备;

(四)有与其规模相适应的执业兽医或者动物防疫技术人员;

(五)有完善的隔离消毒、购销台账、日常巡查等动物防疫制度;

(六)具备国务院农业农村主管部门规定的其他动物防疫条件。

动物和动物产品无害化处理场所除应当符合前款规定的条件外,还应当具有病原检测设备、检测能力和符合动物防疫要求的专用运输车辆。

第二十五条 国家实行动物防疫条件审查制度。

开办动物饲养场和隔离场所、动物屠宰加工场所以及动物和动物产品无害化处理场所,应当向县级以上地方人民政府农业农村主管部门提出申请,并附具相关材料。受理申请的农业农村主管部门应当依照本法和《中华人民共和国行政许可法》的规定进行审查。经审查合格的,发给动物防疫条件合格证;不合格的,应当通知申请人并说明理由。

动物防疫条件合格证应当载明申请人的名称(姓名)、场(厂)址、动物(动物产品)种类等事项。

第二十六条 经营动物、动物产品的集贸市场应当具备国务院农业农村主管部门规定的动物防疫条件,并接受农业农村主管部门的监督检查。具体办法由国务院农业农村主管部门制定。

县级以上地方人民政府应当根据本地情况,决定在城市特定区域禁止家畜家禽活体交易。

第二十七条 动物、动物产品的运载工具、垫料、包装物、容器等应当符合国务院农业农村主管部门规定的动物防疫要求。

染疫动物及其排泄物、染疫动物产品,运载工具中的动物排泄物以及垫料、包装物、容器等被污染的物品,应当按照国家有关规定处理,不得随意处置。

第二十八条 采集、保存、运输动物病料或者病原微生物以及从事病原微生物研究、教学、检测、诊断等活动,应当遵守国家有关病原微生物实验室管理的规定。

第二十九条 禁止屠宰、经营、运输下列动物和生产、经营、加工、贮藏、运输下列动物产品:

(一)封锁疫区内与所发生动物疫病有关的;

(二)疫区内易感染的;

(三)依法应当检疫而未经检疫或者检疫不合格的;

(四)染疫或者疑似染疫的;

(五)病死或者死因不明的;

(六)其他不符合国务院农业农村主管部门有关动物防疫规定的。

因实施集中无害化处理需要暂存、运输动物和动物产品并按照规定采取防疫措施的,不适用前款规定。

第三十条　单位和个人饲养犬只,应当按照规定定期免疫接种狂犬病疫苗,凭动物诊疗机构出具的免疫证明向所在地养犬登记机关申请登记。

携带犬只出户的,应当按照规定佩戴犬牌并采取系犬绳等措施,防止犬只伤人、疫病传播。

街道办事处、乡级人民政府组织协调居民委员会、村民委员会,做好本辖区流浪犬、猫的控制和处置,防止疫病传播。

县级人民政府和乡级人民政府、街道办事处应当结合本地实际,做好农村地区饲养犬只的防疫管理工作。

饲养犬只防疫管理的具体办法,由省、自治区、直辖市制定。

第三章　动物疫情的报告、通报和公布

第三十一条　从事动物疫病监测、检测、检验检疫、研究、诊疗以及动物饲养、屠宰、经营、隔离、运输等活动的单位和个人,发现动物染疫或者疑似染疫的,应当立即向所在地农业农村主管部门或者动物疫病预防控制机构报告,并迅速采取隔离等控制措施,防止动物疫情扩散。其他单位和个人发现动物染疫或者疑似染疫的,应当及时报告。

接到动物疫情报告的单位,应当及时采取临时隔离控制等必要措施,防止延误防控时机,并及时按照国家规定的程序上报。

第三十二条　动物疫情由县级以上人民政府农业农村主管部门认定;其中重大动物疫情由省、自治区、直辖市人民政府农业农村主管部门认定,必要时报国务院农业农村主管部门认定。

本法所称重大动物疫情,是指一、二、三类动物疫病突然发生,迅速传播,给养殖业生产安全造成严重威胁、危害,以及可能对公众身体健康与生命安全造成危害的情形。

在重大动物疫情报告期间,必要时,所在地县级以上地方人民政府可以作出封锁决定并采取扑杀、销毁等措施。

第三十三条　国家实行动物疫情通报制度。

国务院农业农村主管部门应当及时向国务院卫生健康等有关部门和军队有关部门以及省、自治区、直辖市人民政府农业农村主管部门通报重大动物疫情的发生和处置情况。

海关发现进出境动物和动物产品染疫或者疑似染疫的,应当及时处置并向农业农村主管部门通报。

县级以上地方人民政府野生动物保护主管部门发现野生动物染疫或者疑似染疫的,应当及时处置并向本级人民政府农业农村主管部门通报。

国务院农业农村主管部门应当依照我国缔结或者参加的条约、协定,及时向有关国际组织或者贸易方通报重大动物疫情的发生和处置情况。

第三十四条　发生人畜共患传染病疫情时,县级以上人民政府农业农村主管部门与本级人民政府卫生健康、野生动物保护等主管部门应当及时相互通报。

发生人畜共患传染病时,卫生健康主管部门应当对疫区易感染的人群进行监测,并应当依照《中华人民共和国传染病防治法》的规定及时公布疫情,采取相应的预防、控制措施。

第三十五条　患有人畜共患传染病的人员不得直接从事动物疫病监测、检测、检验检疫、

诊疗以及易感染动物的饲养、屠宰、经营、隔离、运输等活动。

第三十六条 国务院农业农村主管部门向社会及时公布全国动物疫情,也可以根据需要授权省、自治区、直辖市人民政府农业农村主管部门公布本行政区域的动物疫情。其他单位和个人不得发布动物疫情。

第三十七条 任何单位和个人不得瞒报、谎报、迟报、漏报动物疫情,不得授意他人瞒报、谎报、迟报动物疫情,不得阻碍他人报告动物疫情。

第四章 动物疫病的控制

第三十八条 发生一类动物疫病时,应当采取下列控制措施:

(一)所在地县级以上地方人民政府农业农村主管部门应当立即派人到现场,划定疫点、疫区、受威胁区,调查疫源,及时报请本级人民政府对疫区实行封锁。疫区范围涉及两个以上行政区域的,由有关行政区域共同的上一级人民政府对疫区实行封锁,或者由各有关行政区域的上一级人民政府共同对疫区实行封锁。必要时,上级人民政府可以责成下级人民政府对疫区实行封锁;

(二)县级以上地方人民政府应当立即组织有关部门和单位采取封锁、隔离、扑杀、销毁、消毒、无害化处理、紧急免疫接种等强制性措施;

(三)在封锁期间,禁止染疫、疑似染疫和易感染的动物、动物产品流出疫区,禁止非疫区的易感染动物进入疫区,并根据需要对出入疫区的人员、运输工具及有关物品采取消毒和其他限制性措施。

第三十九条 发生二类动物疫病时,应当采取下列控制措施:

(一)所在地县级以上地方人民政府农业农村主管部门应当划定疫点、疫区、受威胁区;

(二)县级以上地方人民政府根据需要组织有关部门和单位采取隔离、扑杀、销毁、消毒、无害化处理、紧急免疫接种、限制易感染的动物和动物产品及有关物品出入等措施。

第四十条 疫点、疫区、受威胁区的撤销和疫区封锁的解除,按照国务院农业农村主管部门规定的标准和程序评估后,由原决定机关决定并宣布。

第四十一条 发生三类动物疫病时,所在地县级、乡级人民政府应当按照国务院农业农村主管部门的规定组织防治。

第四十二条 二、三类动物疫病呈暴发性流行时,按照一类动物疫病处理。

第四十三条 疫区内有关单位和个人,应当遵守县级以上人民政府及其农业农村主管部门依法作出的有关控制动物疫病的规定。

任何单位和个人不得藏匿、转移、盗掘已被依法隔离、封存、处理的动物和动物产品。

第四十四条 发生动物疫情时,航空、铁路、道路、水路运输企业应当优先组织运送防疫人员和物资。

第四十五条 国务院农业农村主管部门根据动物疫病的性质、特点和可能造成的社会危害,制定国家重大动物疫情应急预案报国务院批准,并按照不同动物疫病病种、流行特点和危害程度,分别制定实施方案。

县级以上地方人民政府根据上级重大动物疫情应急预案和本地区的实际情况,制定本行政区域的重大动物疫情应急预案,报上一级人民政府农业农村主管部门备案,并抄送上一级人民政府应急管理部门。县级以上地方人民政府农业农村主管部门按照不同动物疫病病种、流行特点和危害程度,分别制定实施方案。

重大动物疫情应急预案和实施方案根据疫情状况及时调整。

第四十六条　发生重大动物疫情时,国务院农业农村主管部门负责划定动物疫病风险区,禁止或者限制特定动物、动物产品由高风险区向低风险区调运。

第四十七条　发生重大动物疫情时,依照法律和国务院的规定以及应急预案采取应急处置措施。

第五章　动物和动物产品的检疫

第四十八条　动物卫生监督机构依照本法和国务院农业农村主管部门的规定对动物、动物产品实施检疫。

动物卫生监督机构的官方兽医具体实施动物、动物产品检疫。

第四十九条　屠宰、出售或者运输动物以及出售或者运输动物产品前,货主应当按照国务院农业农村主管部门的规定向所在地动物卫生监督机构申报检疫。

动物卫生监督机构接到检疫申报后,应当及时指派官方兽医对动物、动物产品实施检疫;检疫合格的,出具检疫证明、加施检疫标志。实施检疫的官方兽医应当在检疫证明、检疫标志上签字或者盖章,并对检疫结论负责。

动物饲养场、屠宰企业的执业兽医或者动物防疫技术人员,应当协助官方兽医实施检疫。

第五十条　因科研、药用、展示等特殊情形需要非食用性利用的野生动物,应当按照国家有关规定报动物卫生监督机构检疫,检疫合格的,方可利用。

人工捕获的野生动物,应当按照国家有关规定报捕获地动物卫生监督机构检疫,检疫合格的,方可饲养、经营和运输。

国务院农业农村主管部门会同国务院野生动物保护主管部门制定野生动物检疫办法。

第五十一条　屠宰、经营、运输的动物,以及用于科研、展示、演出和比赛等非食用性利用的动物,应当附有检疫证明;经营和运输的动物产品,应当附有检疫证明、检疫标志。

第五十二条　经航空、铁路、道路、水路运输动物和动物产品的,托运人托运时应当提供检疫证明;没有检疫证明的,承运人不得承运。

进出口动物和动物产品,承运人凭进口报关单证或者海关签发的检疫单证运递。

从事动物运输的单位、个人以及车辆,应当向所在地县级人民政府农业农村主管部门备案,妥善保存行程路线和托运人提供的动物名称、检疫证明编号、数量等信息。具体办法由国务院农业农村主管部门制定。

运载工具在装载前和卸载后应当及时清洗、消毒。

第五十三条　省、自治区、直辖市人民政府确定并公布道路运输的动物进入本行政区域的指定通道,设置引导标志。跨省、自治区、直辖市通过道路运输动物的,应当经省、自治区、直辖市人民政府设立的指定通道入省境或者过省境。

第五十四条　输入到无规定动物疫病区的动物、动物产品,货主应当按照国务院农业农村主管部门的规定向无规定动物疫病区所在地动物卫生监督机构申报检疫,经检疫合格的,方可进入。

第五十五条　跨省、自治区、直辖市引进的种用、乳用动物到达输入地后,货主应当按照国务院农业农村主管部门的规定对引进的种用、乳用动物进行隔离观察。

第五十六条　经检疫不合格的动物、动物产品,货主应当在农业农村主管部门的监督下按照国家有关规定处理,处理费用由货主承担。

第六章　病死动物和病害动物产品的无害化处理

第五十七条　从事动物饲养、屠宰、经营、隔离以及动物产品生产、经营、加工、贮藏等活动的单位和个人,应当按照国家有关规定做好病死动物、病害动物产品的无害化处理,或者委托动物和动物产品无害化处理场所处理。

从事动物、动物产品运输的单位和个人,应当配合做好病死动物和病害动物产品的无害化处理,不得在途中擅自弃置和处理有关动物和动物产品。

任何单位和个人不得买卖、加工、随意弃置病死动物和病害动物产品。

动物和动物产品无害化处理管理办法由国务院农业农村、野生动物保护主管部门按照职责制定。

第五十八条　在江河、湖泊、水库等水域发现的死亡畜禽,由所在地县级人民政府组织收集、处理并溯源。

在城市公共场所和乡村发现的死亡畜禽,由所在地街道办事处、乡级人民政府组织收集、处理并溯源。

在野外环境发现的死亡野生动物,由所在地野生动物保护主管部门收集、处理。

第五十九条　省、自治区、直辖市人民政府制定动物和动物产品集中无害化处理场所建设规划,建立政府主导、市场运作的无害化处理机制。

第六十条　各级财政对病死动物无害化处理提供补助。具体补助标准和办法由县级以上人民政府财政部门会同本级人民政府农业农村、野生动物保护等有关部门制定。

第七章　动物诊疗

第六十一条　从事动物诊疗活动的机构,应当具备下列条件:

(一)有与动物诊疗活动相适应并符合动物防疫条件的场所;

(二)有与动物诊疗活动相适应的执业兽医;

(三)有与动物诊疗活动相适应的兽医器械和设备;

(四)有完善的管理制度。

动物诊疗机构包括动物医院、动物诊所以及其他提供动物诊疗服务的机构。

第六十二条　从事动物诊疗活动的机构,应当向县级以上地方人民政府农业农村主管部门申请动物诊疗许可证。受理申请的农业农村主管部门应当依照本法和《中华人民共和国行政许可法》的规定进行审查。经审查合格的,发给动物诊疗许可证;不合格的,应当通知申请人并说明理由。

第六十三条　动物诊疗许可证应当载明诊疗机构名称、诊疗活动范围、从业地点和法定代表人(负责人)等事项。

动物诊疗许可证载明事项变更的,应当申请变更或者换发动物诊疗许可证。

第六十四条　动物诊疗机构应当按照国务院农业农村主管部门的规定,做好诊疗活动中的卫生安全防护、消毒、隔离和诊疗废弃物处置等工作。

第六十五条　从事动物诊疗活动,应当遵守有关动物诊疗的操作技术规范,使用符合规定的兽药和兽医器械。

兽药和兽医器械的管理办法由国务院规定。

第八章　兽医管理

第六十六条　国家实行官方兽医任命制度。

官方兽医应当具备国务院农业农村主管部门规定的条件,由省、自治区、直辖市人民政府农业农村主管部门按照程序确认,由所在地县级以上人民政府农业农村主管部门任命。具体办法由国务院农业农村主管部门制定。

海关的官方兽医应当具备规定的条件,由海关总署任命。具体办法由海关总署会同国务院农业农村主管部门制定。

第六十七条　官方兽医依法履行动物、动物产品检疫职责,任何单位和个人不得拒绝或者阻碍。

第六十八条　县级以上人民政府农业农村主管部门制定官方兽医培训计划,提供培训条件,定期对官方兽医进行培训和考核。

第六十九条　国家实行执业兽医资格考试制度。具有兽医相关专业大学专科以上学历的人员或者符合条件的乡村兽医,通过执业兽医资格考试的,由省、自治区、直辖市人民政府农业农村主管部门颁发执业兽医资格证书;从事动物诊疗等经营活动的,还应当向所在地县级人民政府农业农村主管部门备案。

执业兽医资格考试办法由国务院农业农村主管部门商国务院人力资源主管部门制定。

第七十条　执业兽医开具兽医处方应当亲自诊断,并对诊断结论负责。

国家鼓励执业兽医接受继续教育。执业兽医所在机构应当支持执业兽医参加继续教育。

第七十一条　乡村兽医可以在乡村从事动物诊疗活动。具体管理办法由国务院农业农村主管部门制定。

第七十二条　执业兽医、乡村兽医应当按照所在地人民政府和农业农村主管部门的要求,参加动物疫病预防、控制和动物疫情扑灭等活动。

第七十三条　兽医行业协会提供兽医信息、技术、培训等服务,维护成员合法权益,按照章程建立健全行业规范和奖惩机制,加强行业自律,推动行业诚信建设,宣传动物防疫和兽医知识。

第九章　监督管理

第七十四条　县级以上地方人民政府农业农村主管部门依照本法规定,对动物饲养、屠宰、经营、隔离、运输以及动物产品生产、经营、加工、贮藏、运输等活动中的动物防疫实施监督管理。

第七十五条　为控制动物疫病,县级人民政府农业农村主管部门应当派人在所在地依法设立的现有检查站执行监督检查任务;必要时,经省、自治区、直辖市人民政府批准,可以设立临时性的动物防疫检查站,执行监督检查任务。

第七十六条　县级以上地方人民政府农业农村主管部门执行监督检查任务,可以采取下列措施,有关单位和个人不得拒绝或者阻碍:

(一)对动物、动物产品按照规定采样、留验、抽检;

（二）对染疫或者疑似染疫的动物、动物产品及相关物品进行隔离、查封、扣押和处理；

（三）对依法应当检疫而未经检疫的动物和动物产品，具备补检条件的实施补检，不具备补检条件的予以收缴销毁；

（四）查验检疫证明、检疫标志和畜禽标识；

（五）进入有关场所调查取证，查阅、复制与动物防疫有关的资料。

县级以上地方人民政府农业农村主管部门根据动物疫病预防、控制需要，经所在地县级以上地方人民政府批准，可以在车站、港口、机场等相关场所派驻官方兽医或者工作人员。

第七十七条　执法人员执行动物防疫监督检查任务，应当出示行政执法证件，佩戴统一标志。

县级以上人民政府农业农村主管部门及其工作人员不得从事与动物防疫有关的经营性活动，进行监督检查不得收取任何费用。

第七十八条　禁止转让、伪造或者变造检疫证明、检疫标志或者畜禽标识。

禁止持有、使用伪造或者变造的检疫证明、检疫标志或者畜禽标识。

检疫证明、检疫标志的管理办法由国务院农业农村主管部门制定。

第十章　保障措施

第七十九条　县级以上人民政府应当将动物防疫工作纳入本级国民经济和社会发展规划及年度计划。

第八十条　国家鼓励和支持动物防疫领域新技术、新设备、新产品等科学技术研究开发。

第八十一条　县级人民政府应当为动物卫生监督机构配备与动物、动物产品检疫工作相适应的官方兽医，保障检疫工作条件。

县级人民政府农业农村主管部门可以根据动物防疫工作需要，向乡、镇或者特定区域派驻兽医机构或者工作人员。

第八十二条　国家鼓励和支持执业兽医、乡村兽医和动物诊疗机构开展动物防疫和疫病诊疗活动；鼓励养殖企业、兽药及饲料生产企业组建动物防疫服务团队，提供防疫服务。地方人民政府组织村级防疫员参加动物疫病防治工作的，应当保障村级防疫员合理劳务报酬。

第八十三条　县级以上人民政府按照本级政府职责，将动物疫病的监测、预防、控制、净化、消灭，动物、动物产品的检疫和病死动物的无害化处理，以及监督管理所需经费纳入本级预算。

第八十四条　县级以上人民政府应当储备动物疫情应急处置所需的防疫物资。

第八十五条　对在动物疫病预防、控制、净化、消灭过程中强制扑杀的动物、销毁的动物产品和相关物品，县级以上人民政府给予补偿。具体补偿标准和办法由国务院财政部门会同有关部门制定。

第八十六条　对从事动物疫病预防、检疫、监督检查、现场处理疫情以及在工作中接触动物疫病病原体的人员，有关单位按照国家规定，采取有效的卫生防护、医疗保健措施，给予畜牧兽医医疗卫生津贴等相关待遇。

第十一章　法律责任

第八十七条　地方各级人民政府及其工作人员未依照本法规定履行职责的，对直接负责的主管人员和其他直接责任人员依法给予处分。

第八十八条　县级以上人民政府农业农村主管部门及其工作人员违反本法规定,有下列行为之一的,由本级人民政府责令改正,通报批评;对直接负责的主管人员和其他直接责任人员依法给予处分:

(一)未及时采取预防、控制、扑灭等措施的;

(二)对不符合条件的颁发动物防疫条件合格证、动物诊疗许可证,或者对符合条件的拒不颁发动物防疫条件合格证、动物诊疗许可证的;

(三)从事与动物防疫有关的经营性活动,或者违法收取费用的;

(四)其他未依照本法规定履行职责的行为。

第八十九条　动物卫生监督机构及其工作人员违反本法规定,有下列行为之一的,由本级人民政府或者农业农村主管部门责令改正,通报批评;对直接负责的主管人员和其他直接责任人员依法给予处分:

(一)对未经检疫或者检疫不合格的动物、动物产品出具检疫证明、加施检疫标志,或者对检疫合格的动物、动物产品拒不出具检疫证明、加施检疫标志的;

(二)对附有检疫证明、检疫标志的动物、动物产品重复检疫的;

(三)从事与动物防疫有关的经营性活动,或者违法收取费用的;

(四)其他未依照本法规定履行职责的行为。

第九十条　动物疫病预防控制机构及其工作人员违反本法规定,有下列行为之一的,由本级人民政府或者农业农村主管部门责令改正,通报批评;对直接负责的主管人员和其他直接责任人员依法给予处分:

(一)未履行动物疫病监测、检测、评估职责或者伪造监测、检测、评估结果的;

(二)发生动物疫情时未及时进行诊断、调查的;

(三)接到染疫或者疑似染疫报告后,未及时按照国家规定采取措施、上报的;

(四)其他未依照本法规定履行职责的行为。

第九十一条　地方各级人民政府、有关部门及其工作人员瞒报、谎报、迟报、漏报或者授意他人瞒报、谎报、迟报动物疫情,或者阻碍他人报告动物疫情的,由上级人民政府或者有关部门责令改正,通报批评;对直接负责的主管人员和其他直接责任人员依法给予处分。

第九十二条　违反本法规定,有下列行为之一的,由县级以上地方人民政府农业农村主管部门责令限期改正,可以处一千元以下罚款;逾期不改正的,处一千元以上五千元以下罚款,由县级以上地方人民政府农业农村主管部门委托动物诊疗机构、无害化处理场所等代为处理,所需费用由违法行为人承担:

(一)对饲养的动物未按照动物疫病强制免疫计划或者免疫技术规范实施免疫接种的;

(二)对饲养的种用、乳用动物未按照国务院农业农村主管部门的要求定期开展疫病检测,或者经检测不合格而未按照规定处理的;

(三)对饲养的犬只未按照规定定期进行狂犬病免疫接种的;

(四)动物、动物产品的运载工具在装载前和卸载后未按照规定及时清洗、消毒的。

第九十三条　违反本法规定,对经强制免疫的动物未按照规定建立免疫档案,或者未按照规定加施畜禽标识的,依照《中华人民共和国畜牧法》的有关规定处罚。

第九十四条　违反本法规定,动物、动物产品的运载工具、垫料、包装物、容器等不符合国务院农业农村主管部门规定的动物防疫要求的,由县级以上地方人民政府农业农村主管部门责令改正,可以处五千元以下罚款;情节严重的,处五千元以上五万元以下罚款。

第九十五条　违反本法规定,对染疫动物及其排泄物、染疫动物产品或者被染疫动物、动物产品污染的运载工具、垫料、包装物、容器等未按照规定处置的,由县级以上地方人民政府农业农村主管部门责令限期处理;逾期不处理的,由县级以上地方人民政府农业农村主管部门委托有关单位代为处理,所需费用由违法行为人承担,处五千元以上五万元以下罚款。

造成环境污染或者生态破坏的,依照环境保护有关法律法规进行处罚。

第九十六条　违反本法规定,患有人畜共患传染病的人员,直接从事动物疫病监测、检测、检验检疫,动物诊疗以及易感染动物的饲养、屠宰、经营、隔离、运输等活动的,由县级以上地方人民政府农业农村或者野生动物保护主管部门责令改正;拒不改正的,处一千元以上一万元以下罚款;情节严重的,处一万元以上五万元以下罚款。

第九十七条　违反本法第二十九条规定,屠宰、经营、运输动物或者生产、经营、加工、贮藏、运输动物产品的,由县级以上地方人民政府农业农村主管部门责令改正,采取补救措施,没收违法所得、动物和动物产品,并处同类检疫合格动物、动物产品货值金额十五倍以上三十倍以下罚款;同类检疫合格动物、动物产品货值金额不足一万元的,并处五万元以上十五万元以下罚款;其中依法应当检疫而未检疫的,依照本法第一百条的规定处罚。

前款规定的违法行为人及其法定代表人(负责人)、直接负责的主管人员和其他直接责任人员,自处罚决定作出之日起五年内不得从事相关活动;构成犯罪的,终身不得从事屠宰、经营、运输动物或者生产、经营、加工、贮藏、运输动物产品等相关活动。

第九十八条　违反本法规定,有下列行为之一的,由县级以上地方人民政府农业农村主管部门责令改正,处三千元以上三万元以下罚款;情节严重的,责令停业整顿,并处三万元以上十万元以下罚款:

(一)开办动物饲养场和隔离场所、动物屠宰加工场所以及动物和动物产品无害化处理场所,未取得动物防疫条件合格证的;

(二)经营动物、动物产品的集贸市场不具备国务院农业农村主管部门规定的防疫条件的;

(三)未经备案从事动物运输的;

(四)未按照规定保存行程路线和托运人提供的动物名称、检疫证明编号、数量等信息的;

(五)未经检疫合格,向无规定动物疫病区输入动物、动物产品的;

(六)跨省、自治区、直辖市引进种用、乳用动物到达输入地后未按照规定进行隔离观察的;

(七)未按照规定处理或者随意弃置病死动物、病害动物产品的;

(八)饲养种用、乳用动物的单位和个人,未按照国务院农业农村主管部门的要求定期开展动物疫病检测的。

第九十九条　动物饲养场和隔离场所、动物屠宰加工场所以及动物和动物产品无害化处理场所,生产经营条件发生变化,不再符合本法第二十四条规定的动物防疫条件继续从事相关活动的,由县级以上地方人民政府农业农村主管部门给予警告,责令限期改正;逾期仍达不到规定条件的,吊销动物防疫条件合格证,并通报市场监督管理部门依法处理。

第一百条　违反本法规定,屠宰、经营、运输的动物未附有检疫证明,经营和运输的动物产品未附有检疫证明、检疫标志的,由县级以上地方人民政府农业农村主管部门责令改正,处同类检疫合格动物、动物产品货值金额一倍以下罚款;对货主以外的承运人处运输费用三倍以上五倍以下罚款,情节严重的,处五倍以上十倍以下罚款。

违反本法规定,用于科研、展示、演出和比赛等非食用性利用的动物未附有检疫证明的,由县级以上地方人民政府农业农村主管部门责令改正,处三千元以上一万元以下罚款。

第一百零一条　违反本法规定,将禁止或者限制调运的特定动物、动物产品由动物疫病高风险区调入低风险区的,由县级以上地方人民政府农业农村主管部门没收运输费用、违法运输的动物和动物产品,并处运输费用一倍以上五倍以下罚款。

第一百零二条　违反本法规定,通过道路跨省、自治区、直辖市运输动物,未经省、自治区、直辖市人民政府设立的指定通道入省境或者过省境的,由县级以上地方人民政府农业农村主管部门对运输人处五千元以上一万元以下罚款;情节严重的,处一万元以上五万元以下罚款。

第一百零三条　违反本法规定,转让、伪造或者变造检疫证明、检疫标志或者畜禽标识的,由县级以上地方人民政府农业农村主管部门没收违法所得和检疫证明、检疫标志、畜禽标识,并处五千元以上五万元以下罚款。

持有、使用伪造或者变造的检疫证明、检疫标志或者畜禽标识的,由县级以上人民政府农业农村主管部门没收检疫证明、检疫标志、畜禽标识和对应的动物、动物产品,并处三千元以上三万元以下罚款。

第一百零四条　违反本法规定,有下列行为之一的,由县级以上地方人民政府农业农村主管部门责令改正,处三千元以上三万元以下罚款:

(一)擅自发布动物疫情的;

(二)不遵守县级以上人民政府及其农业农村主管部门依法作出的有关控制动物疫病规定的;

(三)藏匿、转移、盗掘已被依法隔离、封存、处理的动物和动物产品的。

第一百零五条　违反本法规定,未取得动物诊疗许可证从事动物诊疗活动的,由县级以上地方人民政府农业农村主管部门责令停止诊疗活动,没收违法所得,并处违法所得一倍以上三倍以下罚款;违法所得不足三万元的,并处三千元以上三万元以下罚款。

动物诊疗机构违反本法规定,未按照规定实施卫生安全防护、消毒、隔离和处置诊疗废弃物的,由县级以上地方人民政府农业农村主管部门责令改正,处一千元以上一万元以下罚款;造成动物疫病扩散的,处一万元以上五万元以下罚款;情节严重的,吊销动物诊疗许可证。

第一百零六条　违反本法规定,未经执业兽医备案从事经营性动物诊疗活动的,由县级以上地方人民政府农业农村主管部门责令停止动物诊疗活动,没收违法所得,并处三千元以上三万元以下罚款;对其所在的动物诊疗机构处一万元以上五万元以下罚款。

执业兽医有下列行为之一的,由县级以上地方人民政府农业农村主管部门给予警告,责令暂停六个月以上一年以下动物诊疗活动;情节严重的,吊销执业兽医资格证书:

(一)违反有关动物诊疗的操作技术规范,造成或者可能造成动物疫病传播、流行的;

(二)使用不符合规定的兽药和兽医器械的;

(三)未按照当地人民政府或者农业农村主管部门要求参加动物疫病预防、控制和动物疫情扑灭活动的。

第一百零七条　违反本法规定,生产经营兽医器械,产品质量不符合要求的,由县级以上地方人民政府农业农村主管部门责令限期整改;情节严重的,责令停业整顿,并处二万元以上十万元以下罚款。

第一百零八条　违反本法规定,从事动物疫病研究、诊疗和动物饲养、屠宰、经营、隔离、运输,以及动物产品生产、经营、加工、贮藏、无害化处理等活动的单位和个人,有下列行为之一的,由县级以上地方人民政府农业农村主管部门责令改正,可以处一万元以下罚款;拒不改正的,处一万元以上五万元以下罚款,并可以责令停业整顿:

(一)发现动物染疫、疑似染疫未报告,或者未采取隔离等控制措施的;

(二)不如实提供与动物防疫有关的资料的;

(三)拒绝或者阻碍农业农村主管部门进行监督检查的;

(四)拒绝或者阻碍动物疫病预防控制机构进行动物疫病监测、检测、评估的;

(五)拒绝或者阻碍官方兽医依法履行职责的。

第一百零九条　违反本法规定,造成人畜共患传染病传播、流行的,依法从重给予处分、处罚。

违反本法规定,构成违反治安管理行为的,依法给予治安管理处罚;构成犯罪的,依法追究刑事责任。

违反本法规定,给他人人身、财产造成损害的,依法承担民事责任。

第十二章　附则

第一百一十条　本法下列用语的含义:

(一)无规定动物疫病区,是指具有天然屏障或者采取人工措施,在一定期限内没有发生规定的一种或者几种动物疫病,并经验收合格的区域;

(二)无规定动物疫病生物安全隔离区,是指处于同一生物安全管理体系下,在一定期限内没有发生规定的一种或者几种动物疫病的若干动物饲养场及其辅助生产场所构成的,并经验收合格的特定小型区域;

(三)病死动物,是指染疫死亡、因病死亡、死因不明或者经检验检疫可能危害人体或者动物健康的死亡动物;

(四)病害动物产品,是指来源于病死动物的产品,或者经检验检疫可能危害人体或者动物健康的动物产品。

第一百一十一条　境外无规定动物疫病区和无规定动物疫病生物安全隔离区的无疫等效性评估,参照本法有关规定执行。

第一百一十二条　实验动物防疫有特殊要求的,按照实验动物管理的有关规定执行。

第一百一十三条　本法自 2021 年 5 月 1 日起施行。